普通高等院校土建类应用型人才培养

土木工程地质

主　编　胡　坤　夏　雄

副主编　王力威

北京理工大学出版社
BEIJING INSTITUTE OF TECHNOLOGY PRESS

内 容 提 要

本书根据高等院校人才培养目标以及专业教学改革的需要，依据最新标准规范进行编写。全书除绪论外共分为8章，内容包括矿物与岩石、风化作用与土、地质作用、地质构造、地下水、不良地质、工程地质勘察和工程地质勘察报告实例等。

本书可作为高等院校土木工程类相关专业的教材，也可作为函授和自考辅导用书，还可供土木工程相关技术人员工作时参考使用。

图书在版编目（CIP）数据

土木工程地质/胡坤，夏雄主编.—北京：北京理工大学出版社，2017.4（2017.5重印）
ISBN 978-7-5682-3855-7

Ⅰ.①土… Ⅱ.①胡… ②夏… Ⅲ.①土木工程－工程地质－高等学校－教材 Ⅳ.①P642

中国版本图书馆CIP数据核字(2017)第061946号

出版发行 / 北京理工大学出版社有限责任公司

社　　　址 / 北京市海淀区中关村南大街5号
邮　　　编 / 100081
电　　　话 / （010）68914775（总编室）
　　　　　　（010）82562903（教材售后服务热线）
　　　　　　（010）68948351（其他图书服务热线）
网　　　址 / http://www.bitpress.com.cn
经　　　销 / 全国各地新华书店
印　　　刷 / 北京紫瑞利印刷有限公司
开　　　本 / 787毫米×1092毫米　1/16
印　　　张 / 14
字　　　数 / 320千字
版　　　次 / 2017年4月第1版　2017年5月第2次印刷
定　　　价 / 33.00元

责任编辑 / 封　雪
文案编辑 / 封　雪
责任校对 / 周瑞红
责任印制 / 边心超

前　言

　　本书根据教育部土木工程专业课程设置指导意见并参照多部国家标准、行业标准与相关规范编写而成，是土木工程专业的基本教材，主要面对土木工程专业本科生，以期培养现代土木工程人才。我国幅员辽阔，地质条件复杂，岩土性质相差较大，而地质条件与工程建设息息相关，在土木工程的设计和施工中有着举足轻重的地位，因此"土木工程地质"这门课程在理论和实践中都具有不可忽略的作用。

　　本书着重叙述了地质学的基本原理、地质作用、地质勘察、地质灾害及其防治，包括土与岩石的性质、不同的地质作用、地质构造的差异及其识别、水对工程建设的影响、地质灾害的类别和防治手段。同时，本书全面介绍工程地质勘察的方法及技术，为接下来更深入的学习和实践打下基础。本书还增加了两个地质勘察报告的实例，能够加强学生对前面所学章节知识的理解。

　　本书由胡坤和夏雄担任主编，由王力威担任副主编。本书在编写过程中得到许多老师和勘察设计单位的关心和支持，他们为本书的编写提出了很多宝贵意见，在统稿过程中，研究生吴炎和刘威协助主编做了大量的文字和插图处理工作，在此一并表示感谢。

　　由于编者水平有限，书中若有疏漏和不妥之处，欢迎读者批评指正。

编　者

目 录

绪 论

　　地球是太阳系中的一颗行星，也是人类赖以生存和活动的星球。地球表层平均厚度 33 km 的范围称为地壳，它是人类各种矿产资源和建筑材料的主要产地。在阳光、大气、水、生物及地球内部物质运动的作用下，各种地质作用和地质现象在地壳中都有明显的反映。因此，地壳是地球科学研究的主要对象。

　　工程地质学是地质学的一个分支，是研究与工程建筑活动有关的地质问题的学科。工程地质学的研究目的是查明建设地区、建筑场地的工程地质条件，分析、预测和评价可能存在与发生的工程地质问题及其对建筑环境的影响和危害，提出防治不良地质现象的措施，为保证工程建设的规划、设计、施工和运行提供可靠的地质依据。

　　现代工程地质学在我国的发展起步较晚。20 世纪初，我国的工程地质工作仅限于对少量工程项目的勘察，没有系统的理论指导。新中国成立后，随着国家建设的发展，尤其是大量基础工程设施的兴建，一系列大型工程场址的勘察、评估及工程建设，促进了工程地质学在我国的迅速发展。近 20 年来，现代工程地质学研究的深度和广度已有了很大的改变，一系列与人类工程活动密切相关且造成环境破坏的工程地质问题的出现，预示着人类工程活动对地质环境的作用已达到与一定的自然地质作用相比拟的程度，如水库诱发地震、城市地面沉降等，在一些地区这些作用甚至远远超过了一般的地质作用。

　　纵观各种规模、各种类型的工程，其工程地质研究的基本任务，可归结为三方面：①区域稳定性研究与评价，是指由内力地质作用引起的断裂活动中，地震对工程建设地区稳定性影响的研究和评价；②地基稳定性研究与评价，是指对地基的牢固、坚实性的研究和评价；③工程地质环境影响评价，是指对人类工程活动对工程地质环境的相互作用与影响的研究和评价。

　　工程地质工作在土木工程建设中是非常重要的，它是设计的先驱。如果没有足够考虑工程地质条件而进行设计，就是盲目设计，将会给工程带来不同程度的影响，轻则导致修改设计方案、增加投资、延误工期；重则使建筑物完全不能使用，甚至突然破坏，酿成灾害。大量工程实践证明，凡是重视工程地质的工程，无论是总体布局阶段还是个体建筑物设计、施工阶段，都应进行相应的工程地质勘察工作。也就是说，必须通过工程地质测绘与调查、勘探与取样、室内试验和原位测试、观测与监测、理论分析等手段获得必要的工程地质资料，并结合具体工程的要求进行研究、分析和判断，查明工程地质条件，分析论证工程地质问题，提出相关建议。

工程地质学是土木类各专业学生的技术基础课程，一般是在土力学、岩石力学、基础工程学之前开设的。但是本课程又不同于传统的地质学课程，是地质学与工程之间相互沟通的桥梁。地质学是本课程的基本内容，学生要了解地质的发生、发展规律和地质工作的方法；工程地质学侧重阐述前第四系地质体环境与工程建设的关系及有关的地质问题，而土力学则侧重阐述第四系土体环境与工程建设的关系及有关的地基问题，两者均是土木类各专业学生必须学习的知识，均是基础工程学的基础知识，而岩石力学则侧重阐述工程建筑物与地质岩体之间有关力学问题的专门知识。

土木工程地质学是作为阐述土木工程活动与地质环境相互关系的学科，它是由地质学派生的，与其相近的有环境工程地质学、海洋工程地质学、军事工程地质学以及地震工程地质学等分支学科。另外，与本学科较密切的学科还有水文地质学、施工技术、地下工程、各类构筑物、勘察技术、岩土试验技术、地质力学模型试验、地震工程学等。

土木工程地质是土木工程专业的专业基础课。作为一名土木工程专业本科学生，在学习本门课程后，应达到以下基本要求：

（1）能阅读一般的地质资料，根据地质资料在野外辨认常见的岩石和土，了解其主要的工程性质。

（2）能辨认基本的地质构造类型及较明显、简单的地质灾害现象，并了解这些构造及不良地质对工程建筑的影响。

（3）重点掌握最常见的各种工程地质问题的基本知识，并能在土木工程设计中结合运用工程地质知识。

（4）一般地了解取得工程地质资料的工作方法、手段及成果要求。

第1章 矿物与岩石

1.1 地球概况

地球是太阳系从内到外的第三颗行星，也是太阳系中直径、质量和密度最大的类地行星。其也经常被称作世界。英语的地球 Earth 一词来自于古英语及日耳曼语。地球已有 44 亿～46 亿岁，因形状被称为旋转椭球体。赤道半径约为 6 378 km，极地半径约为 6 365 km，平均半径约为 6 371 km。地球的表面积约为 5 亿 km^2，其中陆地占 29.3%，海洋占 70.7%。地球的体积约为 1 万亿 km^3。

通过地层波记录获得的地球物理资料显示固体地球是由不同圈层构成的。地球的圈层包括外圈层和内圈层。地球的外圈层是指大气圈、水圈和生物圈；地球的内圈层构造从地心到地表可分为地核、地幔和地壳三个圈层，如图 1.1 所示。

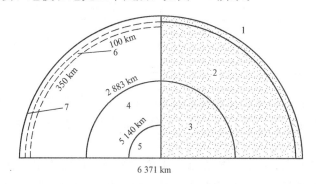

图 1.1 地球的内圈层

1—地壳；2—地幔；3—地核；4—液态外部地核；5—固态内部地核；

6—软流圈；7—岩石圈

地幔处于地壳和地核中间，也称为午间层或过渡层，根据物质成分和所处状态不同，可分为上地幔和下地幔。上地幔主要由铁、镁、硅酸盐类物质组成，也称为橄榄层；下地幔主要由金属氧化物和硫化物组成。

地壳表层是人类工程活动的场所，地壳也是工程地质学的主要研究对象。地壳是莫霍面以上的部分。根据地壳组成物质的差异，地壳分为两层，上层称为硅铝层（花岗岩质层），下层称为硅镁层（玄武岩层），如图 1.2 所示。

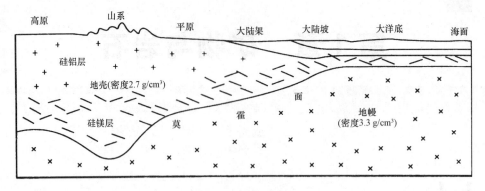

图 1.2　地壳结构图

岩石是由多种矿物组成的。矿物是由各种化合物或化学元素组成的。在地壳中，人们已发现化学元素 90 多种，它们的含量和分布不均衡。其中，氧、硅、铝、铁、钙、钠、钾、镁、钛和氢元素含量较多，占元素总量的 99.96%（表 1.1）。这些元素多以化合物出现，少数以单质元素存在。

表 1.1　地壳主要元素质量百分比

元　素	质量比/%	元　素	质量比/%
氧(O)	46.95	钠(Na)	2.78
硅(Si)	27.88	钾(K)	2.58
铝(Al)	·8.13	镁(Mg)	2.06
铁(Fe)	5.17	钛(Ti)	0.62
钙(Ca)	3.65	氢(H)	0.14

矿物是天然生成的，具有一定物理性质和一定化学成分的物质，是组成地壳的基本物质单位。多种矿物由化合物构成，如石英、方解石和正长石等；少数矿物由单质元素组成，如石墨和天然硫等。

岩石是矿物的天然集合体。矿物在地壳中按一定的规律共生组合在一起，形成由一种或几种矿物组成的天然集合体。其主要由一种矿物组成的集合体称为单矿岩，例如，由石英组成的石英岩和由方解石组成的石灰岩等；由多种矿物组成的集合体称为多矿岩或复矿岩。例如由石英、正长石及少量角闪石、黑云母组成的花岗岩等。按照岩石形成过程的不同，地壳中的岩石分为岩浆岩、沉积岩和变质岩三大类型。不同成因类型的岩石具有不同的地质性质，它们也是决定岩石不同工程性质的依据。

1.2 矿 物

1.2.1 矿物的形态

一般来说，矿物的形态包括矿物自行晶体或单晶体和集合体两种。

结晶质矿物的内部质点、原子、分子或离子在三维空间呈有规律的周期性排列，形成空间晶格构造。在一定条件下，每种结晶质矿物都有固定的规则几何外形，如岩盐（NaCl）的立方体格架，这种具有良好固有形态的晶体称为自行晶体或单晶体。自然界中，这种自行晶体较少见，因晶体在生长过程中，受生长速度和环境的影响，晶体发育不良，形成不规则的外形，称为他形晶，而在岩石中的造岩矿物多为粒状他形晶体的集合体。

非晶质矿物的内部质点排列无规律性，故没有规则的外形。常见的非晶质矿物有玻璃矿物和胶体矿物两种。如火山玻璃是高温熔融状的火山物质经迅速冷却而成的，蛋白石是由硅胶凝聚而成的。

由于结晶矿物化学成分不同，生成条件不同，因此，矿物单体的晶形千姿百态。

(1)常见的矿物单体形态有：

1)片状、鳞片状，如云母、绿泥石等。

2)板状，如斜长石、板状石膏等。

3)柱状，如角闪石（长柱状）、辉石（短柱状）等。

4)立方体状，如岩盐、方铅矿、黄铁矿等。

5)菱面体状，如方解石、白云石等。

(2)常见的结晶质和非结晶质矿物集合体形态有：

1)粒状、块状、土状，即矿物在三维空间接近等长的集合体。其颗粒界限较明显的称粒状（如橄榄石等），颗粒界限不明显的称块状（如石英等），疏松的块状称土状（如高岭石等）。

2)鲕状、豆状、肾状，即矿物集合体形成近圆球形结核构造。如鱼卵大小的称鲕状（方解石、赤铁矿等），有时呈现豆状、肾状（如赤铁矿等）。

3)纤维状，如石棉、纤维石膏等。

4)钟乳状，如方解石、褐铁矿等。

1.2.2 矿物的性质

矿物的物理性质取决于矿物的化学成分和晶体构造。因此，矿物的物理性质是肉眼鉴定矿物的主要依据。下面着重介绍用肉眼和简单工具就可分辨的若干物理性质。

(1)颜色。颜色是矿物对可见光波吸收的结果，如孔雀石吸收了绿色以外的光而使矿物呈现绿色。矿物的颜色五彩缤纷，很多矿物具有的特殊颜色，对鉴定极为重要。

根据矿物成因、颜色不同，可分为：

1)自色,是矿物固有颜色,主要取决于矿物的内部性质及所含色素,也可由外因引起变化,但颜色大体上是固定的,如方铅矿呈灰色、磁铁矿呈黑色等。

2)他色,是指矿物由于外来带色杂质的机械混入所染成的颜色。其与矿物自色无关,如纯净石英通常无色,但混入杂质可成紫色(如紫水晶)、玫瑰色、金黄色、烟色、深墨色。矿物他色因混入成分含量、质点大小及分散程度而不同,一般不能作为鉴定矿物的特征。

3)假色,由于某种物理或化学原因引起与矿物本质无关的颜色,如晕色、锖色等。晕色是由矿物薄层如解理面或裂隙面对阳光的折射、散射所引起的,如方解石解理面常出现的彩虹色。锖色是矿物风化时氧化膜所引起的假色,如斑铜矿表面常出现斑驳的蓝色和紫色。

通常以标准矿物色作为比较来描述矿物颜色,例如,铅灰色—辉铜矿、橙黄色—雄黄、金黄色—自然金、黄铜色—黄铜矿、绿色—孔雀石等。

(2)光泽。光泽是指矿物表面反射光线的能力。根据矿物平滑表面反射光的强弱,光泽可分为:

1)金属光泽。矿物平滑表面反射光强烈闪耀,如方铅矿。

2)半金属光泽。矿物表面反射光较强,如磁铁矿等。

3)非金属光泽。透明和半透明矿物表现的光泽。非金属光泽根据反光程度和特征又可划分为:

①金刚光泽。矿物平面反光较强,状若钻石,如金刚石。

②玻璃光泽。状若玻璃板反光,如石英晶体表面。

③油脂光泽。状若染上油脂后的反光,多出现在矿物凹凸不平的断口上。

④珍珠光泽。状若珍珠或贝壳内面出现的乳白色彩光,如白云母薄片等。

⑤丝绢光泽。出现在纤维状矿物集合体表面,状若丝绢,如石棉、绢云母等。

⑥土状光泽。矿物表面反光暗淡如土,如高龄石和某些褐铁矿等。

(3)条痕。条痕是指矿物在白色无釉瓷板上摩擦时所留下的粉末痕迹,即矿物粉末的颜色。条痕显示自色,例如,赤铁矿有红色、钢灰色、铁黑色等多种颜色,而条痕总是樱红色,故条痕具有重要的鉴定意义。

(4)透明度。光线投射于矿物表面时,一部分光线被表面反射,另一部分光线直射或折射而进入矿物内部,经吸收后能透过矿物,透光度反映矿物的透明程度。

透明矿物:光线大部分能透过的矿物,如水晶、冰洲石等;半透明矿物:吸收率较大,仅部分光线能通过,如闪锌矿、辰砂等;不透明矿物:吸收率很大,仅极少量光线能透过,如黄铁矿、磁铁矿、石墨等。

(5)硬度。矿物抵抗外力刻划、压入、研磨的能力,称为矿物的硬度。一般采用两种矿物对刻的方法来确定矿物的相对硬度。硬度对比的标度,选用十种不同硬度的矿物组成,称为摩氏硬度(表1.2)。

表1.2　摩氏硬度

1度	滑石	3度	方解石	5度	磷灰石	7度	石英	9度	刚玉
2度	石膏	4度	萤石	6度	正长石	8度	黄玉	10度	金钢石

摩氏硬度只反映矿物相对硬度的顺序，并不是矿物的绝对硬度的等级。在测定某矿物的相对硬度时，如能被方解石刻划，而不能被石膏刻划，则该矿物的相对硬度为 $2°\sim3°$，可定为 $2.5°$，常见的造岩矿物的硬度，大部分为 $2°\sim6.5°$，大于 $6.5°$ 的只有石英、橄榄石、石榴子石等几种。为了方便起见，常用指甲（$2°\sim2.5°$）、小铁刀（$3°\sim3.5°$）、玻璃片（$5°\sim5.5°$）、钢刀片（$6°\sim6.5°$）来测定矿物的相对硬度。

（6）解理。矿物受力后沿一定结晶方向裂成光滑平面的性质称为解理。裂开的平面称为解理面。解理的数目不一，可有可无。根据解理的完善程度，可将解理分成四级。

1）极完全解理：解理面非常光滑，易裂开，如云母。

2）完全解理：解理面光滑，易裂成薄层状，如方解石、长石。

3）中等解理：解理面不甚平滑，如角闪石、辉石。

4）不完全解理：解理面参差不齐，如磷灰石。

（7）断口。不具有解理的矿物，在锤击后沿任意方向产生不规则断裂，其断裂面称为断口。常见的断口形态有贝壳状断口（如石英）、平坦状断口（如蛇纹石）、参差粗糙状断口（如黄铁矿、磷灰石等）、锯齿状断口（如自然铜等）。

（8）其他特殊性质。少数矿物具有某些特殊的物理化学性质，用以鉴别个别矿物则是简便有效的。例如，云母薄片有弹性；绿泥石、滑石薄片有挠性；重晶石密度较大；方解石上滴稀盐酸剧烈起泡；高岭石遇水软化等。

1.2.3　主要造岩矿物

矿物分类的方法很多，当前常用的是根据矿物的化学成分类型分为大类，即自然元素矿物，硫化物及其类似化合物矿物，卤化物、氧化物及氢氧化物矿物，含氧盐矿物。根据阴离子或络阴离子，还可将大类再分为若干小类，如含氧盐大类可以分为硅酸盐矿物、碳酸盐矿物、硫酸盐矿物、钨酸盐矿物、磷酸盐矿物、钼酸盐矿物、砷酸盐矿物、硼酸盐矿物和硝酸盐矿物等。

在众多矿物名称中，有一部分是以人名和地名来命名的，如高岭石因江西省高岭而命名；另一部分是根据化学成分、形态、物理性质来命名的，如方解石因沿解理极易碎成菱形方块而得名；赤铁矿、黄铁矿根据其颜色和主要成分而得名；重晶石根据其密度较大而得名等。在中文矿物名称中，有一部分是源于我国传统名称，如石英、石膏、辰砂等，但大部分是由外文翻译成中文名称。具有金属光泽或可提炼金属的矿物多称为某某矿，如方铅矿、黄铜矿、磁铁矿等；具有非金属光泽的矿物多称为某某石，如方解石、长石、萤石等。

（1）石英。发育良好的石英单晶为六方锥体，通常为块状或粒状集合体；纯净透明石英晶体称水晶，一般为白、灰白、乳白色，含杂质时呈现紫、红、烟、茶等色；晶面玻璃光泽，断口或集合体油脂光泽；无劈开，断口贝壳状；硬度为7；相对密度为2.65。

（2）长石。长石是一大族矿物，包括三个基本类型，即钾长石[$K(AlSi_3O_8)$]、钠长石[$Na(AlSi_3O_8)$]、钙长石[$Ca(AlSi_3O_8)$]。钾长石中最常见的是正长石以及按不同比例钠长石和钙长石混熔组成的各种斜长石。

1）正长石：单晶为短柱或厚板状，集合体为粒状或块状；在岩石中常呈肉红、浅黄、浅玫瑰色；有两组完全正交的劈开面，粗糙状断口；劈开面上玻璃光泽；硬度为6；相对密度为2.54～2.57。

2）斜长石：单晶为板状或柱状，集合体粒状；白或灰白色；有两组近正交的劈开面（交角86°24′），糙状断口；玻璃光泽；硬度为6～6.5；相对密度为2.61～2.75。

（3）云母。云母是含钾、铁、镁、铝等多种金属阳离子的铝硅酸盐矿物。按所含阳离子不同，云母主要分为白云母和黑云母。

1）白云母[$KAl_2(AlSi_3O_{10})(OH)_2$]：单晶呈板状、片状，薄片无色透明，有弹性，集合体片状、鳞片状，微细鳞片状集合体称绢云母；集合体浅黄、浅绿、浅灰色；一个方向劈开极完全；玻璃光泽，劈开面珍珠光泽；硬度为2.5～3；相对密度为2.76～3.12。

2）黑云母[$K(Mg，Fe)_3Al_2(AlSi_3O_{10})(F，OH)_2$]：形态同白云母；富含铁的为黑云母、黑色；富含镁（$Mg：Fe>2：1$）的为金云母，金黄色；一个方向劈开极完全；珍珠光泽；硬度为2.5～3；相对密度为3.02～3.12。

（4）普通角闪石{$Ca_2Na(Mg，Fe)_4(Al，Fe)[(Si，Al)_4O_{11}]_2(OH)_2$}。单晶呈长柱或针状，集合体可呈块状；颜色暗绿至黑色；玻璃光泽；有两组完全劈开面（交角为56°和124°）（图1.3）；硬度为5～6；相对密度为3.1～3.3。

（5）普通辉石[$Ca(Mg，Fe，Al)(Si，Al)_2O_6$]。单晶呈短柱或粒状，集合体块状；黑褐色或黑色；玻璃光泽；有两组完全劈开面（交角87°和93°）（图1.4）；硬度为5.5～6；相对密度为3.23～3.56。

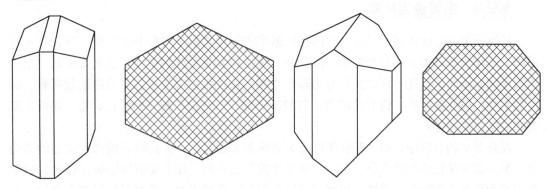

图1.3　角闪石长柱状单晶及横截面　　　　图1.4　辉石短柱状单晶及横截面

（6）橄榄石[$(Mg，Fe)_2(SiO_4)$]。常呈粒状集合体，浅黄绿色至橄榄绿色；晶面玻璃光泽，断口油脂光泽；中等劈开，断口贝壳状；硬度为6.5～7；相对密度为3.3～3.5；性脆。

（7）方解石（$CaCO_3$）。单晶为菱形六面体，集合体为粒状或块状；无色透明者称冰洲石，一般为白色、灰色，含杂质者呈浅黄色、黄褐色、浅蓝色；玻璃光泽；三组完全劈开面；硬度为3；相对密度为2.6～2.8；滴冷稀盐酸剧烈起泡。

（8）白云石[$CaMg(CO_3)_2$]。晶粒形态同方解石；纯者白色，含杂质者呈浅黄色、灰褐色；玻璃光泽；三组完全劈开面；劈开面多弯曲不平直；硬度为3.5～4；相对密度为2.8～2.9；滴热盐酸起泡，滴冷盐酸起泡不明显，滴紫红色镁试剂可变蓝色。

（9）硬石膏（$CaSO_4$）和石膏（$CaSO_4·H_2O$）。硬石膏单晶呈板状、柱状，集合体有粒状、块状；纯者无色透明，一般为白色；玻璃光泽；有三组完全劈开面；硬度为3～3.5；相对密度为 2.8～3.0。硬石膏在大气压下，遇水生成石膏，同时体积膨胀约 30％，对工程建筑有严重的危害。

石膏单晶呈板、柱、片状，集合体有纤维状或块状；纯者无色透明，一般为白色，含杂质者可为浅黄色、灰色、褐色；平面反光为玻璃光泽，纤维状反光为丝绢光泽；一组劈开极完全；硬度为 2；相对密度为 2.30～2.37。

(10)高岭石[$Al_2Si_2O_5(OH)_4$]。单晶极小，肉眼不可见，集合体多为土状或块状；纯者白色，含杂质者可为浅红色、浅黄色、浅灰色、浅绿色；土状光泽；硬度为 1～2；相对密度为 2.58～2.61；干燥块体有粗糙感，易捏成碎末，吸水性强，潮湿时具有可塑性。

(11)黄铁矿(FeS_2)。单晶为立方体，集合体为粒状或块状；铜黄色；条痕黑色；强金属光泽；无劈开；断口参差状；硬度为 6～6.5；相对密度为 4.9～5.2。黄铁矿是地壳中分布广泛的硫化物，是制取硫酸的主要原料，岩石中的黄铁矿易氧化分解成铁的氮化物和硫酸，从而对混凝土和钢筋混凝土结构物产生腐蚀作用。

(12)滑石[$Mg_3(Si_4O_{10})(OH)_2$]。单晶少见，常为致密块状、片状或鳞片状集合体；纯者白色，含杂质者常呈浅黄色、浅绿色、浅褐色；晶面呈珍珠光泽或玻璃光泽，断口为蜡状光泽；有一组极完全劈开面；硬度为 1；相对密度为 2.7～2.7；薄片透明或半透明；薄片无弹性而有挠性；有滑感。

(13)绿泥石{$(Mg,Al,Fe)_6[(Si,Al)_4O_{10}](OH)_8$}。绿泥石是一族种类较多的矿物，是很复杂的铝硅酸盐化合物。其多呈片状或鳞片状集合体并出现在温度不高的热液变质岩中；暗绿色；劈开面上为珍珠光泽；有一组极完全劈开面；硬度为 2～2.5；相对密度为 2.60～2.85；薄片有挠性。绿泥石与滑石、云母类矿物的特征有许多相似之处，由这些矿物组成的岩石，工程性质较差。

1.3 岩石

1.3.1 岩浆岩

岩浆是存在于上地幔和地壳深处，以硅酸盐为主要成分，富含挥发性物质，处于高温(700 ℃～1 200 ℃)、高压(数千兆帕)状态下的熔融体。最重要且最常见的岩浆成分为硅酸盐，极少数情况下可分为碳酸盐、磷酸盐、硫化物或氧化物等成分，通常含有少量以水为主的挥发性物质。地下深处相对平衡状态的岩浆，受地壳运动影响，就会沿着地壳中薄弱、开裂的地带向地表方向活动，岩浆的这种运动称为岩浆作用。岩浆上升未达地表，在地壳中冷却凝固，称岩浆侵入作用；若岩浆上升冲出地表，在地面上冷却凝固，则称岩浆喷出作用，也称火山作用。在岩浆作用后期，岩浆冷却凝固形成的岩石称为岩浆岩。

1. 岩浆岩的产状

岩浆岩的产状是指岩体形态、大小及其与围岩的关系。岩浆岩的产状如图 1.5 所示。

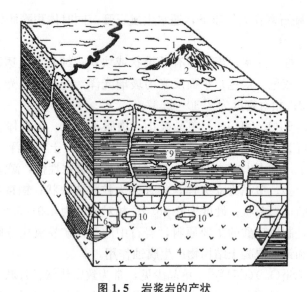

图 1.5　岩浆岩的产状

1—火山锥；2—熔岩流；3—熔岩被；4—岩基；5—岩株；6—岩墙；
7—岩床；8—岩盘；9—岩盆；10—捕房体

（1）岩基。这是一种规模巨大的深成侵入岩浆岩体，其分布截面面积超过 100 km^2，通常可达数百至数千平方千米。构成岩基的岩浆岩主要是全晶质粗粒花岗岩。

（2）岩株。这是岩基边缘的分支，在深部与岩基相连。岩株切穿围岩，其横截面面积为几平方千米至几十平方千米，规模比岩基小得多。

（3）岩盘和岩盆。岩浆顺裂隙上升，侵入岩层中，形成一个上凸下平的似透镜状岩体称为岩盘，其与围岩呈平整的接触关系；岩盆与岩盘相同，其不同点是顶部平整，而中央向下凹，形似曲盆，故称为岩盆。

（4）岩床。由流动性较大的岩浆，沿着岩层层面贯入而形成的板状岩体。其表面无明显凹凸，厚度为数米至数百米不等。

（5）岩墙。岩墙是岩浆沿岩层中的裂隙侵入而形成的板状侵入体，它切穿围岩。岩墙的规模大小不一，厚度从几厘米至数千米，延伸从几米到数十千米。形状不规则的岩墙或其分支，称为岩脉。

另外，还有喷出岩的产状，如熔岩流、熔岩被和火山锥等。

2. 岩浆岩的物质成分

（1）岩浆岩的化学成分。地壳中存在的元素在岩浆岩中几乎都有，但其含量不同，主要元素是 O、Si、Al、Fe、Mg、Cu、Na、K、Ti，其含量占岩浆岩的 99.25%。岩浆岩中的各种氧化物随 SiO_2 的增减做有规律的变化。

（2）岩浆岩的矿物成分。其根据化学成分特点分为硅铝矿物和铁镁矿物两大类。

1）硅铝矿物（又称浅色矿物）：SiO_2 和 Al_2O_3 含量高，不含 Fe、Mg，如石英、长石。

2）铁镁矿物（又称暗色矿物）：FeO、MgO 含量较高，SiO_2、Al_2O_3 含量较低，如橄榄石、辉石类、角闪石类及黑云母类矿物。

绝大多数岩浆岩是由浅色矿物和暗色矿物组成的，但不同类型的岩石其矿物组成含量不同，一般从酸性岩到超基性岩，暗矿增多，颜色变深。根据颜色深浅，大致可确定岩浆岩的类型。

3. 岩浆岩的结构

岩浆岩的结构是指岩石中矿物的结晶程度、晶粒的大小、形状及它们之间的相互关系。岩浆岩的结构特征与岩浆的化学成分、物理化学状态及成岩环境密切相关，岩浆的温度、压力、黏度及冷凝的速度等都影响岩浆岩的结构。如深成岩是缓慢冷凝的，晶体发育时间较充裕，能形成晶形较好、晶粒粗大的矿物；相反，喷出岩冷凝速度快，来不及结晶，多为非晶质或隐晶质。

常见岩浆岩的结构有：

(1)全晶粒状结构。矿物全部结晶，肉眼可见晶粒，晶粒大小均匀。其按晶粒大小又可分为粗粒(大于 5 mm)、中粒(1~5 mm)、细粒(小于 1 mm)。全晶粗粒和全晶中粒为深成岩结构；全晶细粒常为浅成岩结构。

(2)结晶斑状结构。矿物全部结晶，肉眼可见晶粒，晶粒大小不均。大于 5 mm 的斑晶被细小晶粒的基质包围。结晶斑状结构又称似斑状结构，是深成岩结构。

(3)斑状结构。实际上矿物全结晶，但肉眼只能看到粗大斑晶粒(常为大于 5 mm 的石英或长石晶体)，而包围斑晶的基质多为肉眼不可分辨的极细小晶粒。这种极细小的、肉眼不可见的晶粒集合体，称隐晶质。因此，斑状结构是斑晶被隐晶质基质包围，是浅成或喷出岩结构。

(4)隐晶质结构。全结晶，晶粒极细小，肉眼不可分辨，是喷出岩结构。

(5)非晶质结构。全部不结晶，是喷出岩结构。

岩浆岩的结构也可按岩石中矿物颗粒的相对大小划分：

(1)等粒结构。岩石中的矿物全部是显晶质粒状，同种主要矿物结晶颗粒大小大致相等。等粒结构是深成岩特有的结构。

(2)不等粒。岩石中主要矿物的颗粒大小不等，且粒度大小成连续变化系列。

(3)斑状结构和似斑状结构。岩石由两组直径相差甚远的矿物颗粒组成，其大晶粒散布在细小晶粒中，大的称为斑晶，细小的称为基质。基质为隐晶质及玻璃质的，称为斑状结构；基质为显晶质的，则称为似斑状结构。斑状结构为浅成岩及部分喷出岩所特有的结构。其形成原因是斑晶形成于地壳深处，而基质是后来含斑晶岩浆上升至地壳较浅处或喷溢地表后才形成的。似斑状结构主要分布于浅成侵入岩和部分中-深成侵入岩中。似斑状结构的斑晶和基质，同时形成于相同环境。

4. 岩浆岩的构造

岩浆岩的构造是指组成岩石物质的排列方式和充填方式所反映出来的岩石外表特征，常见的有以下几种：

(1)条带状构造。岩石由不同成分的条带相间组成，常见于超基性岩、伟晶岩。

(2)块状构造。岩石中矿物均匀分布，无一定排列方向，深成岩所具有。

(3)气孔状构造和杏仁状构造。岩石中分布有大小不同的圆形或椭圆形孔洞，则称为气孔状构造。其是岩浆快速冷却时，气体逸出所造成的孔洞。如果气孔被后来的物质所充填，则称为杏仁状构造，为喷出岩所具有。

（4）流纹状构造。不同颜色的条纹、长形气孔和长条状矿物定向排列，表现出熔岩流的流动构造，为流纹岩所具有。

5. 岩浆岩的分类

自然界的岩浆岩种类繁多，它们彼此之间存在着物质成分、结构构造、产状及成因等方面差异，同时，又具有密切的联系和一定的过渡关系。一般根据岩浆岩的化学成分、矿物成分、结构、构造和产状等对岩浆岩进行分类(表1.3)。

表1.3 岩浆岩分类简表

岩石类型				酸性岩	中性岩	基性岩	超基性岩
SiO_2 质量分数/%				>65	65~52	52~45	<45
颜色				浅(浅灰、黄、褐、红)~深(深灰、黑绿、黑)			
主要构成部分				正长石		斜长石	不含长石
				石英、黑云母、角闪石	角闪石、黑云母	角闪石、辉石、黑云母	辉石、角闪石、橄榄石	橄榄石、辉石、角闪石
产状		结构	构造					
侵入岩	深成岩	岩基 岩株	块状	等粒	花岗岩	正长岩	闪长岩	辉长岩	橄榄岩 辉岩
	浅成岩	岩床 岩盘 岩墙	块状、气孔	等粒、似斑状及斑状	花岗斑岩	正长斑岩	闪长玢岩	辉绿岩	少见
喷出岩	火山锥 熔岩流 熔岩被	块状、气孔、杏仁、流纹	隐晶质、玻璃质、斑状	流纹岩	粗面岩	安山岩	玄武岩	少见
		块状、气孔	玻璃质	浮岩、黑曜岩			少见	

6. 常见岩浆岩的特征

（1）酸性岩类。

花岗岩：颜色多为肉红色、灰白色，主要矿物为石英、正长石和斜长石，次要矿物为黑云母和角闪石等；全晶质粒状结构；块状构造；其是深成侵入岩，产状多为岩基和岩株。花岗岩分布广泛，质地均匀、坚固，是良好的天然建筑材料。

花岗斑岩：颜色为灰红色或浅红色；矿构成分同花岗岩；具斑状结构，斑晶和基质均为长石和石英，产状常为小型岩体或大岩体的边缘；其是浅成侵入岩。

流纹岩：一般为浅灰色、粉红色及紫灰色；矿物成分与花岗岩相似；斑状或隐晶结构，斑晶为石英和长石，基质为隐晶质或玻璃质；具有典型的流纹构造，也有气孔状构造；其是喷出岩。

（2）中性岩类。

闪长岩：多为浅灰色至灰绿色；矿物成分以斜长石、角闪石为主，其次为解石和黑云母；全晶质等粒结构；块状构造；是深成侵入岩。闪长岩结构致密，强度高，具有较高的韧性和抗风化能力，是良好的建筑材料。

闪长玢岩：呈灰色及灰绿色；矿物成分同闪长岩；斑状结构，斑晶多为斜长石，少量为角闪石，块状构造；其是浅成侵入岩。岩石中常有绿泥石、高岭石和方解石等次生矿物。

安山岩：呈灰色、灰紫色、灰褐色；矿物成分同闪长岩；斑状结构，斑晶多为斜长石；杏仁或气孔状构造，气孔中常充填方解石；其是喷出岩。

正长岩：呈浅灰色至肉红色；主要矿物为正长石，也含少量斜长石，其次为黑云母和角闪石，一般石英含量极少，全晶质等粒结构，块状构造；其是深成侵入岩。其物理力学性质与花岗岩相似，但不如花岗岩坚硬，抗风化能力差。

正长斑岩：呈浅灰色或肉红色；矿物成分同正长岩；具斑状结构，斑晶主要为正长石，基质为微晶或隐晶结构，较致密，块状构造；其是浅成侵入岩。

粗面岩：呈浅灰色或浅红色；矿物成分与正长岩相近；具斑状或隐晶结构，斑晶为正长石，基质多为隐晶质，带有细小孔隙，表面粗糙，其是正长岩的喷出岩。

(3) 基性岩类。

辉长岩：灰黑色或深绿色；主要矿物为辉石和斜长石，其次为角闪石和橄榄石；全晶质等粒结构；块状构造；其强度高，抗风化能力强。

辉绿岩：多为灰绿色或黑绿色；主要矿物为辉石和斜长石；具有特殊的灰绿色结构，其特征为粒状的辉石等暗色矿物充填在斜长石晶体的空隙中；常含有方解石、绿泥石等次生矿物；其是浅成侵入岩；强度较高。

玄武岩：多为灰黑色、黑绿色至黑色；矿物成分与辉长岩相似；呈隐晶质细粒或斑状结构，斑晶为斜长石、辉石和橄榄石；气孔或杏仁状构造；其是喷出岩。玄武岩致密坚硬、性脆，强度很高。

1.3.2 沉积岩

沉积岩是由成层沉积的松散沉积物固结而成的岩石。在地壳发展过程中，在地表或接近于地表的常温常压条件下，原来形成的各种岩石由于遭受风化剥蚀作用，被破碎成碎屑或变成新的次生矿物，甚至被水流溶解，再经过流水、风、冰川等外力搬运，而沉积在地表浅洼的地方(海洋、湖泊及其他低地)，并经过压密、固结及物理化学等复杂的成岩作用，最终固结形成的岩石就是沉积岩。因而，沉积岩的形成过程可以归纳为原岩破坏、搬运、沉积和固结成岩四个阶段。广义地讲，地表的松散沉积物也属于沉积岩。另外，火山喷发的碎屑物质在地表经过一定距离的搬运或就地沉积而成的火山碎屑岩，属于沉积岩和喷出岩之间的过渡类型的岩石，有的文献将其列入沉积岩类。沉积岩的分布约占大陆面积的75%，因而它是地表出露最广泛的岩石，我国许多著名的水利工程，如三峡、葛洲坝、新安江等水库的大坝及大量工业与民用建筑物，都坐落在沉积岩上。

1. 沉积岩的形成过程

(1) 原岩风化破碎作用。原岩经过风化作用，成为各种松散破碎物质，被称为松散沉积物。它们是构成新的沉积岩的主要物质来源。另外，在特定环境和条件下，大量生物遗体堆积而成的物质也是沉积物的一部分。风化破碎物质可分为三类：一是大小不等的岩石或矿物碎屑，称为碎屑沉积物，大者体积可达 10 m^3 的岩石巨块，小者粒度仅为 $0.075 \sim 0.005 \text{ m}^3$

的粉状颗粒；二是颗粒粒径小于 0.005 mm 的黏土粒，称为黏土沉积物；三是以离子或胶体分子形式存在于水中的化学成分，例如，K^+、Na^+、Ca^{2+}、Mg^{2+} 等溶于水中，形成真溶液；而 Al、Fe、Si 等元素的氧化物、氢氧化物难溶于水，它们的细小分子质点分散到水中，形成胶体溶液。这两种溶液中的化学成分统称为化学沉积物。

（2）沉积物的搬运作用。原岩风化产物，除一部分残留在原地外，大部分被流水、风、冰川、重力及生物等搬运到其他地方。搬运方式包括机械搬运和化学搬运两种。流水的搬运使得碎屑物质颗粒逐渐变细，并从棱角状变成浑圆形。化学搬运可将溶解物质带到湖、河和海洋。

（3）沉积物的沉积作用。沉积方式有三种，主要沉积区是海洋和湖泊。

1）机械沉积作用。由于搬运能力减弱或停止，被搬运的碎屑物质按颗粒大小、相对密度、形状依次沉积下来，结果形成了各种碎屑岩，如矿物富集形成的重砂矿床。

2）化学沉积作用。呈真溶液或胶体溶液被搬运的化学溶解物质，由于溶解度的改变或因正负胶体的电性中和等而发生沉积，形成化学岩及化学沉积矿床。

3）生物沉积作用。生物活动直接或间接地影响沉积作用。如生物遗体的直接堆积促使煤和礁灰岩的形成。间接作用则是指生物流动改变介质条件，使溶解物质沉积下来，如海水中植物的光合作用吸收 CO_2，促使 $CaCO_3$ 沉淀。

（4）成岩作用。松散沉积物经过下述四种成岩作用中的一种或几种作用后形成新的坚硬、完整的岩石称为沉积岩。

1）压固脱水作用。沉积物不断沉积，厚度逐渐加大。先沉积在下面的沉积物承受着上面越来越厚的新沉积物及水体的巨大压力，使下部沉积物孔隙减小、水分排出、密度增大，最后形成致密坚硬的岩石，称为压固脱水作用。

2）胶结作用。各种松散的碎屑沉积物被不同的胶结物胶结而成坚固完整的岩石。最常见的胶结物有硅质、钙质、铁质和泥质等。

3）重新结晶作用。非晶质胶体溶液陈化脱水转化为结晶物质，溶液中微小晶体在一定条件下能长成粗大晶体。这两种现象都可称为重新结晶作用，从而形成隐晶或细晶的沉积岩。

4）新矿物的生成。沉积物在向沉积岩的转化过程中，除体积、密度上的变化外，同时，还生成与新环境相适应的稳定矿物，如方解石、燧石、白云石、黏土矿物等新的沉积岩矿物。

由以上成岩过程可知，沉积岩的产状均为层状。

2. 沉积岩的物质成分

沉积岩的颗粒主要由岩屑与矿物组成。岩屑为原来三大类岩石的风化碎屑。矿物主要是经风化作用后形成的较稳定矿物，如石英、白云母等；另一部分为沉积过程中产生的矿物，如方解石、白云石、岩盐、石膏、黏土矿物等。因此，沉积岩与岩浆岩中的矿物成分有着明显区别：

岩浆岩中富含铁镁矿物，如橄榄石、辉石、角闪石等，在沉积岩中罕见；SiO_2 在岩浆岩中以石英出现，沉积岩中除石英外，还可有石髓和蛋白石等变种；风化成岩过程中形成的黏土矿物、岩盐、碳酸盐在沉积岩中占主导地位。

沉积岩除碎屑颗粒外，还有不同成分、颜色的胶结物，如钙质为灰白色，铁质为红色等。当胶结物含量大于25%时，可参与命名，如铁质长石砂岩、硅质石英砂岩等。由于矿物成分、胶结物成分和沉积物所处环境不同，矿物颜色也不同。如铁在氧化条件下为红色（Fe^{3+}），而还原条件下为灰色和黑色（Fe^{2+}）。

3. 沉积岩的结构

沉积岩的结构是指岩石组成部分的颗粒大小、形状及胶结特性，常见的有以下几种类型。

(1)碎屑结构。碎屑结构是由50%以上的直径大于0.005 mm的碎屑物质被胶结物胶结而成的一种结构。其按照岩石中主要碎屑物质颗粒的大小，可分为如下几种：

1)砾状结构：粒径大于2 mm，外形被磨圆成球状、椭球状的砾石，经胶结而成的结构称为砾状结构。由未经磨圆的、棱角状颗粒胶结而成的结构称为角砾状结构。

2)砂状结构：粒径为2～0.005 mm的颗粒(称为砂粒)经胶结而成的一种结构。

(2)泥质结构。由50%以上的粒径小于0.005 mm的细小碎屑和黏土矿物组成的结构称泥质结构。质地较均一、致密且性软的结构称黏土结构。

(3)结晶粒状结构。由化学沉积物质的结晶颗粒组成的岩石结构称为结晶粒状结构。按晶粒大小，其可以为粗粒(大于2 mm)、中粒(0.5～2 mm)、细粒(0.01～0.5 mm)和隐晶质(小于0.01 mm)结构。具有隐晶质结构的沉积岩比具有隐晶质结构的岩浆岩的坚硬程度低且抗溶蚀性也差一些。

(4)生物结构。由30%以上的生物遗骸碎片组成的岩石结构称为生物结构，如生物碎屑结构、珊瑚结构、贝壳结构等。

4. 沉积岩的构造

沉积岩的构造是指其组成部分的空间分布及其相互间的排列关系。常见的沉积岩构造如下。

(1)层理构造。沉积岩在形成过程中由于沉积环境的改变，使先后沉积的物质在颗粒大小、形状、颜色和成分上发生变化，从而显示出来的成层现象，称为层理构造。

层与层之间的界面，称为层面。层面是由较短的沉积间断所造成的。上、下两个层面之间连续不断沉积所形成的岩石，称为岩层。一个岩层上下层面之间的垂直距离，称为岩层的厚度。

岩层按厚度分为块状(>1 m)、厚层(0.5～1 m)、中厚层(0.1～0.5 m)、薄层(0.01～0.1 m)及页片状(<0.01 mm)。

大厚度岩层中所夹的薄层，称为夹层；一端较厚，若一端逐渐变薄以至消失的岩层，称为尖灭层；两端在不大的距离内都尖灭而中间较厚的岩层，称为透镜体。

由于形成层理的条件不同，层理有各种不同的形态，常见的类型有：①水平层理，细层形状平直、彼此平行且平行于岩层面，在静水中形成，泥岩、灰岩常见；②波状层理，细层面波状起伏，大致平行于岩层面，形成于动荡的水体中；③斜层理，由一系列与岩层面相交的细层所组成，分同向斜层理和交错层理；④块状层理，物质分布均匀，看不到层理。常见层理如图1.6～图1.10所示。

(2)层面构造。在沉积岩岩层面上往往保留有反映沉积岩形成时流体运动、自然条件变化遗留下来的痕迹，称为层面构造。常见的层面构造有波痕、雨痕、泥裂等。风或流水在未固结的沉积物表面上运动留下的痕迹，岩石固化后保留在岩层面上，称为波痕(图1.11)。雨痕和雹痕是沉积物层面受雨、雹打击留下的痕迹，固结石化后而形成。黏土沉积物层面失水干缩开裂，裂缝中常被后来泥沙充填。黏土固结成岩后在黏土岩层面上保留下来称为泥裂。

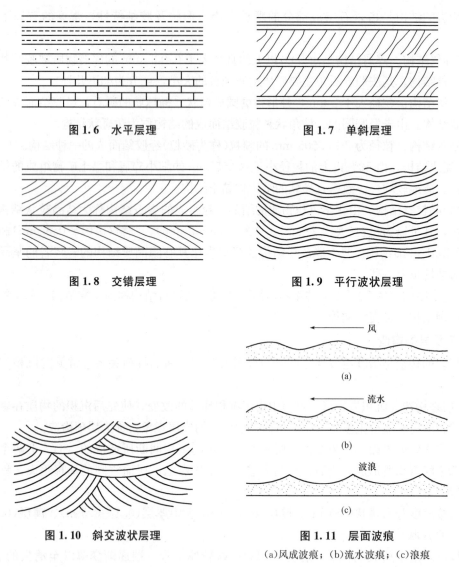

图1.6　水平层理　　　　　　　　　图1.7　单斜层理

图1.8　交错层理　　　　　　　　　图1.9　平行波状层理

图1.10　斜交波状层理　　　　　图1.11　层面波痕
(a)风成波痕；(b)流水波痕；(c)浪痕

　　(3)结核。沉积岩中常含有与该沉积岩成分不同的圆球状或不规则形状的无机物包裹体，称为结核。通常是沉积物或岩石中某些成分，在地下水活动与交代作用下的结果。常见的结核有碳酸盐、硅质、磷酸盐质、锰质及石膏质结核。

　　(4)化石。埋藏在沉积物中的古代生物遗体或遗迹，随沉积物成岩也石化成岩石一部分，但其形态却保留下来，称为化石。化石是沉积岩特有的构造特征，是研究地质发展历史和划分地质年代的重要依据。

5. 沉积岩的分类

沉积岩根据沉积方式、物质成分、结构构造等分为碎屑岩、黏土岩和化学岩及生物化学岩三大类，见表1.4。

表1.4　沉积岩的分类

分类	岩石名称	结构		构造	矿物成分	
碎屑岩	角砾岩	砾状结构（>2 mm）	角砾状结构（>2 mm）	层理或块状	砾石成分为原岩碎屑成分	胶结物成分可分为硅质、钙质、铁质、泥质、碳质
	砾岩		砾状结构（>2 mm）			
	粗砂岩	砂状结构（0.005~2 mm）	粗砂状结构（0.5~2 mm）		砂粒成分：1. 石英砂岩：石英占95%以上　2. 长石砂岩：长石占95%以上　3. 杂质岩：含石英、长石及多量暗色矿物	
	中砂岩		中砂状结构（0.25~0.5 mm）			
	细砂岩		细砂状结构（0.075~0.25 mm）			
	粉砂岩		粉砂状结构（0.005~0.075 mm）			
黏土岩	页岩	泥状结构（<0.005 mm）		层理	颗粒成分为黏土矿物，并含有其他硅质、钙质、铁质、泥质、碳质	
	泥岩			块状		
化学岩及生物化学岩	石灰岩	化学结构及生物化学结构		层理或块状或生物状	方解石为主	
	白云岩				白云石为主	
	泥灰岩				方解石、黏土矿物	
	硅质岩				燧石、蛋白石	
	石膏岩				石膏	
	盐岩				NaCl、KCl等	
	有机岩				煤、油页岩等含碳、碳氢化合物的成分	

6. 常见沉积岩的特征

（1）碎屑岩类。碎屑岩类具有碎屑结构，由碎屑和胶结物组成。

1）砾岩和角砾岩。粒径大于2 mm的碎屑含量占50%以上，经压密胶结形成岩石。若多数砾石磨圆度好，称为砾岩；若多数砾石呈棱角状，称为角砾岩。砾岩和角砾岩多为厚层，其层理不发育。

2）砂岩。砂岩按砂状结构的粒径大小，可以分为粗砂岩、中砂岩、细砂岩、粉砂岩四种。可根据胶结物和矿物成分的不同给各种砂岩定名，如硅质细砂岩，铁质中砂岩、长石砂岩、石英砂岩、硅质石英砂岩等。

（2）黏土岩类。黏土岩类又称为泥质岩，是沉积岩中最常见的一类岩石，占沉积岩总体积的50%~60%，其是介于碎屑岩与化学岩之间的过渡类型，并具有独特的成分、结构、构造等。

1)黏土岩。黏土岩一般呈较松散的土状岩石。主要矿物成分为高岭石、蒙脱石及水云母，并含有少量极细小的石英、长石、云母、碳酸盐矿物等。黏土颗粒占 50% 以上，具有典型的泥质结构。质地均一，有细腻感，可塑性和吸水性很强，岩石吸水后易膨胀。颜色多呈黑色、褐红色、绿色等，但也有呈浅灰色、灰白色和白色的。黏土岩中，由于黏土颗粒与砂粒含量的不同，可分为粉质黏土(黏粒的质量分数为 10%～30%)、粉质砂土(黏粒的质量分数为 3%～10%)、砂土(黏粒的质量分数小于 3%)等过渡类型。根据主要矿物成分的含量不同，其又可分为高岭石黏土岩、蒙脱石黏土岩和水云母黏土岩。

2)页岩。页岩由松散黏土经硬结成岩作用而成，为黏土岩的一种构造变种。其具有能沿层理面分裂成薄片或页片的性质，常可见显微层理，称为页理，页岩因此得名。具有页理构造的黏土岩常含水云母等片状矿物，呈定向排列。页岩成分复杂，除各种黏土矿物外，尚有少量石英、绢云母、绿泥石、长石等混合物。岩石颜色多样，一般呈灰色、棕色、红色、淡黄色、绿色和黑色等。依混入物成分不同，其又可分为钙质页岩、硅质页岩、铁质页岩、碳质页岩和油页岩等。除硅质页岩强度稍高外，其余均岩性软弱，强度低，易风化成碎片，与水作用易于软化。

3)泥岩。泥岩成分与页岩相似，但层理不发育，呈厚层块状构造。以高岭石为主的泥岩，常呈灰白色或黄白色，吸水性强，遇水后易软化；以微晶高岭石为主的泥岩，常呈白色、玫瑰色或浅绿色，表面有滑感，吸水后易膨胀。

(3)化学岩及生物化学岩。其是先期岩石分解后溶于溶液中的物质被搬运到盆地后，经化学或生物化学作用沉淀而成的岩石。也有部分岩石是由生物骨骼或甲壳沉积形成的。常见的岩石有以下四种：

1)石灰岩。方解石矿物占 90%～100%，有时含少量白云石、粉砂粒、黏土等。纯石灰岩为浅灰白色，含有杂质时颜色有灰红、灰褐、灰黑等色。性脆，遇稀盐酸时起泡剧烈。在形成过程中，由于风浪振动，有时形成特殊结构，如鲕状、竹叶状、团块状等结构。还有由生物碎屑组成的生物碎屑灰岩等。

2)白云岩。主要矿物为白云石，含少量方解石和其他矿物。颜色多为灰白色，遇稀盐酸不易起泡，滴镁试剂由紫变蓝，岩石露头表面常具刀砍状溶蚀沟纹。

3)泥灰岩。石灰岩中常含少量细粒岩屑和黏土矿物，当黏土含量达到 25%～50%，则称为泥灰岩，颜色有灰色、黄色、褐色、浅红色。加酸后侵蚀面上常留下泥质条带和泥膜。

4)燧石岩。燧石岩它是硅质岩中常见的一种，岩石致密，坚硬性脆，颜色多为灰黑色，主要成分是蛋白石、玉髓和石英。隐晶结构，多以结核层存在于碳酸盐岩石和黏土岩层中。

1.3.3 变质岩

1. 变质岩的形成

地壳中原来的各种岩石受地壳运动以及岩浆入侵的高温、高压作用及化学成分的加入，改变原来岩石的成分、结构、构造形成新的岩石，称为变质岩。

(1)变质作用的因素。

1)温度。高温是引起岩石变质最基本、最积极的因素。促使岩石温度增高的热量来源有三种：一是地下岩浆侵入地壳带来的热量；二是随地下深度增加而增大的地热，一般认为自地表常温带以下，深度每增加 33 m，温度提高 1 ℃；三是地壳中放射性元素蜕变释放出的热量。高温使原岩中元素的化学活泼性增大，使原岩中的矿物重新结晶，隐晶变显晶、细晶变粗晶，从而改变原结构，并产生新的变质矿物。

2）压力。作用在岩石上的压力分为静压力和动压力。

①静压力，类似于潜水压力，是由上覆岩石重量产生的，是一种各方向相等的压力，随深度而增大。静压力使岩石体积受到压缩而变小、密度变大，从而形成新矿物。

②动压力，也称定向压力，是由地壳运动而产生的。由于地壳各处地壳运动的强烈程度和运动方向都不同，故岩石所受动压力的性质、大小和方向也各不相同。在动压力作用下，原岩中各种矿物发生不同程度变形甚至破碎的现象。在最大压力方向上，矿物被压溶，不能沿此方向生长结晶；与最大压力垂直方向是变形和结晶生长的有利空间。因此，原岩中的针状、片状矿物在动压力作用下，它们的长轴方向发生转动，转向与压力垂直方向平行排列；原岩中的粒状矿物在较高动压力作用下，变形为椭圆或眼球状，长轴也沿与压力垂直方向平行排列。由动压力引起的岩石中矿物沿与压力垂直方向平行排列的构造称片理构造，是变质岩最重要的构造特征。

3）化学活泼性流体。这种流体在变质过程中起溶剂作用。化学活泼性流体包括水蒸气，氧气，CO_2，含 B、S 等元素的气体和液体。这些流体是岩浆分化后期产物，它们与周围原岩中的矿物接触，发生化学交替或分解作用，形成新矿物，从而改变了原岩中的矿物成分。

（2）变质作用的类型。变质作用根据变质作用的地质因素和变质作用因素，分为下列类型：

1）接触变质作用。接触变质作用是指发生在侵入岩与围岩之间的接触带上，并主要由温度和挥发物质所引起的变质作用。其中，接触热变质作用中引起变质的主要因素是温度。岩石受热后发生矿物的重结晶、脱水、脱碳以及物质的重新组合，形成新的矿物与变晶结构。在接触交代变质作用中引起变质的因素除温度外，从岩浆中分异出来的挥发性物质所产生的交代作用同样具有重要的意义。故岩石的化学成分有显著变化，产生大量新矿物。接触变质作用形成的岩石有大理岩、角岩、矽卡岩。

接触变质带的岩石一般较破碎，裂隙发育，透水性大，强度较低。

2）区域变质作用。区域变质作用是在广大范围内发生，并由温度、压力及化学活动性流体等多种因素引起的变质作用。变质作用的方式以重结晶为主。例如，黏土质岩石可变为片岩和片麻岩。区域变质岩的岩性在很大范围内是比较均匀一致的，其强度则取决于岩石本身的结构和成分等。

3）混合岩化作用。混合岩化作用是指原有的区域变质岩体与岩浆状的液体互相混合交代而形成新的岩石（混合岩）的作用。流体的来源可能是原来的变质岩体局部熔融产生的重熔岩浆，也可能是地壳深部富含 K、Na、Si 的热液引起的再生岩浆。

4）动力变质作用。动力变质作用是指在地壳构造变动时产生的强烈定向压力使岩石发生的变质作用，也称为碎裂变质作用。其特征是常与较大的断层带伴生，原岩挤压破碎，变形并有重结晶现象，可形成糜棱岩、压碎岩，并可有叶蜡石、蛇纹石、绿帘石等变质矿物产生。

2. 变质岩的物质成分

组成变质岩的矿物可以分为两类：①三大类岩石中共存的矿物，如石英、长石、云母、角闪石、辉石、磷灰石等，叫作贯通矿石；②变质岩中特有的矿物——变质矿物，变质作用中产生的新矿物，如石榴石、红柱石、蓝晶石、十字石、夕线石、硅灰石、阴起石、透闪石、滑石、绿泥石等。变质矿物是鉴别变质岩的重要标志。

3. 变质岩的结构

变质岩的结构主要是结晶结构，主要有以下三种。

(1)变余结构。在变质过程中，原岩的部分结构被保留下来的称为变余结构，如变余花岗结构、变余砾状结构等。

(2)变晶结构。变晶结构是变质岩的特征性结构，大多数变质岩有深浅程度不同的变晶结构，它是岩石在固体状态下经重结晶作用形成的结构，变质岩中矿物重新结晶较好，基本为显晶。变质岩和岩浆岩的结构相似，为了区别，在变质岩结构名词前常加"变晶"二字，如等粒变晶结构和斑状变晶结构等。

(3)压碎结构。压碎结构指主要在动力变质作用下，由岩石变形、破碎、变质而成的结构。原岩碎裂成块状的称为碎裂结构；若岩石被碾成微粒状，并有一定的定向排列，则称为糜棱状结构。

4. 变质岩的构造

变质岩中常见的构造有片理构造和块状构造。

(1)片理构造。片理构造是岩石中所含的大量的片状、板状和柱状矿物在定向压力作用下，平行排列所形成的类似层状的构造。岩石极易沿片理面劈开。根据矿物组合和重结晶程度，片理构造又可分为如下几种：

1)片麻状构造。片麻状构造又称为片麻理。其特征是岩石主要由长石、石英等粒状矿物组成，但又有一定数量的呈定向排列的片状或柱状矿物，后者在粒状矿物中呈不均匀的断续分布，致使岩石外表也显示深浅色泽相间的断续状条带，这是片麻岩特有的构造。

2)片状构造。片状构造是指岩石中大量片状矿物(如云母、绿泥石、滑石、石墨等)平行排列所形成的薄层状构造，是各种片岩所具有的特征构造。

3)千枚状构造。千枚状构造的特征是岩石中的鳞片状矿物成定向排列，粒度极细，肉眼不能分辨矿物颗粒。片理面具有较强的丝绢光泽，通常在垂直于片理面的方向有许多小皱纹，这是千枚岩的特有构造。

4)板状构造。板状构造又称为板理，是指岩石中由片状矿物平行排列所形成的具有平行板状劈理的构造。岩石沿板理极易劈成薄板，板理微具光泽，矿物颗粒极细，肉眼不能分辨。这是板岩的特有构造。

(2)块状构造。这种变质岩多由一种或几种粒状矿物组成，矿物分布均匀，无定向排列现象。

5. 变质岩的分类

变质岩一般按变质作用的类型及其结构、构造特点进行分类，见表1.5。

表 1.5　变质岩分类

岩类	岩石名称	构造	结 构	主要矿物成分	变质类型
片理状岩类	板岩	板状	变余结构、部分变晶结构	黏土矿物、云母、绿泥石、石英、长石等	区域变质(由板岩至片麻岩变质程度递增)
	千枚岩	千枚状	显微鳞片变晶结构	绢云母、石英、长石、绿泥石、方解石等	
	片岩	片状	显晶质鳞片状变晶结构	云母、角闪石、绿泥石、石墨、滑石、石榴子石等	
	片麻岩	片麻状	粒状变晶结构	石英、长石、云母、角闪石、辉石等	
块状岩类	大理岩	块状	粒状变晶结构	方解石、白云石	接触变质或区域变质
	石英岩		粒状变晶结构	石英	
	硅卡岩		不等粒变晶结构	石榴子石、辉石、硅灰石(钙质硅卡岩)	接触变质
	蛇纹岩		隐晶质结构	蛇纹石	交代变质
	云英岩		粒状变晶结构、花岗变晶结构	白云母、石英	
构造破碎岩类	断层角砾岩		角砾状结构、碎裂结构	岩石碎屑、矿物碎屑	动力变质
	糜棱岩		糜棱结构	长石、石英、绢云母、绿泥石	

6. 常见的变质岩的特征

(1)片理状岩类。

混合岩：原来的变质岩，被花岗岩物质沿片理贯入或交代原岩形成特殊岩石，称为混合岩。

片麻岩：片麻构造，变晶结构，晶粒大。主要矿物为石英和长石，其次为云母、角闪石、辉石等，有时有石榴子石。含角闪石时可命名为角闪片麻岩。

片岩：片状构造，变晶结构。矿物成分为云母、绿泥石、滑石等片状矿物。片理发育时强度低，抗风化能力差，极易沿片理产生滑动。

千枚岩：黏土岩变质而成。矿物成分主要为绢云母、石英，次为绿泥石等。结晶程度高，晶粒极细，肉眼不能直接辨认。片理面常有丝绢光泽。千枚岩强度低，抗风化能力差，易剥落，尤其应注意沿片理方向的滑动。

板岩：板状构造，变余结构或变晶结构。由泥质粉砂或砂质页岩变质而成，颜色多样，易裂成薄板，打击时声音清脆，以此与原岩区别。

(2)块状岩类。

大理岩：较纯的石灰岩、白云岩经区域变质而成，经重结晶成等粒变晶结构，块状构造。主要矿物为方解石，遇冷盐酸起泡剧烈，以此可与其他浅色矿物组成的岩石区别。色彩各异、花纹美丽的大理岩可作为建筑高级装饰材料。其强度中等。大理岩也可由热力接触作用形成。

石英岩：较纯石英砂岩变质而成，变质后石英颗粒与硅质胶结物难以分辨，致密状变晶结构，也可具有等粒变晶结构，结晶程度高，块状构造。以石英为主，可含少量长石、云母、绿泥石等。常为白色，含杂质时出现其他颜色。石英岩强度高，抗风化能力强，质纯石英岩是制造玻璃的原料。

（3）构造破碎岩。

构造角砾岩：产生在构造断裂带中，由角砾化的岩石碎块组成。碎块大小不一、形态各异，其种类取决于断层移动带的岩石种类。胶结物以次生的铁质、硅质为主，也有以泥质或磨细物胶结的。岩石稳定性差，常成为地下水的通道。

糜棱岩：是粒度较小的强烈压碎岩。岩性坚硬时具明显片理状或条带状、眼球状构造，胶结差时易风化。

1.4 岩石的工程地质性质

1.4.1 物理性质

岩石的物理性质主要包括岩石的重量性质和孔隙性质。表示重量性质的指标是密度和重度，颗粒密度和相对密度；表示孔隙性质的指标是孔隙度和孔隙比。

1. 密度（ρ）和重度（γ）

单位体积岩石的质量称为岩石的质量密度，简称密度 ρ（g/cm³）；单位体积岩石的重力称为岩石的重力密度，简称重度 γ（N/cm³）。

$$\gamma = \rho g$$

天然状态下，单位体积岩石中包括固体颗粒、一定的水和空隙三部分，此时测得的为岩石的天然密度。若水把所有孔隙充满，则为岩石的饱和密度。若把全部水分烘干，则为岩石的干密度，此时岩石的质量仅为固体颗粒质量，而岩石的体积为固体颗粒体积和空隙体积之和。

2. 颗粒密度（ρ_s）和相对密度（d_s）

单位体积岩石固体颗粒的质量称为岩石的颗粒密度（g/cm³）；岩石颗粒密度与 4 ℃水的密度之比称为岩石的相对密度，用 d_s 表示。

岩石相对密度的大小，取决于组成岩石的矿物相对密度及其在岩石中的相对含量。组成岩石的矿物相对密度大、含量多，则岩石的相对密度大。一般岩石的相对密度约为 2.65，相对密度大的可达 3.3。

3. 孔隙度（n）和裂隙率（K_r）

岩石中孔隙体积与岩石总体积之比称为孔隙度（多用百分数表示）；岩石中各种节理、裂隙的体积与岩石总体积之比称为裂隙率。这两个指标含义相同。孔隙度多用于松散土、石；裂隙率多用于结晶连接的坚硬岩石。

孔隙比(e)：岩石中孔隙的体积与固体颗粒体积之比称岩石的孔隙比（多以小数表示）。

n 和 e 可以互相换算：

$$n=\frac{e}{1+e} \qquad e=\frac{n}{1-n}$$

根据试验得到的干密度 ρ_d 和颗粒密度 ρ_s 通过下列公式求得：

$$n=\left(1-\frac{\rho_d}{\rho_s}\right)\times100\% \qquad e=\frac{\rho_d}{\rho_s}-1$$

通常，岩石的密度和颗粒密度越大，而岩石的孔隙度和孔隙比越小，则岩石的工程性质越好。

1.4.2 水理性质

岩石的水理性质是指岩石与水作用时所表现的性质。其主要有岩石的吸水性、透水性、溶解性、软化性、崩解性、抗冻性、渗透性等。

1. 岩石的吸水性

(1)岩石的吸水率(w_1)。岩石在常压条件下所吸水分质量与绝对干燥的岩石质量的比值称为岩石的吸水率，用百分数表示，即

$$w_1=G_{w1}/G_s\times100\% \tag{1.1}$$

式中　w_1——岩石吸水率(%)；

$\quad\quad G_{w1}$——吸水质量(g)；

$\quad\quad G_s$——绝对干燥的岩石质量(g)。

岩石的吸水率与岩石的孔隙大小和张开程度等因素有关，它反映了岩石在常压条件下的吸水能力。岩石的吸水率大，则水对岩石的浸饱和软化作用就强。

(2)岩石的饱和吸水率(w_2)。在高压(15 MPa)或真空条件下，岩石所吸水分质量与干燥岩石质量的比值称为岩石的饱和吸水率，用百分数表示，即

$$w_2=G_{w2}/G_s\times100\% \tag{1.2}$$

式中　w_2——岩石的饱和吸水率(%)；

$\quad\quad G_{w2}$——吸水质量(g)；

$\quad\quad G_s$——绝对干燥的岩石质量(g)。

(3)岩石的饱水系数(K_w)。岩石的吸水率与饱和吸水率的比值，称为岩石的饱水系数，即

$$K_w=w_1/w_2 \tag{1.3}$$

式中　K_w——岩石的饱水系数；

$\quad\quad w_1$——岩石的吸水率(%)；

$\quad\quad w_2$——岩石的饱和吸水率(%)。

2. 岩石的透水性

岩石的透水性是指岩石允许水通过的能力。岩石透水性的大小主要取决于岩石中裂隙、孔隙及孔洞的大小和连通情况。

岩石的透水性用渗透系数（K）来表示。渗透系数等于水力坡度为 1 时，水在岩石中的渗透速度，其单位用 m/d 或 cm/s 表示。

3. 岩石的溶解性

岩石的溶解性是指岩石溶解于水的性质，常用溶解度或溶解速度来表示。在自然界中，常见的可溶性岩石有石膏、岩盐、石灰岩、白云岩及大理岩等。岩石的溶解性不但和岩石的化学成分有关，而且和水的性质有很大关系。淡水一般溶解能力较小，而富含 CO_2 的水，则具有较大的溶解能力。

4. 岩石的软化性

岩石的软化性是指岩石在水的作用下，强度及稳定性降低的一种性质。岩石的软化性主要取决于岩石的矿物成分、结构和构造特征。黏土矿物含量高、孔隙率大、吸水率高的岩石，与水作用容易软化而丧失其强度和稳定性。

5. 岩石的崩解性

岩石的崩解性是指岩石被水浸泡，内部结构遭到完全破坏呈碎块状崩开散落的性能。具有强烈的崩解性的岩石和土，短时间内即发生崩解。

6. 岩石的抗冻性

当岩石孔隙中的水结冰时，其体积膨胀会产生巨大的压力而使岩石的强度和稳定性遭到破坏。岩石抵抗这种冰冻作用的能力称为岩石的抗冻性。其是冰冻地区评价岩石工程性质的一个主要指标；一般用岩石在抗冻试验前后抗压强度的降低率来表示。抗压强度降低率小于 25% 的岩石，一般认为是抗冻的。

7. 岩石的渗透性

水在松散土层中通过连通的孔隙渗透，而水在岩石中的渗透则通过各种连通的裂隙、溶洞。按渗透性强弱可将岩土分成几类，见表 1.6。K 为渗透系数，单位为 m/d。

表 1.6　岩石的渗透性　　　　　　　　　　　　　　　　m/d

透水性 项目	强透水	中等透水	弱透水	微透水
K	<10	1~10	0.01~1	0.001~0.1
岩石	裂隙发育硬岩，岩溶化岩石	裂隙中等岩石	裂隙不发育，黏土质岩石	裂隙微小，页岩、黏土岩，致密岩石

1.4.3　力学性质

1. 岩石的变形指标

岩石的变形指标主要有弹性模量、变形模量和泊松比。

（1）弹性模量：是应力与弹性应变的比值，即

$$E = \frac{\sigma}{\varepsilon_e} \tag{1.4}$$

式中 E——弹性模量(Pa);

σ——应力(Pa);

ε_e——弹性应变。

（2）变形模量：是应力与总应变的比值，即

$$E_0 = \frac{\sigma}{\varepsilon_p + \varepsilon_e} \quad\quad\quad (1.5)$$

式中 E_0——变形模量(Pa);

ε_p——塑性应变。

（3）泊松比。岩石在轴向压力的作用下，除产生纵向压缩外，还会产生横向膨胀。这种横向应变与纵向应变的比值，称为泊松比，即

$$\mu = \frac{\varepsilon_1}{\varepsilon} \quad\quad\quad (1.6)$$

式中 μ——泊松比;

ε_1——横向应变;

ε——纵向应变。

泊松比越大，表示岩石受力作用后的横向变形越大。岩石的泊松比一般为 0.2～0.4。

2. 岩石的强度指标

岩石受力作用破坏有压碎、拉断及剪断等形式，故岩石的强度可分抗压、抗拉及抗剪强度。岩石的强度单位用 Pa 表示。

（1）抗压强度。抗压强度是岩石在单向压力作用下，抵抗压碎破坏的能力，即

$$R = \frac{p}{A} \quad\quad\quad (1.7)$$

式中 R——岩石抗压强度(Pa);

p——岩石破坏时的压力(N);

A——岩石受压面积(m^2)。

各种岩石抗压强度值差别很大，其主要取决于岩石的结构构造，同时，受矿物成分和岩石生成条件的影响。

（2）抗剪强度。抗剪强度是岩石抵抗剪切破坏的能力，以岩石被剪破时的极限应力表示。根据试验形式不同，岩石抗剪强度可分为如下三种：

1）抗剪断强度是在垂直压力作用下的岩石剪断强度，即

$$\tau = \sigma \tan\varphi + c \quad\quad\quad (1.8)$$

式中 τ——岩石抗剪断强度(Pa);

σ——破裂面上的法向应力(Pa);

φ——岩石的内摩擦角;

c——岩石的内聚力(Pa)。

坚硬岩石因有牢固的结晶联结或胶结联结，故其抗剪断强度一般都比较高。

2）抗剪强度是沿已有的破裂面发生剪切滑动时的指标，即

$$\tau = \sigma \tan\varphi \quad\quad\quad (1.9)$$

显然，抗剪强度大大低于抗剪断强度。

3)抗切强度是压应力等于零时的抗剪断强度。

$$\tau = c \tag{1.10}$$

（3）抗拉强度。抗拉强度是岩石单向拉伸时抵抗拉断破坏的能力，以拉断破坏时的最大张应力表示。

抗压强度是岩石力学性质中的一个重要指标。岩石的抗压强度最高，抗剪强度居中，抗拉强度最小。岩石越坚硬，其值相差越大，软弱的岩石差别较小。岩石的抗剪强度和抗压强度是评价岩石（岩体）稳定性的指标，是对岩石（岩体）的稳定性进行定量分析的依据。由于岩石的抗拉强度很小，因此当岩层受到挤压形成褶皱时，常在弯曲变形较大的部位受拉破坏，产生张性裂隙。

思考与练习题

1. 简述矿物与岩石的关系。
2. 矿物的主要物理性质有哪些？
3. 岩浆岩产状特征、岩浆岩分类及其主要矿物成分有哪些？
4. 沉积岩结构特征及沉积岩分类有哪些？
5. 岩石的哪些性质在土木工程中运用最为常见？

第2章 风化作用与土

2.1 风化作用

2.1.1 风化作用的基本概念

无论怎样坚硬的岩石，一旦露出地表，在太阳辐射作用下并与水圈、大气圈和生物圈接触，为适应地表新的物理、化学环境，都必然会发生变化，这种变化虽然缓慢，但年深日久，岩石就会逐渐崩解，分离为大小不等的岩屑或土层。岩石的这种物理、化学性质的变化称为风化；引起岩石这种变化的作用称为风化作用；被风化的岩石表层称为风化壳。在风化壳中，岩石经过风化作用后，形成松散的岩屑和土层，残留在原地的堆积物称为残积土；尚保留原岩结构和构造的风化岩石称为风化岩。

2.1.2 风化作用的类型

按风化作用的性质和特征，风化作用可划分为以下三类。

1. 物理风化作用

岩石在风化的作用下，只发生机械破坏，无成分改变的作用，称为物理风化作用。引起岩石物理风化作用的因素主要包括温度的变化、冻融风化及盐类结晶作用等。

(1)温度变化。温度变化是导致物理风化的主要因素。岩石是热的不良导体，白天阳光强烈照射，岩石表层首先受热膨胀，内部未变热，体积不变；晚上，由于气温下降，岩石表层开始收缩，这时岩石内部可能还在升温膨胀。这种表里不一致的膨胀、收缩长期反复作用，岩石就会逐渐开裂，导致完全破坏。花岗岩的球状风化是这种作用的代表。

(2)冻融风化。岩石由于水的周期性冻结和融化造成的机械崩解作用称为冻融风化。

岩石裂隙中的水在冻结成冰时，体积膨胀大约为9%。因而，它对裂隙两壁的岩石可以施加很大的膨胀压力，起到楔子的作用，称为"冰劈"，使岩石裂隙加宽加深。据研究，1 g水结冰时，可产生96.0 MPa的压力，使储水裂隙进一步扩大。当冰融化时，水沿扩大了的裂隙更深地渗入岩石的内部，软化或溶蚀岩体。当再次冻结成冰时，重新对岩石施加压力，扩大裂隙。这样，水反复冻结融化，就可使岩石的裂隙不断加深加宽，最后破裂成碎屑。

冻融风化能否进行，取决于水能否成冰。在标准状态下，水结成冰的温度是 0 ℃。但是岩石裂隙和孔隙中的水并非处于标准条件下，它们一般都由于岩石和其他因素处于较大的压力下。随着压力的增加，水的冰点温度也要降低。

(3)盐类结晶作用。岩石裂隙中的水溶液由于水分蒸发，盐分逐渐饱和，当气温降低、溶解度变小时，盐分就会结晶出来，对岩石裂隙产生压力，逐渐促使岩石破裂。

2. 化学风化作用

处于地表的岩石，与水溶液和气体等在原地发生化学反应逐渐使岩石破坏，不仅改变其物理状态，同时也改变其化学成分，并可形成新矿物的作用，称为化学风化作用。化学风化作用的方式主要有溶解作用、水化作用、水解作用、碳酸化作用和氧化作用等。

(1)溶解作用。水直接溶解岩石中矿物的作用称为溶解作用。溶解作用的结果，使岩石中的易溶物质被逐渐溶解而随水流失，难溶的物质则残留于原地。岩石由于可溶物质的被溶解而导致孔隙增加，削弱了颗粒之间的结合力，从而降低岩石的坚实程度，更易遭受物理风化作用而破碎。最容易溶解的矿物是卤化盐类(岩盐、钾盐)，其次是硫酸盐类(石膏、硬石膏)，再次是碳酸盐类(石灰岩、白云岩)。其他岩石虽然也溶解于水，但溶解的程度低很多。岩石在水里的溶解作用一般进行得十分缓慢，但是，当水的温度升高以及压力增大时，水的溶解作用就比较活跃。特别是当水中含有侵蚀性的 CO_2 而发生碳酸化合作用时，水的溶解作用就会显著增强。如在石灰岩分布地区，由于这种溶解作用经常有溶洞、溶穴等岩溶现象。

(2)水化作用。有些矿物与水作用时，能够吸收水分作为自己的组成部分，形成含水的新矿物，称为水化作用。例如，硬石膏经水化作用后形成石膏。矿物经水化作用后体积膨胀而对周围岩石产生压力，使岩石胀裂。

(3)水解作用。某些矿物溶于水后，出现离解现象，其离解产物可与水中的 H^+ 和 OH^- 离子发生化学反应，形成新的矿物，这种作用称为水解作用。例如正长石经水解作用后，开始形成的 K^+ 与水中 OH^- 离子结合，形成 KOH 随水流失；析出一部分 SiO_2 可呈胶体溶液随水流失，或形成蛋白石($SiO_2 \cdot nH_2O$)残留于原地；其余部分可形成难溶于水的高岭石而残留于原地。

$$4K(AlSi_3O_8) + 6H_2O \longrightarrow 4KOH + 8SiO_2 + Al_4(Si_4O_{10})(OH)_8$$
$$\text{(正长石)} \qquad\qquad\qquad\qquad \text{(高岭石)}$$

(4)碳酸化作用。当水中溶有 CO_2 时，与水结合形成碳酸，碳酸根(CO_3^{2-})易与矿物中的阳离子化合成易溶于水的碳酸盐，从而使水溶液对岩石中的矿物离解能力加强，化学反应速度加快，这种化学作用即碳酸化作用。例如，硅酸盐矿物在碳酸化作用下矿物中的阳离子(K^+、Na^+、Ca^{2+} 等)可形成易溶的碳酸盐被带走，部分 SiO_2 呈胶体溶液被带走，而大部分的 SiO_2 形成蛋白石沉淀。如正长石经碳酸化作用后的化学反应为

$$4K(AlSi_3O_8) + 4H_2O + 2CO_2 \longrightarrow 2K_2CO_3 + 8SiO_2 + Al_4(Si_4O_{10})(OH)_8$$
$$\text{(正长石)} \qquad\qquad\qquad\qquad\qquad \text{(高岭石)}$$

(5)氧化作用。矿物中的低价元素与大气中的游离氧化合变为高价元素的作用，称为

氧化作用。氧化作用是地表极为普遍的一种自然现象。在湿润的情况下，氧化作用更为强烈。

自然界中，有机化合物、低价氧化物、硫化物最易遭受氧化作用。尤其是低价铁常被氧化成高价铁。例如，常见的黄铁矿（FeS_2）在含有游离氧的水中，经氧化作用形成褐铁矿（$Fe_2O_3 \cdot nH_2O$），同时产生对岩石腐蚀性极强的硫酸，可使岩石中的某些矿物分解形成洞穴和斑点，致使岩石破坏。

3. 生物风化作用

岩石在动植物及微生物影响下所起的破坏作用，如植物根部楔入岩石裂隙、穴居动物掘土、生物的新陈代谢等产生的有机酸、碳酸和硝酸等的腐蚀作用，称为生物风化作用。因为生物风化是通过物理风化和化学风化完成的，所以有人将生物物理风化和生物化学风化分别归类于物理风化和化学风化之中。因此自然界的风化作用，实质上只有物理风化和化学风化两种基本类型。

(1)生物物理风化。生物物理风化主要是指植物在其生长过程中，其根系对岩石施加的劈裂、穿凿作用和动物的挖掘作用。一般的植物根系可以深入地下几十厘米到 1 m 左右，高等植物的根系有时可达十几米。据研究，树根对围岩施加的压力可达 $10\sim15$ kg/cm²。当植物根在岩石裂隙中生长加粗时，其施加的压力可使裂隙加宽、加深，类似于冰生长对岩石的冰劈作用，所以，有时又称这种生物物理风化为根劈作用。大部分啮齿类动物都以洞穴为生，其洞底有时可距离地表数米，动物打洞时的挖掘和穿凿活动也会加速岩石的机械崩解。

(2)生物化学风化。生物在新陈代谢过程中，一方面，从土壤和岩石中吸取养分，改变岩石的化学风化环境，促进元素的迁移；另一方面，它们又分泌出诸如碳酸、硝酸、各类有机酸之类的化合物，这些化合物溶解和腐蚀岩石，也可以对岩石造成破坏。生物的这种通过吸收养分和分泌化合物对岩石施加的破坏作用称为生物风化作用。各类高等生物，特别是植物对岩石的化学风化是显而易见的，但是各类微生物的作用更不能忽视。因为它们的个体很小，又能忍耐各种环境，在距离地表很深的地下和致密的岩石解理面上都可以发现它们的踪迹。所以，它们对岩石的破坏和崩解具有更大的意义。

2.1.3 岩石的风化与土的形成

1. 岩石的风化

岩石的风化作用，实质上只有物理风化和化学风化两种基本类型，它们彼此是紧密联系的。物理风化作用加大岩石的孔隙度，使岩石获得较好的渗透性，这样就更有利于水分、气体和微生物等的侵入。岩石崩解为较小的颗粒，使表面积增加，更有利于化学风化作用的进行。从这种意义上来说，物理风化是化学风化的前驱的必要条件。在化学风化过程下，不仅岩石的化学性质发生变化，而且包含着岩石的物理性质的变化。物理风化只能使颗粒破碎到一定的粒径，大致在中、细砂粒之间，因为机械崩裂的粒径下限为 0.02 mm，在此粒径以下，作用于颗粒上的大多数应力可以被弹性应变和解而消除，然而化学风化却能进一步使颗粒分解破碎到更细小的粒径。

2. 土的形成

地壳表层广泛分布着的土是岩石圈表层在漫长的地质历史里，经受各种复杂的地质作用而形成的地质体。我国大部分地区的松软土都形成于第四纪时期，而第四纪是距今最近的地质年代，因此，其沉积的历史相对较短，是未经胶结硬化的沉积物，通常称为"第四纪沉积物"。

坚硬岩石经过风化、剥蚀等外力作用，破碎成大小不等的岩石碎块或矿物颗粒(其中部分矿物可转变为次生矿物)，这些岩石碎屑物质在斜坡重力作用、流水作用、风力吹扬作用、冰川作用及其他外力作用下被搬运到别处，在适当的条件下沉积成各种类型的土体。实际上，在土粒被搬运的过程中，颗粒大小、形状及矿物成分仍在进一步变化，并在沉积过程中常因分选作用而使土在成分、结构、构造和性质上表现出有规律的变化。

工程地质学中所说的土或土体，是指与工程建筑物的变形和稳定相关的第四纪沉积物，它有别于通常所称的"土壤"。松散物质沉积成土后，如果能稳定一个相当长的时期，则靠近地表的土体将经受生物化学及物理化学作用，即成壤作用形成所谓的"土壤"；未形成"土壤"的表层受到剥蚀、侵蚀而再破碎、再搬运、再沉积等地质作用，时代较老的土体在上覆沉积物的自重压力及地下水的作用下，经受成岩作用(或称固结作用)，逐渐固结成岩，强度增高。土体固结成岩后，又可在适宜的条件下风化、搬运、沉积成土，如此周而复始、不断循环。

一般来说，地质成因相同，处于相似的形成条件下的土体，其工程地质特征也将具有很大的一致性，因此，对第四纪沉积物的成因进行研究，以及根据沉积物形成的地质作用及其营力方式、沉积环境、物质组成等划分土的成因类型是很有必要的。按成因类型，作为第四纪沉积物的土可分为残积土、坡积土、洪积土、冲积土、湖泊沉积物、海洋沉积物、风积土和冰积土等。

2.2 土的性质及工程分类

2.2.1 土的三相组成

土是地壳表层广泛分布的物质，是最新地质时期的堆积物。土的组成一般是由作为土骨架的固体矿物颗粒、孔隙中的水及充满孔隙的空气组成的三相体系(图 2.1)。

2.2.2 土的物理性质指标

1. 三项基本物理指标

(1)土粒相对密度 G_s。其是指土粒质量与同体积 4 ℃纯水的质量之比，即

$$G_s = \frac{m_s}{V_s} \cdot \frac{1}{\rho_{w1}} = \frac{\rho_s}{\rho_{w1}} \tag{2.1}$$

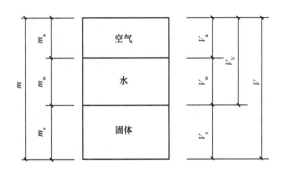

图 2.1 土的三相组成示意图

m—土的总重量；m_a—土中空气质量；m_w—土中水质量；m_s—土粒质量；

V—土的总体积；V_V—土孔隙体积；V_a—土中空气体积；V_w—土中水体积；V_s—土粒体积

式中　ρ_s——土粒的密度，即土粒单位体积的质量（g/cm³）；

　　　ρ_{w1}——4 ℃时纯水的密度，可取 1 g/cm³ 或 1 t/m³。

一般情况下，土粒相对密度在数值上等于土粒密度，但两者的含义不同，前者是两种物质的质量或密度之比，量纲为 1；而后者是一物质（土粒）的质量密度，有单位。土粒相对密度取决于土的矿物成分。

一般无机矿物颗粒的相对密度为 2.6～2.8，有机质的相对密度为 2.4～2.5，泥炭的相对密度为 1.5～1.8。土粒（一般无机矿物颗粒）的相对密度变化幅度很小。土粒相对密度可在实验室内用比重瓶法测定。通常也可按经验数值选用，一般土粒相对密度参考值见表 2.1。

表 2.1　土粒相对密度参考值

土粒名称	砂土	粉土	黏性土	
			粉质黏土	黏土
土粒相对密度	2.65～2.69	2.70～2.71	2.72～2.73	2.74～2.76

（2）土的含水率 w。土中所含的水分的质量与固体颗粒质量之比，一般用百分率表示，即

$$w = \frac{m_w}{m_s} \times 100\% \tag{2.2}$$

由式（2.2）可见，含水率应是土中固体相与液体相之间在质量上的比例关系，而不能提供有关土中水的性质的概念。土的含水率也可用土的密度 ρ 与土的干密度 ρ_d 计算得到，即

$$w = \frac{\rho}{\rho - \rho_d} \times 100\% \tag{2.3}$$

天然状态下土的含水率称为土的天然含水率。对结构相同的土而言，天然含水率越大，表明土中水分越多。土的含水率是土的物理状态重要的指标，它决定着土（尤其是黏性土）的力学性质。天然含水率是实测指标，是计算干密度、孔隙率、饱和度的主要数据，又是工程设计直接应用的一个重要参数。

土的天然含水率由于土层所处自然条件（如水的补给条件、气候条件、离地下水面的距离等）及土层孔隙发育的程度不同，其数值差别很大。近代沉积的三角洲软新土或湖相黏土

结构疏松，天然含水率可达 50%～200%；全新世前的黏土，由于经过较长时间的压密，其孔隙体积小，即使全部被水充满，天然含水率也可能小于 20%。干旱气候地区，土的含水率更小，可能小于 10%。一般砂土天然含水率都不超过 40%，以 10%～30%最为常见，一般黏性土大多为 10%～80%，常见值为 20%～50%。

(3)土的天然密度 ρ。其是土的总质量与总体积之比，即单位体积土的质量，单位是 g/cm³，即

$$\rho=\frac{m}{V}=\frac{m_s+m_w}{V_s+V_V} \tag{2.3}$$

天然状态下土的密度变化范围较大。一般黏性土密度变化范围为 1.8～2.0 g/cm³；砂土密度变化范围为 1.6～2.0 g/cm³，腐殖土密度变化范围为 1.5～1.7 g/cm³。土的密度可在室内及野外现场直接测定。室内一般采用"环刀法"测定，称得环刀内土样质量，求得环刀容积，再计算两者的比值。

2. 反映土松密程度的指标

(1)土的孔隙比 e。土的孔隙比是土中孔隙体积与土粒体积之比，即

$$e=\frac{V_V}{V_s} \tag{2.4}$$

孔隙比用小数表示。其是一个重要的物理性指标，可以用来评价粉土层的密实程度。

(2)土的孔隙率。土的孔隙率是土中孔隙所占体积与总体积之比，以百分数表示，即

$$n=\frac{V_V}{V}\times100\% \tag{2.5}$$

孔隙率和孔隙比都说明土中孔隙体积的相对数值。孔隙率直接说明土中孔隙体积占土体积的百分比值，概念非常清楚。地基土层在荷载作用下产生压缩变形时，孔隙体积和土体总体积都将变小，显然，孔隙率不能反映孔隙体积在荷载作用前后的变化情况。一般情况下，土粒体积可看作不变值，故孔隙比就能反映土体积变化前后孔隙体积的变化情况。因此，工程计算中常用孔隙比这一指标。

自然界土的孔隙率与孔隙比的数值取决于土的结构状态，因此，它是表征土结构特征的重要指标。数值越大，土中孔隙体积越大，土结构越疏松；反之，结构越密实。土的松密程度差别越大，土的孔隙比变化范围也越大，可为 0.25～4.0，相应孔隙率为 20%～80%，无黏性土虽孔隙较大，但因数量少，孔隙比相对较低，一般为 0.5～0.8，孔隙率相应为 33%～45%；黏性土则因孔隙数量多和大孔隙的存在，孔隙比常相对较高，一般为 0.67～1.2，相应孔隙率为 40%～55%，少数近代沉积的未经压实的黏性土，孔隙比甚至在 4.0 以上，孔隙率可大于 80%。

3. 反映土中含水程度的指标

(1)土的含水率 w。详见 2.2.2 节第 1.(2)的相关内容。

(2)土的饱和度 S_r。土中孔隙水的体积与孔隙总体积之比，以百分数表示，即

$$S_r=\frac{V_w}{V_V}\times100\% \tag{2.6}$$

土的饱和度(S_r)与含水率(w)均为描述土中含水程度的三相比例指标，饱和度越大，表明土孔隙中充水越多。S_r 为 0～100%。干燥时，$S_r=0$；孔隙全部为水充填时，$S_r=100\%$。

工程上将 S_r 作为砂土湿度划分的标准，即

稍湿的：$S_r < 50\%$；

很湿的：$50\% \leqslant S_r \leqslant 80\%$；

饱和的：$S_r > 80\%$。

4. 特定条件下土的密度

(1)土的干密度。土的孔隙中完全没有水时的密度称为土的干密度，是指单位体积干土的质量，即固体颗粒的质量与土的总体积之比值，可用下式表示：

$$\rho_d = \frac{m_s}{V} \tag{2.7}$$

必须注意土粒密度与土的干密度的区别：前者是土粒的单位体积质量；后者是单位体积干土(包括孔隙体积)的质量。故土的干密度取决于单位体积土中土粒所占的比值及矿物成分的密度，它表征土粒排列的密实程度，土越密实，土粒越多，孔隙体积就越小，干密度则越大；土越疏松，土粒越少，孔隙体积越大，干密度将越小。故干密度反映了土的孔隙性，因而可用于计算土的孔隙率。土的干密度往往通过土的密度及含水率计算得来，但也可以实测。土的干密度一般为 $1.4 \sim 1.7$ g/cm³。填土工程(如堤、坝、路基)常用干密度作为填土压密程度的质量要求指标。

(2)土的饱和密度 ρ_{sat}。土的孔隙完全被水充满时的密度称为饱和密度，亦即土的孔隙中完全充满水时的单位体积的质量，可用下式表示：

$$\rho_{sat} = \frac{m_s + V_V \rho_w}{V} \tag{2.8}$$

(3)土的浮密度。在地下水位以下，土单位体积中土粒的质量与同体积水的质量之差，称为土的浮密度，即

$$\rho' = \frac{m_s - V_s \rho_w}{V} \tag{2.9}$$

由此可见，同一种土在体积不变的条件下，它的各种密度在数值上有如下关系：$\rho_s > \rho_{sat} > \rho > \rho_d > \rho'$。

2.2.3　土的渗透性

土是一种由三相组成的多孔介质，其孔隙在空间互相连通。在饱和土中，水充满整个孔隙，当土中不同位置存在水位差时，土中水就会在水位能量作用下，从水位高(即能量高)的位置向水位低(即能量低)的位置流动。液体(如土中水)从物质微孔(如土体孔隙)中透过的现象称为渗透。土体具有被液体(如土中水)透过的性质称为土的渗透性或透水性。液体(如地下水、地下石油)在土孔隙或其他透水性介质(如水工建筑物)中的流动问题称为渗流。非饱和土的渗透性较复杂，工程实用性较小，不作介绍。

土的渗透性同土的强度、变形特性一起，是研究土的工程地质中的几个主要课题。强度、变形、渗流是相互关联、相互影响的，土木工程领域内的许多工程实践都与土的渗透性密切相关。归纳起来，土的渗透性研究主要包括下述三个方面。

(1)渗流量。如基坑开挖或施工围堰时的渗水量及排水量计算[图 2.2(a)]，土堤坝身、

坝基土中渗水量[图2.2(b)]，水井的供水量或排水量[图2.2(c)]等。

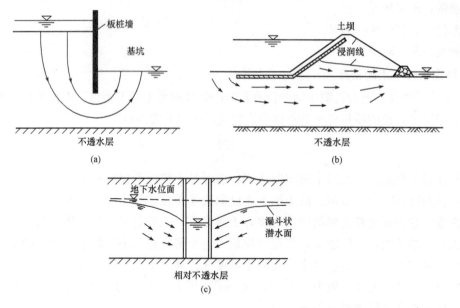

图2.2　渗流示意图

(a)板桩维护下的基坑渗流；(b)坝身及坝基中的渗流；(c)水井渗流

(2)渗透破坏。土中的渗流会对土颗粒施加作用力即渗流力，当渗流力过大时，会引起土颗粒或土体的移动，产生渗透变形，甚至渗透破坏，如边坡破坏、地面隆起、堤坝失稳等现象。近年来，高层建筑基坑失稳事故有不少就是由渗透破坏引起的。

(3)渗流控制。当渗流量或渗透变形不满足设计要求时，就要研究工程措施进行渗流控制。

显然，水在土体中的渗流，一方面会引起水头损失或基坑积水，影响工程效益和进度；另一方面将引起土体变形，改变构筑物或地基的稳定条件，直接影响工程安全。因此，研究土的渗透性规律及其与工程的关系具有重要的意义。

2.2.4　土的压实性

在工程建设中经常会遇到需要将土按一定要求进行堆填和密实的情况，如路堤、土坝、桥台、挡土墙、管道埋设、基础垫层以及基坑回填等。填土经挖掘、搬运之后，原状结构已被破坏，含水率也发生变化，未经压实的填土强度低，压缩性大而且不均匀，遇水易发生塌陷、崩解等。为了改善这些土的工程性质，常采用压实的方法使土变得密实。土的压实也用在地基处理方面，如用重锤夯实处理松软土地基使之提高承载力。在室内通常采用击实试验测定扰动土的压实性指标，即土的压实度(压实系数)；在现场通过夯打、碾压或振动达到工程填土所要求的压实度。

2.2.5　土的力学性能

建筑物荷载通过基础传递到地基，使地基土产生附加应力，随之使土体压缩变形，当荷载过大时，还能使土体发生剪切破坏。土是非均质体，其粒间粘结力很小，受压、受剪、抗拉能力很低，一般不计。在小荷载或瞬时荷载之下，土体可视为线弹性体，卸荷后其变形大部分可以恢复；但一般土体是弹塑(或弹塑黏)性体，随着荷载的加大和时间的推移，产生塑性变形；还由于土的压缩变形取决于(对黏性土)土体孔隙水排出的快慢，这与土的渗透性、加荷大小以及人工措施有关。透水性好的土在施工完成后即可完成建筑物地基的沉降，而不透水的黏性土地基有时需要经过几十年才能达到沉降稳定。

1. 土的抗剪强度及其指标

土体的破坏一般是由荷载产生的土体中的剪应力 τ 超过土体的抗剪强度 τ_f 产生的。

一般用直剪仪(图 2.3)或三轴剪力仪测定土的抗剪强度指标 φ(内摩擦角)和 c(内聚力)，用库仑(1773 年)公式表达 τ_f 与作用于土体的法向力 σ 的关系，一般用 4 块土在不同的法向应力 $\sigma(i=1、2、3、4)$ 作用下，用水平剪切力 τ_i 使土体剪坏，由 4 个点得到的连线，即抗剪强度曲线，从而得到 φ 和 c 值，由式(2.10)、式(2.11)可得到土的抗剪强度 τ_f(图 2.4)。

黏性土：
$$\tau_f = \sigma \tan\varphi + c \qquad (2.10)$$

砂土：
$$\tau_f = \sigma \tan\varphi \qquad (2.11)$$

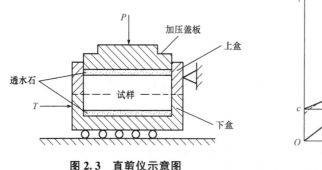

图 2.3　直剪仪示意图

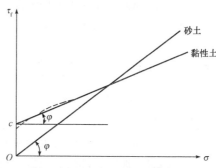

图 2.4　抗剪强度曲线

对于重要工程，要用三轴剪力仪测定 φ 和 c 值，并要考虑土的排水条件，采用控制排水条件剪切试验方法；直剪仪也要根据实际工程情况进行相应的不同排水条件的剪切试验。

2. 土的压缩性及其指标

土在压力作用下，孔隙体积的减小或土粒之间错位挤密，孔隙中水、气的挤出，均可导致土产生压缩变形，而土粒(或水)的压缩是可以忽略不计的。

为了计算地基土受荷后的沉降(压缩量)，常用压缩仪测定土的压缩性参数。

在不同的压力 P_i 作用下，可得到土在该压力下的孔隙比 e_i，压力增大，其孔隙比是逐渐减少的，由此得到土的压缩试验曲线(图 2.5)。

从图 2.5 可得到压缩系数 a_{1-2} 的值：

$$a_{1-2} = \frac{e_1 - e_2}{P_2 - P_1} \cdot 1\,000 \qquad (2.12)$$

式中，a_{1-2} 为压力在 $P_i = 100$ kPa 至 $P_i = 200$ kPa 时的值，P_1 及 P_2 的相应孔隙比为 e_1 及 e_2。

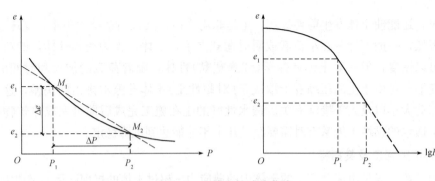

图 2.5　土的压缩试验曲线

(a)e-P 曲线；(b)e-lg$P$ 曲线

a_{1-2} 是该 e-P 曲线的割线 M_1M_2 的斜率 $\Delta e/\Delta P$。

从图 2.5(b)可得到压缩指数 C_c 值，这是在较高的压力范围内 e-lg$P$ 接近一直线时的斜率，其横坐标是 P_1、P_2 的对数值。

$$C_c = \frac{e_1 - e_2}{\lg P_2 - \lg P_1} \tag{2.13}$$

a_{1-2}、C_c 值越大，反映土的压缩性越大。当 $a_{1-2} \geq 0.5$ MPa^{-1} 时，属于高压缩性土，如含水率高的饱和淤泥质黏性土。由 e-lg$P$ 可判别土的天然固结状态。

2.2.6　土的工程分类标准

土是由固体矿物颗粒(固相)、水(液相)和气体(气相)组成的三相体系。土的三相组成中，固体颗粒是土的最主要的物质成分。土中固体颗粒大小以直径表示(mm)，称为粒径，界于一定粒径范围内的土粒称为土颗粒分组，又称粒组。

世界各国家、地区、部门，根据自己的传统和经验，都有自己的分类标准。为了统一工程用土的鉴别、定名和描述，同时也便于对土的性状做出一般定性的评价，我国制定了《土的工程分类标准》(GB/T 50145—2007)。其分类体系基本上采用与卡氏相似的分类原则。土的总分类体系如图 2.6 所示。

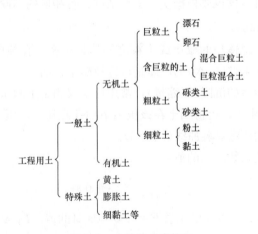

图 2.6　土的总分类体系

（1）巨粒土和粗粒土的分类标准。巨粒土和含巨粒的土（包括混合巨粒土和巨粒混合土）与粗粒土（包括砾类土和砂类土），按粒组含量、级配指标（不均匀系数 C_u 和曲率系数 C_c）和所含细粒的塑性高低，划分为 16 种土类，见表 2.2～表 2.4。

表 2.2　巨粒土和含巨粒土的分类

土类	粒组含量		土代号	土名称
巨粒土	巨粒（$d>60$ mm）含量 75%～100%	漂石粒（$d>200$ mm）>50%	B	漂石
		漂石粒≤50%	Cb	卵石
混合巨粒土	巨粒含量 <75%，>50%	漂石粒>50%	BSl	混合土漂石
		漂石粒≤50%	CbSl	混合土卵石
巨粒混合土	巨粒含量 15%～50%	漂石粒>卵石（$d=60$～200 mm）	SlB	漂石混合土
		漂石粒≤卵石	SlCb	卵石混合土

表 2.3　砾类土的分类（2 mm<d≤60 mm 砾粒组>50%）

土类	粒组含量		土代号	土名称
砾	细粒含量<5%	级配：C_u≥5，C_c=1～3	GW	级配良好砾
		级配：不同时满足上述要求	GP	级配不良砾
含细粒土砾	细粒含量 5%～15%		GF	含细粒土砾
细粒土质砾	细粒含量>15%，≤50%	细粒组中粉粒含量不大于 50%	GC	黏土质砾
		细粒组中粉粒含量大于 50%	GM	粉土质砾

表 2.4　砂类土的分类（砾粒组≤50%）

土类	粒组含量		土代号	土名称
砂	细粒含量<5%	级配：C_u≥5，C_c=1～3	SW	级配良好砂
		级配：不同时满足上述要求	SP	级配不良砂
含细粒土砂	细粒含量 5%～15%		SF	含细粒土砂
细粒土质砂	细粒含量>15%，≤50%	细粒组中粉粒含量不大于 50%	SC	黏土质砂
		细粒组中粉粒含量大于 50%	SM	粉土质砂
注：细粒粒组包括粉粒（0.005 mm<d≤0.075 mm）和黏粒（d≤0.005 mm）。				

（2）细粒土的分类标准。细粒土是指粗粒组（0.075 mm<d≤60 mm）含量少于 25% 的土，参照塑性图可进一步细分。综合我国的情况，当用 76 g、锥角 30°液限仪锥尖入土 10 mm 对应的含水率为液限时，可用图 2.7 或表 2.5 分类；当用 76 g、锥角 30°液限仪入土 17 mm 对应的含水率为液限（即相当于碟式液限仪测定值）时，可采用类似的方法进行分类。有关图、表见国标《土的工程分类标准》（GB/T 50145—2007）。

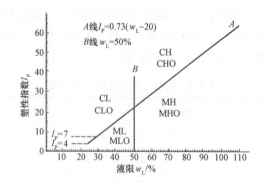

图 2.7　塑性图

注：(1)图中横坐标为土的液限 w_L，纵坐标为塑性指数 I_P。

(2)图中的液限 w_L 为用碟式仪测定的液限含水率或用质量 76 g、锥角为 30° 的液限仪锥尖入土深度 17 mm 对应的含水率。

(3)图中虚线之间区域为黏土、粉土过渡区。

表 2.5　细粒土的分类

土的塑性指标在塑性图 2.7 的位置		土类代号	土类名称
$I_P \geqslant 0.73(w_L-20)$ 和 $I_P \geqslant 7$	$w_L \geqslant 50\%$	CH	高液限黏土
	$w_L < 50\%$	CL	低液限黏土
$I_P < 0.73(w_L-20)$ 或 $I_P < 4$	$w_L \geqslant 50\%$	MH	高液限粉土
	$w_L < 50\%$	ML	低液限粉土
注：黏土～粉土过渡区(CL～ML)的土可按相邻土层的类别细分。			

若细粒土内粗粒含量为 25%～50%，则该土属于含粗粒的细粒土。这类土的分类仍按上述塑性图进行划分，并根据所含粗粒类型进行如下分类。

1)当粗粒中砾粒占优势，称为含砾细粒土，在细粒土代号后缀以代号 G，如含砾低液限黏土，代号 CLG。

2)当粗粒中砂粒占优势，称为含砂细粒土，在细粒土代号后缀以代号 S，如含砂高液限黏土，代号 CHS。

若细粒土内含部分有机质，则土名前加"有机质"，在细粒土的代号后缀以代号 O，如低液限有机质粉土，代号 MLO。

思考与练习题

1. 风化作用主要产生哪些物理变化？

2. 与土的密度相关的物理指标有哪些？

3. 土的液塑限的意义是什么？

4. 土木工程中主要用到的是哪几类土？

第3章　地质作用

3.1　风的地质作用

风的地质作用包括风的剥蚀、搬运及沉积作用。风的剥蚀包括吹蚀和磨蚀。风把细小的物质吹走，使岩石的新鲜面暴露，岩石又继续遭受风化，这种作用称为风的吹扬作用。在吹扬过程中，风所夹带的砂、砾石对所经过的岩石进行撞击摩擦，使其磨损破坏，这种作用称为风的磨蚀作用。风的磨蚀作用可形成"石烂牙"和"石蘑菇"等奇特的地形。

风能将碎屑物质搬运到其他处，搬运的物质有明显的分选作用，粗碎屑搬运的距离较近，碎屑越细，搬运就越远。在搬运途中，碎屑颗粒因相互之间的摩擦碰撞，逐渐磨圆变小。

风的搬运与流水的搬运是不同的，风可向更高的地点搬运，而流水只能向低洼的地方搬运。

风所搬运的物质，因风力减弱或途中遇到障碍物时，便沉积下来形成风积土（Q_{eol}）。

在干燥的气候条件下，岩石的风化碎屑物质被风吹起，搬运到一定距离堆积而成风积土。风积土主要有两种类型，即风成砂和风成黄土。

1. 风成砂（$Q_{eo\text{-}s}$）

在干旱地区，风力将砂粒吹起。其中包括粗、中、细粒的砂，吹过一定距离后，风力减弱，飞起的砂粒坠落堆积而成风成砂，一般统称为沙漠。应当指出，沙漠不完全是风的沉积作用而形成的，但大部分沙漠都与风的作用有关。

风成砂常由细粒或中粗砂组成，矿物成分主要为石英及长石，颗粒浑圆。风成砂多比较疏松，当受振动时，能发生很大的沉降，因此，作为建筑物地基时，必须事先进行处理。砂在风的作用下，可以逐渐堆积成大的砂堆，称为砂丘。砂丘的向风面平缓，背风面陡。砂丘有不同的形状，如外形呈弯月状的称为新月砂丘。

2. 风成黄土（$Q_{eo\text{-}ls}$）

随风飘的微粒尘土，在干旱气候条件下，随着风的停息而沉积成的黄色粉末状沉积土称风成黄土，或简称黄土。因风力以外的力形成的黄土，称为次生黄土或黄土状土。黄土在我国分布较广，达 64 万多平方千米，一般分布在北纬 30°～48°，而以 34°～45°的黄河中游地区最为发育，几乎遍及西北、华北各省区。

黄土无层次，质地疏松，雨水易于渗入地下，有垂直节理，常在沟谷两侧形成陡立峭壁。从河南灵宝一带以至潼关，常见黄土峭壁屹立数十年而不倒。

3.1.1 影响风化作用的因素

1. 地质因素

如果岩石生成的环境和条件与目前地表环境、条件接近，则岩石抵抗风化能力强；反之则容易风化。因此，喷出岩比浅成岩抗风化能力强，浅成岩又比深成岩抗风化能力强。一般情况下，沉积岩比岩浆岩和变质岩抗风化能力强。

组成岩石矿物成分的化学稳定性和矿物种类的多少，是决定岩石抵抗风化能力的重要因素。按照矿物化学稳定性顺序，石英化学稳定性最好，抗风化能力最强；其次是正长石、酸性斜长石、角闪石和辉石；而基性斜长石、黑云母和黄铁矿等矿物是很容易被风化的。一般来说，深色矿物风化快，浅色矿物风化慢。各种碎屑岩和黏土岩的抗风化能力强。

一般来说，均匀、细粒结构岩石比粗粒结构岩石抗风化能力强，等粒构造比斑状结构片石耐风化，而隐晶质岩石最不易风化。从构造上看，具有各向异性的层理、片理状岩石较致密块状岩石容易风化，而厚层、巨厚层岩石比薄层状岩石更耐风化。

岩石的节理、裂隙和破碎带等为各种风化因素侵入岩石内部提供了途径，扩大了岩石与空气、水的接触面面积，大大促进了岩石风化。因此，在褶曲内部、断层破碎带及其附近裂隙密集部位的岩石风化程度比完整的岩石严重。

2. 气候因素

气候因素主要体现在气温变化、降水和生物的繁殖情况。地表条件下温度增加 10 ℃，化学反应速度增加一倍；水分充足有利于物质之间的化学反应。故气候可控制风化作用的类型和风化速度，在不同的气候区，风化作用的类型及其特点有明显的不同。例如，在寒冷的极地和高山区，以物理风化作用（冰冻风化）为主，岩石风化后形成尺棱角状的粗碎屑残积物；在湿润气候区，各种类型的风化作用都有，但化学风化、生物风化作用更为显著，岩石遭受风化后分解较彻底，形成的残积层厚，且往往发育有较厚的土壤层；在干旱的沙漠区，以物理风化作用（温差风化）为主，岩石风化后形成薄层具棱角状的碎屑残积物。

3. 地形

地形可影响风化作用的速度、深度、风化产物的堆积厚度及分布情况。地形起伏较大、陡峭、切割较深的地区，以物理风化作用为主，岩石表面风化后岩屑可不断崩落，使新鲜岩石直接露出表面而遭受风化，且风化产物较薄；在地形起伏较小、流水缓慢流经的地区，以化学风化作用为主，岩石风化彻底，风化产物较厚，在低洼有沉积物覆盖的地区，岩石由于有覆盖物的保护不易风化。

3.1.2 岩石风化的勘察评价与防治

1. 风化作用的工程意义

岩石受风化作用后，改变了物理化学性质，其变化的情况随着风化程度的轻重而不同。

如岩石的裂隙度、孔隙度、透水性、亲水性、胀缩性和可塑性等都随风化程度加深而增加，岩石的抗压和抗剪强度等都随风化程度加深而降低，风化壳成分的不均匀性、产状和厚度的不规则性都随风化程度加深而增大。所以，岩石风化程度越深的地区，工程建筑物的地基承载力越低，岩石的边坡越不稳定。风化程度对工程设计和施工都有直接影响，如矿山建设、场址选择、水库坝基、大桥桥基和铁路路基等地基开挖深度、浇灌基础应达到的深度和厚度、边坡开挖的坡度以及防护或加固的方法等，都将随岩石风化程度的不同而异。因此，工程建设前必须对岩石的风化程度、速度、深度和分布情况进行调查和研究。

2. 岩石勘察的风化与评价

岩石风化调查的主要内容如下：

(1)查明风化程度，确定风化层的工程性质，以便考虑建筑物的结构和施工的方法。在野外一般根据岩石的颜色、结构和破碎程度等宏观地质特征和强度，将风化层分为 5 个带，见表 3.1。

表 3.1　岩石风化程度的划分

按风化程度分带	鉴定标准				
	岩矿颜色	岩石结构	破碎程度	岩石强度	锤击声
全风化带	岩矿全部变色，黑云母变色且变为蛭石	结构全被破坏，矿物晶体间失去胶结联系，大部分矿物变异，如长石变为高岭土、叶蜡石、绢云母，角闪石、绿泥石化成石英撒成砂粒等	用手可压碎成砂或土状	很低	击土声
强风化带	岩石及大部分矿物变色，如黑云母呈棕红色	结构大部分被破坏，矿物变质形成次生矿物，如斜长石风化成高岭土等	松散破碎，完整性差	单块为新鲜岩石的 1/3 或者更小	发哑声
弱风化带	部分易风化矿物，如长石、黄铁矿、橄榄石变色，黑云母呈黄褐色，无弹性	结构部分被破坏，岩裂隙面部分矿物变质，可能形成风化夹层	风化裂隙发育，完整性较差	单块为新鲜岩石的 1/3～2/3	发哑声
微风化带	稍比新鲜岩石暗淡，只沿节理面附近部分矿变色	结构未变，沿节理面稍有风化现象或者水锈	有少量风化裂隙，但不易与新鲜岩石区别	比新鲜岩石略低，不易区别	发清脆声
新鲜岩石	岩石无风化现象				

在野外工作基础上，还需对风化岩进行矿物组分、化学成分分析或声波测试等进一步研究，以便准确划分风化带。

(2)查明风化厚度和分布，以便选择最适当的建筑地点，合理地确定风化层的清基和刷方的土石方量，确定加固处理的有效措施。

(3)查明风化速度和引起风化的主要因素，对直接影响工程质量和风化速度快的岩层，必须制定预防风化的正确措施。

（4）对风化层的划分，特别是黏土的含量和成分（蒙脱石、高岭石、水云母等）进行必要分析。这是因为它直接影响地基的稳定性。

3. 岩石风化的防治

岩石风化的防治方法主要有以下四种：

（1）挖除法。挖除法适用于风化层较薄的情况，当厚度较大时，通常只将严重影响建筑物稳定的部分剥除。

（2）抹面法。抹面法是用使水和空气不能透过的材料如沥青、水泥、黏土层等覆盖岩层。

（3）胶结灌浆法。胶结灌浆法是用水泥、黏土等浆液灌入岩层或裂隙中，以加强岩层的强度，降低其透水性。

（4）排水法。为了减少具有侵蚀性的地表水和地下水对岩石中可溶性矿物的溶解，适当做一些排水工程。

只有在进行详细调查研究以后，才能提出切合实际的防止岩石风化的处理措施。

3.2 暂时性流水的地质作用

暂时性流水是大气降水后短暂时间内在地表形成的流水，因此，雨期是其发挥作用的主要时间，特别是在强烈的集中暴雨后，其作用特别显著，往往造成较大灾害。

3.2.1 山坡细流的地质作用与坡积层

雨水降落到地面或覆盖地面的积雪融化时，其中一部分被蒸发，一部分渗入地下，剩下的部分则形成无数的网状坡面细流，从高处沿斜坡向低处流动，时而冲刷，时而沉积，不断地使坡面的风化岩屑和黏土物质沿斜坡向下移动，最后，在坡脚或山坡低凹处沉积下来形成坡积层。雨水、融雪水对整个坡面所进行的这种比较均匀、缓慢和在短期内并不显著的地质作用，称为洗刷作用。可以看出，雨水、融雪水的洗刷作用，一方面对山坡地貌起着逐渐变缓和均夷坡面起伏的作用，对坡面地貌形态的发展发生影响；另一方面伴随产生松散堆积物，形成坡积层（图 3.1）。

洗刷作用的强度和规模，在一定的气候条件下与山坡的岩性、风化程度和坡向植物的覆盖程度有关，一般在缺少植物的土质山坡或风化严重的软弱岩质山坡上洗刷作用比较显著。

坡积层顺着坡面沿山坡的坡脚或山坡的凹坡呈缓倾斜裙状分布，即坡积裙。坡积层的厚度由于碎屑物质的来源、下伏地层及堆积过程不同，变化很大，一般是中下部较厚、向山坡上部逐渐变薄以至

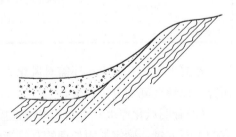

图 3.1　坡积层示意图

1—基岩；2—坡积层

尖灭。坡积层可分为山地坡积层和山麓平原坡积层两个亚组：山地坡积层一般以粉质黏土夹碎石为主；而山麓平原坡积层则以粉质黏土为主，夹有少量的碎石。在我国干旱、半干旱地区的山麓平原坡积层，常具有黄土的某些特征。

坡积层物质未经长途搬运，碎屑棱角明显，分选性不好，通常都是天然孔隙度很高的含有棱角状碎石的粉质黏土，物质成分与斜坡上的基岩成分相同。

3.2.2 山洪急流的地质作用与洪积层

山洪急流是暴雨或骤然大量的融雪水形成的。山洪急流的流速和搬运力都很大，能冲刷岩石，形成冲沟，并能把大量的碎屑物质搬运到沟口或山麓平原堆积成洪积土。

冲沟是暂时性流水流动时冲刷地表所形成的沟槽。

冲沟形成的主要条件有：①较陡的斜坡；②斜坡由疏松的物质构成（如黄土、黏土等）；③降水量多，尤其是多暴雨和骤然大量融雪水的地区容易形成冲沟。另外，斜坡上无植被覆盖、不合理的人为开发，以及废水排泄不当等也能促进冲沟的发生和发展。我国黄土地区如甘肃、山西及陕西等地冲沟极为发育。

冲沟的发展可分为如下4个阶段（图3.2）。

(1)初始阶段。在斜坡上出现不深的沟槽，流水开始沿沟槽冲刷。

(2)下切阶段。冲沟强烈加深底部，并向上游伸展。沟壁几乎直立，沟的纵剖面为凸形。这阶段冲沟发展最强烈，破坏性很大。

(3)平衡阶段。沟的纵剖面已较平缓，沟底破坏基本停止，沟壁的坡度变缓，但沟的宽度仍在增加。

(4)衰老阶段。沟底坡度平缓，沟谷宽阔，沟中的堆积物变厚，斜坡上有植物覆盖。

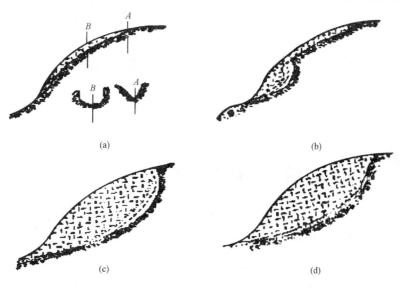

图 3.2　冲沟的发展阶段

(a)初始阶段；(b)下切阶段；(c)平衡阶段；(d)衰老阶段

冲沟对建筑工程往往带来许多困难和危害，如修建铁路时常因冲沟的阻拦而只能进行填方或架设跨越的桥梁；冲沟不断增长可能切断已有线路，使交通中断；在选择建筑场地时也会带来困难。

因此，认识和研究冲沟对总图布置具有很大的意义。实践证明，在山沟河谷修建水库、谷坊，冲坝淤地，拦蓄山洪和泥沙，将有力地防止冲沟的发展及水土流失。洪积层是由山洪急流搬运的碎屑物质组成的。当山洪夹带大量的泥沙石块流出沟口后，由于沟床纵坡变缓，地形开阔，水流分散，流速降低，搬运能力骤然减小，所夹带的石块、岩屑、砂砾等粗大碎屑先在沟口堆积下来，较细的泥沙继续随水搬运，多堆积在沟口外围一带。由于山洪急流的长期作用，沟口一带就形成了扇形展布的堆积体，在地貌上称为洪积扇。其特点是厚度变化大，粗细混杂，碎屑物质多带棱角，磨圆度和分选性都较差，有不规则的交错层理、透镜体、尖灭和夹层等。洪积扇的规模逐年增大，有时与相邻沟谷的洪积扇互相连接起来，形成规模更大的洪积群或洪积冲积平原。

规模很大的洪积扇一般可划分为三个工程地质条件不同的地段，如图 3.3 所示，靠近沟口的粗碎屑沉积地段，孔隙大，透水性强，地下水埋藏深，承载力较高，是良好的天然地基；洪积层外围的细碎屑沉积地段，如果在沉积过程中受到周期性的干燥气候影响，黏土颗粒发生凝聚并析出可溶盐，则洪积层的结构较牢固，承载力也比较高。上述两地段之间的过渡带，由于经常有地下水溢出，水文地质条件不良，对工程建筑不利。

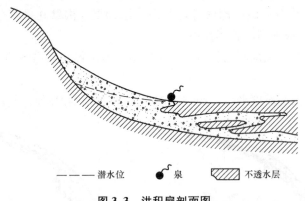

——— 潜水位　　● 泉　　▨ 不透水层

图 3.3　洪积扇剖面图

3.3　河流的地质作用

河流所流经的槽状地形称为河谷。河谷由谷底和谷坡两大部分组成。谷底包括河床及河漫滩。河床是指平水期河水占据的谷底，或称河槽；河漫滩是河床两侧洪水时才能淹没的谷底部分，而枯水时则露出水面。谷坡是河谷两侧的岸坡。谷坡下部常年洪水不能淹没并具有陡坎的沿河平台叫作阶地，如图 3.4 所示。河水在流动时，对河床进行冲刷破坏，并将所侵蚀的物质带到适当的地方沉积下来，故河流的地质作用可分为侵蚀作用、搬运作用和沉积作用。

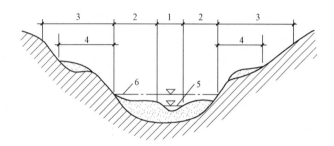

图 3.4　河谷的组成

1—河床；2—河漫滩；3—谷坡；4—阶地；5—水平位；6—洪水位

3.3.1　河流的侵蚀、搬运和沉积作用

1. 河流的侵蚀作用

侵蚀作用是指河水冲刷河床，使岩石发生破坏作用。其破坏的方式有：水流冲击岩石，使岩石破碎（冲蚀）；河水所夹带的泥、砂、砾石等在运动的过程中摩擦破坏河床（磨蚀）；河水在流动的过程中溶解岩石（溶蚀）。

河流的侵蚀作用依照侵蚀作用的方向可分为垂直侵蚀和侧向侵蚀两种。

（1）垂直侵蚀。在坡度较陡、流速较大的情况下，河流向下切割能使河床底部逐渐加深，这种侵蚀在河流上游地区表现得很显著。在向下切割的同时，河流并向河源方向发展，缩小和破坏分水岭。这种作用称为向源侵蚀。

垂直侵蚀不能无止境地发展下去，它有一定的侵蚀界限，垂直侵蚀的界限面称为侵蚀基准面，如图 3.5 所示。其是河流所流入的水体的水面。地球上大多数河流流入海洋，它们的侵蚀基准面是海平面。河流仅河口部分能达到侵蚀基准面，其余部分只能侵蚀成高出海平面的平滑和缓的曲线，因为河床达到一定坡度后，水流的能力仅能维持搬运的物质而无力再向下切割。

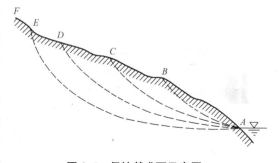

图 3.5　侵蚀基准面示意图

河流的垂直侵蚀使河床加深，能使桥台或桥墩基础遭到破坏。

（2）侧向侵蚀。河流的侧向侵蚀作用是指河流冲刷两岸、加宽河床的作用，主要发生在河流中、下游地区。

一般来讲，由于河两岸的岩性或地质构造的不同，或是由于水流本身运动的影响，河床总是蜿蜒曲折的，河水在弯曲的河道中流动时，也做相应的曲线运动。这样，在河道转弯的地方，水流将受离心力的作用。离心力（F）的大小与河水的流速（v）及水流质点运动迹线的曲率半径（r）有关，可用下式表示：

$$F = \frac{mv^2}{r} \tag{3.1}$$

式中　m——水的质量。

由于离心力的作用，在河道转弯处，河面水的质点将向凹岸运动，使凹岸水面抬高，凸岸水面则相应降低，形成横向比降，产生横向环流，如图3.6所示。横向环流的作用使河流凹岸遭受冲蚀，乃至被掏空，以致造成岸边崩塌破坏和岸线的后退，河水底流运动同样淘蚀凹岸底部河床，并挟带由凹岸冲刷下来的泥沙流向凸岸，在流速较小的凸岸沉积下来，使河道转弯处形成凹岸被侵蚀（即一岸被侧向侵蚀），造成凸岸沉积的现象，河谷横剖面出现不对称形态，如图3.7所示。

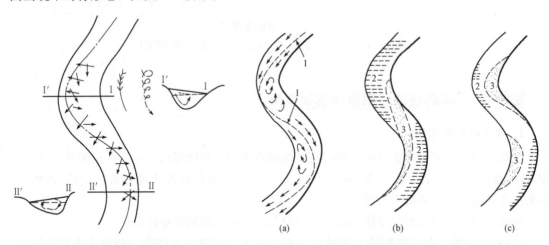

图3.6　河流横向比降形成示意图

图3.7　弯曲河道的侵蚀和沉积

(a)河水在弯曲河道中的流动形式；(b)洪水期的侵蚀和堆积；
(c)枯水期的侵蚀和堆积

1—最高流速线；2—侵蚀区；3—沉积区

由于侧向侵蚀的作用，河床凹岸将不断后退，凸岸将不断前进，从而使河流出现蛇曲现象，例如，长江自宜昌往下，河道进入平原后，在荆江分洪区下游的藕池口至岳阳附近的城陵矶，两地间直线距离仅为80 km，但由于河道有十几个弯曲，形成明显的蛇曲（有的地方存在牛轭湖），以致两地间的实际河道长达250 km，如图3.8所示。

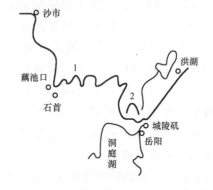

图3.8　长江中游河流的"蛇曲"现象及牛轭湖

1—蛇曲；2—牛轭湖

2. 河流的搬运作用

河水在流动过程中，搬运着河流自身侵蚀的和谷坡上崩塌、冲刷下来的物质。其中，大部分是机械碎屑物，少部分为溶解于水中的各种化合物。前者称为机械搬运；后者称为化学搬运。机械碎屑物质在搬运过程中，可以沿河床以滑动、滚动和跳跃等方式进行，也可以悬浮于水中被搬运，相应的搬运物质称为推移质和悬移质。机械搬运方式有悬运、推运、跃运三种。

（1）悬运。如果颗粒在水中的重量小于水的上举力，这些颗粒将悬浮于水中运动，叫作悬运（紊流支持）。

（2）推运。如果上举力小于颗粒在水中的重量，颗粒在水流冲力推动下，或沿河床滚动，或沿河床滑动，叫作推运(悬浮力小于颗粒重量)。

（3）跃运。如果上举力与颗粒在水中的重量不相上下，颗粒在水流冲力作用下，跳跃前进，叫作跃运(悬浮力约等于颗粒重量)。

河流的机械搬运能力和物质被搬运的状态，受河流的流量，特别是流速的控制。例如，流经黄土地区的河流，往往有着很高的泥沙含量。黄河在建水库前，在陕县测得的平均含沙量达 36.9 kg/m³。永定河在官厅测得的平均含沙量高达 60.99 kg/m³(水库修建前)。

3. 河流的沉积作用

河流在运动过程中，能量不断受到损失。当河水携带的泥沙、砾石等搬运物质超过了河水的搬运能力时，被搬运的物质便在重力作用下逐渐沉积下来，形成河流冲积层。河流沉积物几乎全部是泥沙、砾石等机械碎屑物，而化学溶解的物质多在进入湖盆或海洋等特定的环境后才开始发生沉积。

河流的沉积特征，在一定的流量条件下主要受河水的流速和搬运物重量的影响，所以，一般具有明显的分选性。粗大的碎屑先沉积，细小的碎屑搬运比较远的距离再沉积。由于河水的流量、流速及搬运物质补给的动态变化，在冲积层中一般存在具有明显结构特征的层理。从总的情况来看，河流上游的沉积物比较粗大，河流下游沉积物的粒径逐渐变小，流速较大的河床部分沉积物的粒径比较粗大，在河床外围沉积物的粒径逐渐变小。

3.3.2 冲积层

河流由于冲击作用而产生的沉积物称为冲积层。由于河流在不同地段流速降低的情况不同，各处形成的沉积层具有不同特点。在山区，河流底坡陡、流速大，沉积作用较弱，河床中冲积层多为巨砾、卵石和粗砂。当河流由山区进入平原时，流速骤然降低，大量物质沉积下来，形成冲积扇。冲积扇的形状和特征与前述洪积扇相似，但冲积扇规模较大，冲积层的分选性及磨圆度更高。冲积扇常分布在大山的山麓地带，如果山麓地带几个大冲积扇相互连接起来，则形成山前倾斜平原。

冲积物按其沉积环境的不同，分为以下几种类型。

1. 河床沉积

河床内的沉积作用随水位的季节性变化而有规律地进行。在洪水期，大而重的碎屑物被搬走，在平水期又沉积下来，所以，河床内的每个地方都有沉积发生。由于河床是经常被流水占据的部分，水流速度快，故沉积物粗，属冲积物中粒度最粗的部分。一般在上游，颗粒最粗，多由粗砾，甚至巨砾组成，在中下游，颗粒较细，多由粗砂、细砾等组成。

2. 河漫滩沉积

在洪水期，河水漫出河床，由于流速突然减小，较粗的沉积物便迅速沉积下来，形成河漫滩沉积物。沉积物多由粉砂与黏土组成，内侧较粗，向外逐渐变细。由于河曲的不断发展，河床侧向迁移，在河床沉积层之上堆积了河漫滩沉积，这一套沉积构成冲积层的二元结构。

3. 牛轭湖沉积

在牛轭湖范围内形成的沉积物，主要为静水沉积，一般多由富含有机质的淤泥和泥炭组成，天然含水率很大，抗压、抗剪强度小，容易发生受力变形。

4. 三角洲沉积

河流流入湖、海的地方叫作河口。河口是河流最主要的沉积场所。在河流下游，细小颗粒的沉积物组成广大的冲积平原，例如，黄河下游、海河及淮河的冲积层构成的华北大平原。在河流入海的河口处，流速几乎降到零，河流携带的泥沙绝大部分都要沉积下来。若河流沉积下来的泥沙量被海流卷走，或河口处地壳下降的速度超过河流泥沙量的沉积速度，则这些沉积物不能保留在河口或不能露出水面，这种河口则形成港湾。例如，我国南方钱塘江河口处，由于海浪和潮汐作用强烈，冲积层不能形成，而成为港湾。更多的情况是大河河口都能逐渐积累冲积层，它们在水面以下呈扇形分布，扇顶位于河口。扇缘则伸入海中，冲积层露出水面的部分形如一个其顶角指向河口的倒三角形，故河口冲积层被称为三角洲(图3.9)。三角洲的内部构造与洪积扇、冲积扇相似：下粗上细，即近河口处较粗，距河口越远越细。不同的是，在河口外有一个比

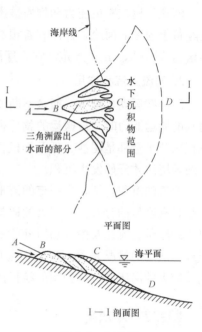

图 3.9 三角洲

河床更陡的斜坡在水下伸向海洋，此斜坡远离海岸后渐趋平缓。三角洲就沉积在此斜坡上。随着河流不断带来沉积物，三角洲的范围也不断向海洋方面扩展。随各种条件不同，扩展速度也不同。例如，天津市在汉代是海河河口，元朝时附近为一片湿地，现在则已成为距离海岸约 90 km 的城市。长江下游自江阴以东地区，就是由大三角洲逐渐发展而成的。我国河流中携带泥沙含量最多的黄河，其三角洲已向黄海伸进 480 km，每年伸进 300 m。

5. 山区河流冲积物

湍急的山区河流，冲积物几乎完全由河床相组成。在平水期水流清澈，河床相冲积物主要为砾石、卵石及粗砂。洪水期间，水流能量很大，剧烈地侵蚀河谷谷底；同时，带来巨大的卵石、砂砾石及浑浊的泥质物质。这些物质混杂堆积，砾石的磨圆度及分选性都很差，砾石有时具有一定的排列方向，形成迭瓦状构造。由于河床坡降大，砂、黏土等细粒物质几乎不可能在河床底部的表面沉积下来，在洪峰以后，浑浊水流中的泥沙，以充填方式在巨大的砾石空隙中沉积下来。因此，几乎见不到成层的砂、黏土层。

6. 由冰川补给的河流冲积物

冰川补给的河流，具有下述特点：第一，洪水期平稳而持久，整个融雪季节河谷中均保持高水位；第二，河流中负载着大量的碎屑物质，这些物质是冰碛被冲刷后溶冰水流携带来的。

冰川补给的河流冲积物具有独特的结构特点。在补给区很近的地方，堆积较粗的砾石-砂质河床相堆积物。向下游逐渐变成有细小透镜体、波状层理的细砂-粉砂质河床相冲积物。随

着远离冰川的前线，其他集水区产生的影响越来越大，出现了季节性的洪水，淹没河漫滩，正常的粉土-粉质黏土质河漫滩冲积物逐渐增加，过渡为正常发育的冲积层结构。

由于气候条件，自然地理因素和构造运动因素的变化，以及流域内岩性的变化，冲积层的成分和结构的变化是很复杂的，在此不一一列举。

3.4 其他因素的地质作用

3.4.1 海洋的地质作用

海洋按海水深度及海底地形划分为：海岸带，海水高潮与低潮之间的地带，海水深为 $0\sim20$ m；浅海带（大陆架），海水深为 $20\sim200$ m，坡度很平缓；次深海带，海底坡度平缓，一般小于 $30°$，海水深为 $200\sim3\,000$ m；深海带，海水深为 $3\,000\sim6\,000$ m。

海洋的地质作用主要有剥蚀作用和沉积作用。

海浪时刻都在冲击着海岸，当海浪冲击海岸岩石时，对岩石产生很大的压力，使其破坏。海浪可把海岸岩石构成凹槽或形成洞穴，当这些凹槽和洞穴扩大到一定程度时，它上面悬空的岩石便会崩塌下来。海浪又将这些崩塌下来的岩块忽前忽后反复推动着，把它们当作撞击的工具，这就更加速了对海岸的破坏作用。海浪冲蚀作用进行得越久，海岸向后撤退就越远，而海滩也就变得越宽。陡岸向后撤退得越远，海浪要达到岸边就越困难，因为海浪前进的能量都消耗在对海滩的摩擦上了。当海滩增长到海浪达不到陡岸时，海浪的破坏作用也就暂告结束。

河水带入海洋的物质和海岸破坏后的物质在搬运过程中，随着流速的逐渐降低沉积下来，形成海积土（Q_m）。靠近海岸一带的海积土是比较粗大的碎屑物，离海岸越远，海积土也就越细小。这种分布情况，同时还与海水深度和海底的地形有直接的关系。海洋的沉积土质，有机械的、化学的和生物的三种，形成各类海积土。

1. 海岸带沉积物

海岸带沉积物主要是粗碎屑及砂，它们是海岸岩石破坏后的碎屑物质组成的。粗碎屑一般厚度不大，没有层理或层理不规则。碎屑物质经波浪的分选后，是比较均匀的。经波浪反复搬运的碎屑物质磨圆度好。有时有少量胶结物质，以砂质或黏土质胶结占多数。海岸带砂土的特点是磨圆度好，纯洁而均匀，较紧密，常见的胶结物质是钙质、铁质及硅质。海岸带沉积物沿海岸往往呈条带分布，有的地区砂土能伸延好几千米长，然后逐渐尖灭。另外，海岸带特别是在河流入海的河口地区常常有淤泥沉积，它是由河流带来的泥沙及有机物与海中的有机物沉积的结果。海岸地区的沉积物可以形成以下地形（图 3.10）：①海滩，高潮与低潮间的沙滩；②沙坝，与海岸平行的天然堤坝；③沙嘴，在海岸弯曲处堆积成伸入海中的沙带。当沙嘴继续增长，把海湾与海水分开，这种水体称为潟湖，如杭州的西湖。一般在潟湖地区多堆积有淤泥和泥炭，建筑条件差；④海滨阶地，由海浪侵蚀和海水沉积造成的平台。由于海岸带沉积物在垂直方向和水平方向变化均很大，所以要求布置较密的勘探点及沿深度多取试样来进行研究，才能获得可靠的资料。

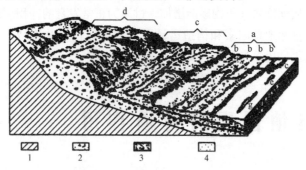

图 3.10　海滩、沙坝、海岸阶地

1—基岩；2，3—松散岩石；4—沙和卵石

a—海滩；b—海岸沙坝；c，d—海滨阶地；g，e—沙礁

　　这些沉积物主要是较细小的碎屑沉积（如沙、黏土、淤泥等）及生物化学沉积物（硅质沉积物、钙质沉积物）。在浅海环境里，由于阳光充足，从陆地带来的养料丰富，故生物非常发育。

　　在沉积物中往往保存有不少化石。浅海带沙土的特征是：颗粒细小而且非常均匀，磨圆度好，层理正常，较海岸带沙土为疏松，易于发生流沙现象。浅海沙土分布范围大，厚度从几米到几十米不等。浅海带黏土、淤泥的特征是：黏度成分均匀，具有微层理，可呈各种稠度状态，承载力也有很大变化。一般近代的黏土质沉积物密度小，含水率高，压缩性大，强度低；而古老的黏土质沉积物密度大，含水率低，压缩性小，承载力很高，陡坡也能保持稳定，这种硬黏土常常有很多裂隙，因而具有透水的能力，也易于风化。浅海带沉积物的成分及厚度沿水平方向比较稳定，沿垂直方向变化较大，因此，在工程地质勘察时，水平方向可布置较稀的勘探点，但在沿深度方向上要求采用较多的试样才能获得有代表性的资料。

2. 次深海带及深海带海积土

　　次深海带及深海带海积土主要由浮游生物的遗体、火山灰、大陆灰尘的混合物所组成，很少有粗碎屑物质出现。沉积土主要是一些软泥。同时，海洋的地质作用也会产生一些灾害，其种类见表 3.2。

表 3.2　海洋地质灾害的分类

地理环境	致灾因素	灾害名称
海岸带	海平面变化及地面沉降	海平面上升、海水倒灌、地面沉降
	海岸动力过程	海岸侵蚀、海岸淤积
	重力地貌过程	滑塌、塌陷、高密度流
海底	海洋动力地质过程	活动沙丘、沙脊、陡坎、滑坡、浊流、刺穿、冲刷槽
	浅层沉积构造	浅层气、不均匀持力层、底辟、古河道、盐丘
海域或海岸带	地震	地震、地震诱发海啸、沙层液化
	活断层	—
	火山	—

3.4.2 湖泊的地质作用

湖泊是由储水洼地和水体两部分组成的陆地上的较大集水洼地。

根据其成因不同，湖泊可分为风成湖泊、岩溶湖泊、海成湖泊、潟湖湖泊等。湖泊的地质作用也有剥蚀、搬运和沉积作用。湖泊中的水体除表面和靠近湖岸的部分外，运动很微弱。因此，湖泊的剥蚀和搬运作用都比较微弱。一般均以沉积作用为主。由湖泊沉积作用所形成的物质称为湖积土（Q_1）。

湖泊是大陆上良好的沉积场所，可接纳周围的地面流水、地下水和风等动力带来的物质，同时，有的湖泊可大量繁殖生物，形成生物沉积。湖泊的沉积作用过程也就是其发展和消亡的过程。在不同的气候区，由于湖泊的流泄和蒸发状况以及湖水的成分均不相同，其沉积特征也不一样。

在潮湿气候区，沉积作用既有机械的，也有化学的和生物的，但往往以机械碎屑沉积和生物沉积较为显著。机械沉积作用使得粗粒碎屑物沉积于湖岸附近，形成平行湖岸的浅滩，叫作湖滩；细小的呈悬浮搬运的物质，沉积于湖水较平静的湖心，形成湖泥；由河流携带来的泥沙，入湖后因流速骤减，大部分的物质可沉积下来，形成湖三角洲，如图 3.11 所示。湖三角洲的伸展扩大，可延伸到湖心，使湖泊逐渐淤浅，最终成为河流所贯通的湖积三角洲平原，如图 3.12 所示。化学沉积作用可在湖底形成褐铁矿、黄铁矿等矿床。生物沉积作用使得大量低等生物死亡后和湖泥沉积在一起，在缺氧和 H_2S 多的环境中，经过细菌的分解，形成碳（40%～50%）、氢（6%～7%）、氧（34%～44%）及氮（0～6%）的有机物质，分散在湖泥细小颗粒间，组成呈胶冻状态的黏泥，称作腐泥；湖泊中大量植物堆积被埋于深处缺氧条件下，经细菌作用，植物遗体中的氢、氧成分减少，放出 CO_2、CH_4 等气体，而碳的成分相对增多，最后形成富含碳（含碳 59%）、质体疏松而呈棕褐或黑色的物质，叫作泥炭。

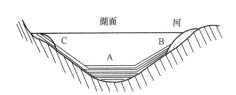

图 3.11 湖泊机械沉积土分布示意图

A—湖泥；B—湖三角洲；C—湖滩

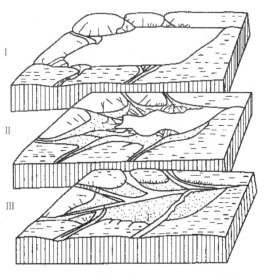

图 3.12 潮湿气候区泄水湖的发展示意图

I—发展初期，三角洲很少；II—过渡阶段，湖泊淤浅，
面积显著缩小；III—晚期，形成湖积三角洲平原，湖泊消失

在干旱气候区，湖泊的沉积以化学沉积为主，机械沉积退居次要地位。湖泊中含有的盐类，在湖泊中发展的不同阶段，可按盐类溶解度的大小依照一定的顺序沉积下来。一般的沉积顺序自下而上依次为碳酸盐沉积土、硫酸盐沉积土、氯化物沉积土。

3.4.3　冰川的地质作用

冰川的地质作用有刨蚀、搬运和沉积三种。

1. 刨蚀作用

冰川对岩石的破坏作用称为刨蚀作用。其破坏的方式是：冰川的重力很大而且冰很坚硬，在它移动时就磨碎岩石，并像犁一样刨深地面，将沟谷刨宽、刨平。另外，冰川移动时，因压力和摩擦的作用而底部发热，部分冰被融化成水而进入岩石裂缝，裂缝里的水结冰后体积增大而扩展裂缝，岩石被分裂成岩块。岩块被冰川挟带一起移动，便使摩擦作用更为加强，同时，岩块本身也布满擦痕。冰川的刨蚀作用改变了地形地貌，形成特殊的冰蚀地形(图 3.13)。

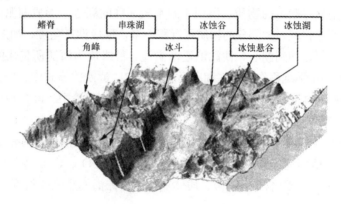

图 3.13　冰蚀地形

幽谷和悬谷：冰川将沟谷刨成陡壁，断面成 U 形，称为幽谷。大小两个冰川会合时，造成高低不等的幽谷相接，小幽谷称为悬谷。

冰斗：冰川的源头多呈圆形，三面为陡壁，一面为低狭的洼地。

结脊：锯齿状的山脊。

2. 搬运作用

冰川的搬运作用有两种：一种是碎屑物质包裹在冰内随着冰川移动；另一种是冰融化成冰水，冰水进行搬运。

3. 沉积作用

冰川的沉积作用同样有两种：一种是冰体融化，碎屑物直接堆积，称为冰碛土；另一种是冰水将碎屑物质搬运而堆积，称为冰水沉积土。冰碛由于沉积的位置不同，而有底碛、中碛、侧碛和终碛之分，如图 3.14 所示。

冰川能形成蛇形丘、鼓丘等沉积地形。

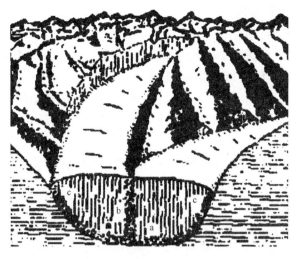

图 3.14 底碛、中碛、侧碛

a—底碛；b—中碛；c—侧碛

3.5 特殊性岩土及其工程地质性质

特殊性岩土是指某些具有特殊物质成分和结构，而工程性质也较特殊的岩土体。这些特殊性岩土都是在特定的生成条件下形成，或是由于目前所处的自然环境逐渐发生变化而形成的。特殊性岩土包括软土、湿陷性黄土、膨胀土、冻土、红土、盐渍岩土、人工回填土、混合土、污染土等，此处仅介绍几种分布广、与工程建设关系密切的特殊性岩土。

3.5.1 软土

软土一般是指天然孔隙比大于或等于 1.0，且天然含水率大于液限、抗剪强度低、压缩性高、渗透性低、灵敏度高的一种以灰色为主的细粒土。由于它有特殊的工程性质，稍微不慎，会使其上的建筑物和结构物产生问题，甚至破坏。

1. 软土的分布

软土在我国沿海地区广泛分布，内陆平原和山区也有。以滨海相沉积为主的软土层，如湛江、厦门、香港、温州湾、舟山、连云港、天津塘沽、大连湾等地均有此层；潟湖相沉积的软土以温州、宁波地区的软土为代表；溺谷相软土则在福州、泉州一带；三角洲相软土如长江下游的上海地区、珠江下游广州地区；河漫滩相沉积软土如长江中下游、珠江下游、淮河平原、松辽平原等地区；内陆软土主要为湖相沉积，如洞庭湖、洪泽湖、太湖、鄱阳湖四周以及昆明的滇池地区，贵州六盘水地区的洪积扇和煤系地层分布区的山间洼地等。

2. 软土的成因类型及特征

软土一般有以下几种类型。

(1)滨海沉积软土。根据位置和水动力条件的不同，可再细分为滨海相软土、浅海相软土、潟湖相软土、溺谷相软土和三角洲相软土。

1)滨海相软土。常与海浪岸流及潮汐的水动力作用形成较粗的颗粒(粗、中、细砂)相掺杂，在沿岸与垂直岸边方向有较大的变化，土质疏松且具有不均匀性，增加了淤泥和淤泥质土的透水性能。

2)浅海相软土。多在海湾区域内较平静的海水中。细粒物质来源于入海河流携带的泥沙和浅海中动植物残骸，经海流搬运分选和生物化学作用，形成灰色或灰绿色的软弱淤泥质土和淤泥。

3)潟湖相软土。沉积物颗粒细微，分布范围较宽阔，常形成海滨平原。表层为较薄的黏性土，其下为厚层淤泥层，在潟湖边缘常有泥炭堆积。

4)溺谷相软土。分布范围狭窄，结构疏松，在其边缘表层常有泥炭堆积。

5)三角洲相软土。由于河流及海湖复杂交替作用，软土层与薄层砂交错沉积，多交错成不规则的尖灭层或透镜体夹层，结构疏松，颗粒细。表层为褐黄色黏性土，其下则为厚层的软土或软土夹薄层砂。

(2)湖泊沉积软土。主要为湖相软土，是近代盆地的沉积，沉积物中夹有粉砂颗粒，呈现明显的层理，淤泥结构松软，呈暗灰、灰绿或黑色，表层硬层不规律，时而有泥炭透镜体。

(3)河滩沉积软土。有河漫滩相和牛轭湖相两种。在宽阔河谷地区，河道由于曲折过多、过甚及侧侵蚀的结果，形成河道的迁移现象，而产生弓形的废河道或称牛轭湖，在废河道和牛轭湖中，沉积物主要是富含有机质的黑色黏土、粉质黏土和黏质粉土，有时有薄层透镜状粉砂和砂的夹层，层理近于水平，并形成不连续的带状层理。在远离河床的河漫滩内，沉积作用十分缓慢，沉积物质主要是粉质黏土、黏土与黏质粉土的互层，具水平层理或隐层理。

(4)沼泽沉积软土。分布在水流排泄不畅的低洼地带。在沼泽地带主要进行生物沉积作用，沉积物中含有大量的植物和动物残骸，它们在还原环境中分解，形成丰富的淤泥和泥炭。

3. 软土的工程性质

在工程性质方面，软土主要有以下特点：

(1)高含水率和高孔隙比。天然含水率一般在35％以上，孔隙比在1.0以上，且天然含水率等于或大于液限。

(2)高压缩性。软土的压缩系数大，$a_{1-2} > 0.5$ MPa^{-1}，属于高压缩性土，压缩性随液限的增加而增加。

(3)抗剪强度低。不排水的抗剪强度一般在30 kPa以下。

(4)弱透水性。渗透系数值为$1 \times 10^{-6} \sim 1 \times 10^{-8}$ cm/s，垂直方向的渗透性较水平方向小，由于渗透性很弱，在加荷的初期，在土体中常出现较高的孔隙水压力。

(5)结构灵敏性或称触变性。软土的原状结构一经扰动或破坏，即转变稀释流动状态，

且目前常用灵敏度 S_t 来表示结构灵敏性的程度。

（6）流变性。除固结引起地基变形的因素外，在剪应力作用下的流变性足以使地基处于长期变形过程中。

4. 地基承载力和变形

（1）评定软土地基的承载力和变形，可根据软土的物理力学性质参数，按承载力和变形的理论计算确定，但应重视地区的建筑经验，对重要的一、二级建筑物还应采取综合分析方法，按下列因素取值：

1）软土的物理力学性质及其取试样技术、试验方法等；

2）软土的形成条件、成层特点、均匀性、应力历史、地下水及其变化条件；

3）上部建筑的结构类型、刚度、对不均匀沉降的敏感性、荷载性质、大小和分布特征；

4）基础类型、尺寸、埋深、刚度等；

5）施工方法和程序以及加荷速率对软土性质的影响。

（2）软土的承载力应按方法之一或多种方法，以变形控制的原则，结合建筑物等级和场地复杂程度，做出综合的评价。

1）利用软土的 c、φ 值的统计指标，按《建筑地基基础设计规范》（GB 50007—2011）的有关公式计算确定；

2）利用静力触探及其他原位试验资料，并应结合本地区建筑经验确定；

3）根据软土的现场鉴别和物理力学试验的统计指标，参照表 3.3 数值，并应结合本地区的建筑经验确定；

表 3.3　沿海地区淤泥和淤泥质土承载力

天然含水率/%	36	40	45	50	55	65	75
f_u/kPa	100	90	80	70	60	50	40

4）对于缺乏建筑经验的地区和一级建筑物地基，宜以较大面积压板的荷载试验确定；

5）应用地区建筑经验，采取工程类比法确定。

（3）软土地基的最终沉降量采用分层总和法乘以经验修正系求得，或结合地区的建筑经验参照有关公式计算。一级建筑物可采用软土的应力历史（前期固结压力）的沉降计算方法。

（4）当地基沉降计算深度范围内有软弱下卧层时，应验算下卧层的强度，计算方法按《建筑地基基础设计规范》（GB 50007—2011）的相关规定执行。

（5）应考虑上部结构和地基的共同作用，采取必要的建筑和结构措施，减少地基的不均匀沉降，防止建筑物因过大差异沉降导致严重开裂和损坏。

5. 软土地基处理方法

软土地基的承载能力低、沉降大、不均匀沉降也大，且沉降稳定的时期长，需几年到数十年。软土地基是最需要人工处理的地基，目前比较好的地基处理办法有如下几种：

（1）桩基法。目前桩的种类和名称很多，按桩材分为：①木桩；②混凝土桩，又可分为预制混凝土桩、就地灌注混凝土桩；③钢桩；④组合桩，即一根桩由两种材料组成。

桩按功能分为：①抗轴向压的桩，又可分摩擦桩、端承摩擦桩；②抗侧压的桩；③抗拔桩。

桩按成桩方法分为：①打入桩，即将预制的木桩、混凝土桩、钢桩打入土层中；②灌注桩，又可按成桩工艺分为沉管灌注桩、钻孔灌注桩；③静压桩；④螺旋桩。

（2）排水固结法。排水固结法的原理是软土地基在荷载作用下，土中孔隙水慢慢排出，孔隙比减小，地基发生固结变形，同时，随着超静水压力逐渐消散，土的有效应力增大，地基土的强度逐步增长，根据排水和加压系统的不同，排水固结法可分为下述几种。

1）堆载预压法。在建造建筑物之前，通过临时堆载土石等方法对地基加载预压，达到预先完成部分或大部分地基沉降，并通过地基土的固结，提高地基的承载力，然后撤除荷载，再建造建筑物。

2）砂井法，或袋装砂井、塑料排水板、塑料管等法。在软土地基中，设置一系列砂井，在砂井之上铺设砂垫或砂沟，人为地增加土层固结排水通道，缩短排水距离，从而加速固结。砂井法与堆载预压法联合使用效果更好，可总称为砂井堆载预压法。

3）真空预压法。与堆载预压法相比，真空预压法就是以真空造成的负压力，来代替临时堆载的荷载，真空预压法与堆载预压法可联合使用，称为真空堆载联合预压法。

4）降低地下水位法。降低地下水位能减小孔隙水压力，使有效应力增大，促进地基土的固结。

5）电渗法。在土中插入金属电极并通以直流电，由于电场的作用，土中的水从阳极流向阴极，这种现象称为电渗。将水从阴极排除，又不让水在阳极得到补充，借助电渗作用可逐渐排除土中水，以提高地基土的承载力。

（3）置换及拌入法。以砂、碎石等材料置换软土地基中部分软土体，形成复合地基，或在软土地基中部分土体内掺入水泥、水泥砂浆以及石灰等物，形成加固体，与未加固部分一起形成复合地基，以提高地基承载力，减少沉降量。其方法有如下几种：

1）开挖置换法。其是将基底下一定深度的软土挖除，然后填较好的土石料，分层夯实作为符合要求的持力层。

2）碎石桩法。其利用一种能产生水平向振动的管状机械设备，在高压水泵下边振边冲，在软土地基中成孔，再在孔内分批填入碎石等材料，制成一根根桩体，群桩体和原来的软土一起，构成复合地基。

3）高压喷射注浆法。其是以高压喷射直接冲击，破坏土体，使水泥浆液或其他浆液与土拌合、凝固后，成为拌合桩体。在软土地基中设置这种桩体群，形成复合地基或挡土结构。

4）深层搅拌法。利用水泥、石灰或其他材料作为固化剂的主剂，通过深层的搅拌机械，在地基深处将软土与固化剂强制搅拌，产生一系列的物理化学反应后，形成坚硬的拌合桩体，与原来的软土一起，组成复合地基。

5）石灰桩法。在软土地基中用机械成孔，填入生石灰并加以搅拌或压实，形成桩体，利用生石灰的吸水、膨胀、放热作用，和土与石灰的离子交换反应、凝硬反应等作用，改善桩体周围土体的物理力学性质。石灰桩和周围被改良的土体一起，形成复合地基。

3.5.2 黄土

1. 黄土的特征及其分布

黄土是第四纪干旱和半干旱气候条件下形成的一种特殊沉积物。颜色多呈黄色、淡灰黄色或褐黄色。颗粒组成以粉土粒(0.005~0.075 mm)为主，占60%~70%，粒度大小比较均匀，黏粒含量较少，一般仅占10%~20%；黄土中含有多种可溶盐，特别富含碳酸盐，含量可达10%~30%，局部密集形成钙质结核，又称为姜结石；结构疏松，孔隙多，有肉眼可见的大孔隙或虫孔，植物根孔等各种孔洞，孔隙度一般为33%~64%；质地均一，无层理，但具有柱状节理和垂直节理，天然条件下能保持近于垂直的边坡；黄土湿陷性是引起黄土地区工程建筑破坏的重要原因。并非所有黄土都具有湿陷性，具有湿陷性的黄土称为湿陷性黄土。

黄土在世界上分布很广，欧洲、北美、中亚均有分布。我国是世界上黄土分布面积最大的国家，西北、华北、山东、内蒙古及东北等地区均有分布，面积达64万km²，占国土面积的6.7%。黄河中上游的陕、甘、宁及山西、河南一带黄土面积广，厚度大，地理上有黄土高原之称。陕、甘、宁地区黄土厚为100~200 m，某些地区可达300 m，渭北高原厚为50~100 m，山西高原厚为30~50 m，陇西高原厚为30~100 m，其他地区一般厚几米到几十米，很少超过30 m。

2. 黄土的成因

黄土按生成过程及特征可划分为风积、坡积、残积、洪积、冲积等成因类型。

(1)风积黄土。分布在黄土高原平坦的顶部和山坡上，厚度大，质地均匀，无层理。

(2)坡积黄土。多分布在山坡坡脚及斜坡上，厚度不均，基岩出露区常夹有基岩碎屑。

(3)残积黄土。多分布在基岩山地上部，由表层黄土及基岩风化而成。

(4)洪积黄土。主要分布在山前沟口地带，一般有不规则的层理，厚度不大。

(5)冲积黄土。主要分布在大河的阶地上，如黄河及其支流的阶地上。阶地越高，黄土厚度越大；有明显的层理，常夹有粉土、黏土、砂卵石等，大河阶地下部常有厚数米及数十米的砂卵石层。

3. 黄土的工程性质

(1)黄土的颗粒成分。黄土中粉粒占60%~70%，其次是砂粒和黏粒，各占1%~29%和8%~26%。我国从西向东，由北向南黄土颗粒有明显变细的分布规律。陇西和陕北地区黄土的砂粒含量大于黏粒，而豫西地区黏粒含量大于砂粒。黏土颗粒含量大于20%的黄土，湿陷性明显减小或无湿陷性。因此，陇西和陕北黄土的湿陷性通常大于豫西黄土，这是由于均匀分布在黄土骨架中的黏土颗粒起胶结作用，湿陷性减小。

(2)黄土的密度。黄土的密度为1.5~1.88 g/cm³，其干密度为1.3~1.6 g/cm³。干密度反映了黄土的密实程度，小于1.5 g/cm³的黄土具有湿陷性。

(3)黄土的含水率。黄土的天然含水率一般较低。含水率与湿陷性有一定关系，含水率低，湿陷性强；含水率增加，湿陷性减弱。当含水率超过25%时，不再湿陷。

(4)黄土的压缩性。土的压缩性用压缩系数a表示。

低压缩性土：$a<0.1\ \mathrm{MPa^{-1}}$；

中压缩性土：$0.1\ \mathrm{MPa^{-1}}\leqslant a\leqslant0.4\ \mathrm{MPa^{-1}}$；

高压缩性土：$a>0.5\ \mathrm{MPa^{-1}}$。

黄土多为中压缩性土；近代黄土为高压缩性土；老黄土压缩性较低。

(5)黄土的抗剪强度。一般黄土的内摩擦角 φ 为 $15°\sim25°$，内聚力 c 为 $30\sim40\ \mathrm{kPa}$，抗剪强度中等。

(6)黄土的湿陷性和黄土陷穴。天然黄土在一定的压力作用下，浸水后产生突然的下沉现象，称为湿陷。这个一定的压力称为湿陷起始压力。在饱和自重压力作用下的湿陷称为自重湿陷；在自重压力和附加压力共同作用下的湿陷，称为非自重湿陷。

黄土湿陷性评价多采用浸水压缩试验的方法，将原状黄土放入固结仪内，在无侧限膨胀条件下进行压缩试验。当变形稳定后，测出试样高 h_2，再测当浸水饱和、变形稳定后的试样高度 h_2'，计算相对湿陷性因数 δ_s：

非湿陷性黄土：$\delta_s<0.02$；

轻微湿陷性黄土：$0.02\leqslant\delta_s\leqslant0.03$；

中等湿陷性黄土：$0.03<\delta_s\leqslant0.07$；

强湿陷性黄土：$\delta_s>0.07$。

另外，黄土地区常常有天然或人工洞穴，由于这些洞穴的存在和不断发展扩大，往往引起上覆建筑物突然塌陷，称为陷穴。黄土陷穴的发展主要是黄土湿陷和地下水的潜蚀作用造成的。为了及时整治黄土洞穴，必须查清黄土洞穴的位置、形状及大小，然后有针对性地采取有效整治措施。

4. 黄土地区工程病害与防治

在湿陷性黄土地区，虽然因湿陷而引发的灾害较多，但只要能对湿陷类型、变形特征与规律进行正确分析和评价，在设计、施工和使用过程中采取恰当处理措施，湿陷便可以避免。

黄土地区涉及工业与民用建筑工程、道路与桥梁工程和水利工程的主要病害如下：

(1)黄土湿陷性和黄土陷穴(黄土经水的冲蚀与溶蚀形成的暗沟、暗洞、暗穴)对路基及路面、结构物等造成的变形、沉陷、开裂等破坏。

(2)路堑或路堤边坡的变形，有路堑坡面的剥落、冲刷和坡体的滑坍、崩塌、流泥(斜坡上黄土的塑性流动)，路堤地面的冲刷、滑坍，高路堤的下沉等。

产生上述病害的内因是黄土所具有的对工程不利的特性，外因则主要是水。因此，黄土地区工程病害的防治，主要包括以下几个方面内容：

(1)对湿陷性黄土地基进行工程处理，采取消除湿陷性的措施，如预先浸水、强夯法加固地基、灰土桩挤密地基等。

(2)合理的道路横断面设计，包括路堑、路堤边坡的形式、坡度及高度等。

(3)排水与防水的工程措施，包括沟渠及其加固，特殊工点如垭口、深路堑、高路堤、滑坡、陷穴等地段结合水土保持的综合治理等。

(4)加强预防措施，在建筑物选址、道路与水利选线时，应注意黄土地貌特征和土的湿陷性。

3.5.3 红黏土

红黏土是指亚热带湿热气候条件下，碳酸盐类岩石(石灰岩，白云岩，泥质泥岩等)，经强烈风化后形成的残积、坡积或残积-坡积的褐红色、棕红色或黄褐色的一种高塑性黏土。红黏土的粒度较均匀，呈高分散性。矿物成分主要以石英和高岭石为主。黏粒含量一般为 60%～70%，最高达 80%。红黏土一般常呈絮状结构，常有很多裂隙(网状裂隙)、结核和土洞。

红黏土及次生红黏土广泛分布于我国的云贵高原、四川东部、广西、粤北及鄂西、湘西等地区的低山、丘陵地带顶部和山间盆地、洼地、缓坡及坡脚地段。黔、桂、滇等地古溶蚀地面上堆积的红黏土层，由于基岩起伏变化及风化深度的不同，造成其厚度变化极不均匀。常见为 5～8 m，最薄为 0.5 m，最厚为 20 m。在水平方向常见咫尺之隔，厚度相差达 10 m。土层中常有石芽、溶洞或土洞分布其间，给地基勘察、设计工作造成困难，设计时又必须充分考虑地基的不均匀性。

红黏土的天然含水率一般为 40%～60%，甚至高达 90%；饱和度一般大于 90%，密度小，大孔隙明显，天然孔隙比一般为 1.4～1.7，最高为 2.0，具有大孔隙性；液限一般为 50%～80%，塑限为 40%～60%，塑性指数一般为 20～50，液性指数一般都小于 0.25；由于塑限很高，所以尽管天然含水率高，一般仍处于坚硬或硬塑状态，但是其饱和度一般在 90%以上，因此，甚至坚硬黏土也处于饱水状态。固结快剪内摩擦角 φ 为 8°～18°，内聚力 c 为 40～90 kPa；荷载试验比例极限 p_0 为 200～300 kPa；压缩系数 $a_{0.2～0.3}$ 为 0.1～0.4 MPa，变形模量 E_0 为 10～30 MPa，最高可达 50 MPa，属于中压缩性土或低压缩性土。原状土浸水后膨胀量很小，但收缩性明显，失水后强烈收缩，原状土体积收缩率可达 25%，而扰动土可达 40%～50%。

红黏土的一般特点是天然含水率和孔隙比很大，但其强度高、压缩性低。作为建筑物地基中的红黏土，由于地形、地貌、气候等外部环境的不同，红黏土的物理力学特征指标变化范围很大。统计资料表明，贵州省几个地区红黏土的物理力学指标，天然含水量的变化范围为 25%～88%，天然孔隙比为 0.7～2.4，液限为 36%～125%，塑性指数为 18～75，液性指数为 0.45～1.4，内摩擦角为 2°～31°，内聚力为 10～1 400 kPa，变形模量为 4～35.8 MPa。因其物理力学指标变化如此之大，地基承载力必有显著的差别。表面均匀的红黏土，其工程性能的变化却十分复杂，这也是红黏土的一个重要特点，因此，在研究红黏土的工程性质和解决工程实际问题要特别注意，决不能将不同地层中红黏土的工程性质视为一成不变的，必须弄清楚决定其物理力学性质的因素，掌握其变化规律。

红黏土具有较小的吸水膨胀性，但具有强烈的失水收缩性。故裂隙发育也是红黏土的一大特征。坚硬、硬塑或可塑状态的红黏土，在近地表部位或边坡地带，往往裂隙发育，土体内保存许多光滑的裂隙面。这种土体的单独土块强度很高，但是裂隙破坏了土体的整体性和连续性，使土体强度显著降低，试样沿裂隙面成脆性破坏。但地基承受较大水平荷载、基础埋置过浅、外侧地面倾斜或有临空面等情况时，对地基的稳定性有很大影响。并且裂隙发育对边坡和基槽稳定与土洞形成等有直接或间接的关系。

红黏土的胀缩性和裂隙性对地基承载能力和基础稳定性有显著影响，工程建设中需要对红黏土地基进行处理，目前主要方法有晾晒法、换填法、深层搅拌法、土工合成材料加固法、预压排水固结法和强夯法等。

3.5.4　膨胀土

膨胀土是一种富含亲水性黏土矿物，并且随含水率增减，体积发生显著胀缩变形的高塑性黏土。其黏土矿物主要是蒙脱石和伊利石，二者吸水后强烈膨胀，失水后收缩，长期反复多次胀缩，强度衰减，可能导致工程建筑物开裂、下沉、失稳破坏。膨胀土全世界分布广泛，我国是世界上膨胀土分布广、面积大的国家之一，20多个省市自治区都有分布。我国亚热带气候区的广西、云南等地的膨胀土，与其他地区相比，胀缩性强烈。形成时代自第三纪的上新世开始到上更新世，多为上更新统地层。成因有洪积、冲积、湖积、坡积、残积等。

1. 膨胀土的工程性质

(1)膨胀土多为灰白色、棕黄色、棕红色、褐色等，颗粒成分以黏粒为主，含量在35%～50%以上，粉粒次之，砂粒很少。黏粒的矿物成分多为蒙脱石和伊利石，这些黏土颗粒比表面积大，有较强的表面能，在水溶液中吸引极性水分子和水中离子，呈现强亲水性。

(2)天然状态下，膨胀土结构紧密、孔隙比小，干密度达 $1.6～1.88\ \mathrm{g/cm^3}$；塑性指数为18～23；天然含水率接近塑限，一般为18%～26%，土体处于坚硬或硬塑状态，有时被误认为良好地基。

(3)膨胀土中裂隙发育，是不同于其他土的典型特征，膨胀土裂隙可分为原生裂隙和次生裂隙两类。原生裂隙多闭合，裂面光滑，常有蜡状光泽，次生裂隙以风化裂隙为主，在水的淋滤作用下，裂面附近蒙脱石含量增高，呈白色，构成膨胀土中的软弱面，膨胀土边坡失稳滑动常沿灰白色软弱面发生。

(4)天然状态下膨胀土抗剪强度和弹性模量比较高，但遇水后强度显著降低，内聚力一般小于 $0.05\ \mathrm{MPa}$，有的 c 值接近于零，φ 值从几度到十几度。

(5)膨胀土具有超固结性。超固结性是指膨胀土在历史上曾受到过比现在的上覆自重压力更大的压力，因而孔隙比小，压缩性低，一旦被开挖外面，卸荷回弹，产生裂隙，遇水膨胀，强度降低，造成破坏。膨胀土固结度用固结比 R 表示：

$$R=p_c/p_0 \tag{3.2}$$

式中　p_c——土的前期固结压力，

　　　p_0——目前上覆土层的自重压力。

正常土层 R 为1，超固缩膨胀土 R 大于1，如成都黏土 R 为2～4。成昆铁路的狮子山滑坡就是由成都黏土造成，施工后强度衰减，导致滑坡。

2. 膨胀土的工程地质问题及防治措施

(1)膨胀土地区的路基。膨胀土地区的路基，无论是路堑还是路堤，极普遍而且严重的病害就是边坡变形和基床变形。随着行车密度与速度的提高，由于膨胀土体抗剪强度的衰减及基床土承载力的降低，造成边坡溜塌、路基长期不均匀下沉，翻浆冒泥等病害更加突出，造成路基失稳，影响行车安全。

在膨胀土地区进行建筑施工，首先必须掌握该地区膨胀土的地质特征与工程地质条件，判定它们是强膨胀土，还是中等膨胀土或弱膨胀土。然后根据这些资料进行正确的路基设计，确定其边坡形式、高度及坡度，并采取必要的防护措施。

边坡防护措施主要包括：天沟、边坡平台排水沟、侧沟及支撑渗沟等排水系统；采用植被防护、骨架护坡、片石护坡等坡面防护措施；采用挡土墙、抗滑桩、片石垛等支挡工程；对于路堤还可采用换填土或土质改良等措施。

(2)膨胀土地区的地基。在膨胀土地基上修筑的桥涵及房屋等建筑物，随地基土的胀缩变形而发生不均匀变形。因此，膨胀土地基问题既有地基承载力问题，又有引起建筑物变形问题。其特殊性在于：地基承载力较低，还要考虑强度衰减；不仅有土的压缩变形，还有湿胀干缩变形。

常用的防治措施有：防水保湿措施，即注意建筑物周围的防水排水，并尽量避免挖填方改变土层自然埋藏条件；地基上改良措施，即建筑物基础应适当加深、相应减小膨胀土的厚度，或采用换土、土垫层、桩基等方法。

3.5.5　盐渍土

易溶盐含量大于 0.3% 并具有溶陷、盐胀和腐蚀等工程特性的土体称为盐渍土。

盐渍土一般分布在地势比较低且地下水位较高的地段，如内陆洼地、盐湖、河流两岸的洼地、低阶地、牛轭湖及三角洲洼地、山间洼地等地段。

盐渍土的厚度一般不大，平原及滨海地区通常分布在地表以下 2~4 m，内陆盆地的盐渍土厚度有的可达几十米，如柴达木盆地中盐湖区，盐渍土厚度达 30 m 以上。盐渍土在我国分布面积较广，新疆、青海、甘肃、内蒙古、宁夏等省(自治区)分布较多，山西、辽宁、吉林、黑龙江、河北、河南、山东、江苏等省也有分布。

盐渍土也是由三相体组成，但与常规不同，其固体部分除土颗粒外，还有较稳定的难溶盐和不稳定的可溶盐。土中的液体常为盐溶液。在温度变化和有足够的水浸入的条件下，盐渍土中的结晶易溶盐将会被溶解变成液体，气体孔隙也被填充。此时，盐渍土的三相体转变成二相体。在盐渍土三相体转变成二相体的过程中，通常伴随土的结构破坏和土体的变形(通常是溶陷的)。相反，当自然条件变化时，盐渍土的二相体也会转化为三相体，此时，土体也会产生体积变化(通常是膨胀)。因此，盐渍土的相态的变化常给工程带来严重的危害。

3.5.6　冻土

在高纬度和海拔较高的高原、高山地区，一年中有相当长一段时间气温低于 0 ℃，这时土中的水分冻结成固态的冰，这种温度低于 0 ℃ 并含有冰的特殊土就称为冻土。

根据冻土的冻结时间可分为两大类，即季节冻土和多年冻土。季节冻土是指冬季冻结、夏季融化的土。在年平均气温低于 0 ℃ 的地区，冬季长，夏季很短，冬季冻结的土层在夏季结束前还未全部融化，又随气温降低开始冻结了，这样，地面以下一定深度的土层常年处于冻结状态，就是多年冻土。通常认为，持续 3 年以上处于冻结不融化的土称为多年冻土。

土冻结时发生冻胀，强度增高，融化时发生沉陷，强度降低，甚至出现软塑或流塑状态。修建在冻土地区的工程建筑物，常常由于反复冻融，土体冻胀、融沉，导致工程建筑物的破坏。

1. 冻土分布

(1)季节性冻土分布。季节冻土在我国分布广泛，东北、华北、西北及华东、华中部分地区都有分布。自长江流域以北向东北、西北方向，随着纬度及地面高度的增加，冬季气温越来越低，冬季时间延续越来越长，因此，季节冻土厚度自南向北越来越大。石家庄以南季节冻土厚度小于 0.5 m；北京地区一般为 1 m 左右；辽源、海拉尔一带则为 2～3 m。

(2)多年冻土分布。多年冻土多在地面以下一定深度存在着，其上部至地表部分常有一季节冻土层，故多年冻土区常伴有季节性冻结现象存在。

我国多年冻土按地区分布不同分为两类：一类是高原型多年冻土，主要分布在青藏高原及西部高山地区，这类冻土主要受海拔高度控制；另一类是高纬度型多年冻土，其主要分布在东北大、小兴安岭地区，自满洲里—牙克石—黑河一线以北广大地区都有多年冻土分布。

2. 冻土的工程性质

冻土作为构造物地基，在冻结状态时，具有较高的强度和较低的压缩性。但冻土融化后则承载力大为降低，压缩性急剧增高，使地基产生融陷；相反，在冻结过程中又产生冻胀，对地基均为不利。冻土的冻胀和融陷与土的颗粒大小及含水率有关，一般土粒越粗，含水率越小，土的冻胀和融陷越小；反之则越大。所以，根据土质、天然含水率和冻结期间地下水低于冻深的最小距离等对冻土的冻胀性进行分类。

3. 冻土的工程地质问题

(1)冻胀及冻胀丘。

1)冻胀是指土在冻结过程中，土中水分冻胀成冰，并形成冰层、冰透镜体及多晶体冰晶等形式的冰侵入体，引起土粒之间的相对位移，使土体体积膨胀的现象。冻胀的表现是土表层不均匀地升高，常形成冻胀丘及隆岗等。

2)冻胀丘是指土体由于冻胀隆起而形成的鼓丘。一般是每年的最冷月份隆起，夏季融化时消失，所以叫作季节性冻胀丘。其形成是由于冬季土层由上而下冻结时，缩小了地下潜水的过水断面，使地下水承压。在冻结过程中水向冻结峰面迁移，形成地下冰层。随着冻结深度的增大，当冰层的膨胀力和水的承压力增加到大于上覆土层的强度时，地表发生隆起，因而形成冻胀丘。

(2)热融滑坍。由于自然引力作用(如河流冲刷坡脚)或人为活动影响(挖方取土)破坏了斜坡上地下冰层的热平衡状态，使冰层融化，融化后的土体在重力作用下沿着融冻界面而滑塌的现象称为热融滑坍。热融滑坍按发展阶段和对工程的危害程度，可分为活动的和稳定的两类。稳定的热融滑坍是那些出于自埋作用(即坍落物质掩盖了坡脚及其暴露的冰层)或人为作用，使滑坍范围不再扩大的热融滑坍。活动的热融滑坍，是因融化土体滑坍使其上方又有新的地下冰暴露，地下冰再次融化产生新的滑坍，其边缘发展到厚层地下冰分布范围的边缘时，也将形成稳定的热融滑坍。

(3)热融沉陷和热融湖。因气候转暖或人为因素，改变了地面的温度状况，引起季节融化深度加大，导致地下冰或多年冰土层发生局部融化，上部土层在自重和外部压力作用下产生沉陷，这一现象称为热融沉陷。当沉陷面积较大且有积水时，称为热融湖。热融湖大多数分布在高平原区地面坡度小于3°的地方。如在楚玛尔湖高平原及多玛河高平原地区，热融湖分布星罗棋布。

4. 冻土病害的防治措施

（1）排水。水是影响冻胀融沉的重要因素，必须严格控制土中的水分。在地面修建一系列排水沟、排、管，用以拦截地表周围流来的水，汇集、排除建筑物地区和建筑物内部的水，防止这些地表水渗入地下。在地下修建盲沟、渗沟等拦截周围流来的地下水，降低地下水位，防止地下水向地基土集聚。

（2）保温。应用各种保温隔热材料，防止地基土温度受人为因素和建筑物的影响，最大限度地防止冻胀融沉。如在基坑或路堑的底部和边坡上或在填土路堤底面上铺设一定厚度的草皮、泥炭、苔藓炉渣或黏土，都有保温隔热作用，使多年冻土上限保持稳定。

（3）改善土的性质。

1）换填土。用粗砂、砾石、卵石等不冻胀土代替天然地基的细颗粒冻胀土，是最常采用的防治冻害的措施。一般基底砂垫层厚度为0.8~1.5 m，基侧面为0.2~0.5 m。在铁路路基下常采用这种砂垫层，但在砂垫层上要设置0.2~0.3 m厚的隔水层，以免地表水渗入基底。

2）物理化学法。在土中加某种化学物质，使土粒、水和化学物质相互作用，降低土中水的冰点的影响，从而削弱和防止土的冻胀。

思考与练习题

1. 影响风化作用的主要因素是什么？如何划分岩石的风化带？

2. 河流的地质作用形成什么？有何特点？

3. 冲击物与洪积物的区别是什么？有何异同？

4. 海洋的地质作用有什么危害？

第4章 地质构造

4.1 地层、岩层的基本概念

4.1.1 地层的概念

地史学将各个地质历史时期形成的岩石，称为该时代的地层。各地层的新、老关系在判别褶曲、断层等地层构造形态中，有着非常重要的作用。

4.1.2 岩层的概念

由两个平行或近于平行的界面（岩层面）所限制的同一岩性组成的层状岩石，称为岩层。原始沉积物多是水平或近似水平的层状堆积物，经固结成岩作用形成坚硬岩层。当它未受构造运动作用，或在大范围内受到垂直方向构造运动影响，沉积岩层基本上呈水平状态在相当范围内连续分布。这种岩层称为水平岩层，如图 4.1(a) 所示。经过水平方向构造运动作用后，岩层由水平状态变为倾斜状态，称倾斜岩层，如图 4.1(b) 所示。倾斜岩层往往是褶皱的一翼，断层的一盘（图 4.2），是不均匀抬升或沉降所致。

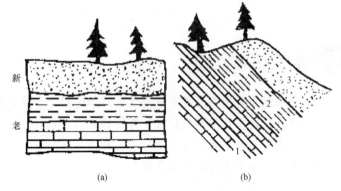

图 4.1 岩层层序律（岩层层序正常时）

(a)岩层水平；(b)岩层倾斜

1，2，3 依次从老到新

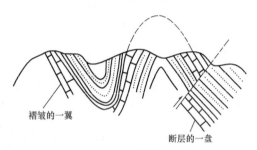

图 4.2 倾斜岩层

4.2 地质年代

4.2.1 地质年代的确定方法

对于地质研究者来说，地质历史的主要证据是地层，地层是地质历史时期遗留下来的唯一可供研究的材料。所谓地质年代，实际上是从最老的地层到最新的地层所代表的整个时代。地史学将各个地质历史时期形成的岩石称为该时代的地层。各地层的新老关系，在褶曲、断层等地层构造形态的判别中，有着非常重要的作用。确定地层新老关系的方法有两种，即绝对年代法和相对年代法。

1. 绝对年代法

绝对年代法是指通过确定地层形成时的准确时间，依次排列出各地层新、老关系的方法。确定地层形成时的准确时间，主要是通过测定地层中的放射性同位素年龄来确定。放射性同位素（母同位素）是一种不稳定元素，在天然条件下发生蜕变，自动放射出某些射线（α、β、γ 射线），而蜕变成另一种稳定元素（子同位素）。放射性同位素的蜕变速度是恒定的，不受温度、压力、电场、磁场等因素的影响，即以一定的蜕变常数进行蜕变。主要用于测定地质年代的放射性同位素的蜕变常数见表4.1。

表 4.1 常用同位素及其蜕变常数

母同位素	子同位素	半衰期	蜕变常数
铀（U^{238}）	铅（Pb^{206}）	$4.5 \times 10^9 a$	$1.545 \times 10^{-10} a^{-1}$
铀（U^{235}）	铅（Pb^{207}）	$7.1 \times 10^9 a$	$9.72 \times 10^{-10} a^{-1}$
钍（Th^{282}）	铅（Pb^{208}）	$1.4 \times 10^{10} a$	$0.49 \times 10^{-10} a^{-1}$
铷（Rb^{87}）	锶（Sr^{87}）	$5.0 \times 10^{10} a$	$0.14 \times 10^{-10} a^{-1}$
钾（K^{40}）	氩（Ar^{40}）	$1.5 \times 10^9 a$	$4.72 \times 10^{-10} a^{-1}$
碳（C^{14}）	氮（N^{12}）	$5.7 \times 10^3 a$	—

测定岩石中所含放射性同位素的重量 P，以及它蜕变产物的重量 D，就可利用蜕变常数 λ，按下式计算其形成年龄 t：

$$t = \frac{1}{\lambda} \ln\left(1 + \frac{D}{P}\right) \tag{4.1}$$

目前，世界各地地表出露的古老岩石都已进行了同位素年龄测定，如南美洲圭亚那的角闪岩为 $(4\,130 \pm 170)$ Ma（Ma：百万年），我国冀东地区铬云母石英岩为 $3\,650 \sim 3\,770$ Ma。

2. 相对年代法

相对年代法是依据岩层的沉积顺序、古生物的演化规律和地层接触关系来确定其形成先后顺序的一种方法。

（1）地层层序法。地层层序法是确定地层相对年代的基本方法。当沉积岩形成后，如未经剧烈的变动，则能清楚地反映岩层的叠置关系。一般情况下，下面的是先沉积的老岩层，上面的是后沉积的新岩层，即原始产出的地层具有下老上新的规律，这就是地层层序律。只要把一个地区所有地层按由下向上的顺序衔接起来，就可确定其新老关系。当地层经剧烈的构造运动，地层层序倒转时，老岩层就会覆盖在新岩层之上，如图4.3所示。

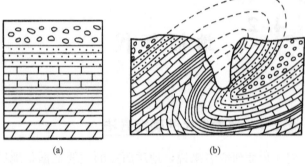

图4.3　地层层序
(a)正常层序；(b)倒转层序

一个地区在地质历史上不可能永远处在沉积状态，常常是一个时期下降沉积，另一个时期抬升发生剥蚀。因此，现今任何地区保存的地质剖面中都会缺失某些时代的地层，造成地质记录不完整。故需对各地地层层序剖面进行综合研究，把各个时期出露的地层拼接起来，建立较大区域乃至全球的地层顺序系统，成为标准地层剖面。通过标准地层剖面的地层顺序，对照某地区的地层情况，也可排列出该地区地层的新老关系。

沉积岩的层面构造也可作为鉴定其新老关系的依据，例如泥裂开口所指方向，虫迹开口所示方向，波痕的波峰所指方向，均为岩层顶面，即新岩层方向，并可据此判定岩层的正常与倒转。如图4.4(a)中所示泥裂开口向上，表明岩层上新下老；如图4.4(b)中所示泥裂开口向下，表明岩层上老下新。

图4.4　层面沉积特征(泥裂)

(2)生物层序法。地质历史上的生物称为古生物。其遗体和遗迹可保存在沉积岩层中，一般被钙质、硅质充填或交代，形成化石。生物的演变从简单到复杂，从低级到高级不可逆地不断发展。因此，年代越老的地层中所含的生物越原始、简单、低级；反之，年代越新的地层中所含的生物越进步、复杂、高级。每个地质历史阶段都有其特殊的生物组合。同一地质历史时期，在相同的地理环境下，形成的岩层常含有相同的化石或化石组合。故可以根据生物的演化阶段来划分地壳发展演化的阶段。应指出的是，对于研究地质年代有决定意义的化石，应该具有在地质历史中演化快、延续时间短、特征显著、数量多、分布广等特点。这样的化石叫作标准化石。

(3)岩性对比法。在同一时期、同一地质环境下形成的岩石，具有相同的颜色、成分、结构、构造等岩性特征和层序规律。因此，可根据岩性及层序特征对比来确定某一地区岩石地层的时代。

(4)地层接触关系法。由于地壳运动性质和特点的不同，反映在上、下岩层之间的接触形式也不一样，大致有如下几种：

①整合：同一地区上、下两套沉积地层在沉积层序上是连续的，且产状一致，即在时间和空间上均无间断。

②假整合：假整合又称平行不整合。上、下两套岩层之间有一明显的沉积间断，但产状基本一致或一致，如图4.5(a)所示。这表明在较老的下伏地层沉积后，该地区的地壳曾经上升，经受侵蚀，后又下降至新接受沉积。岩层中的沉积间断面称为平行不整合面或假整合面，如我国北方地区奥陶系经常与石炭系岩层接触，中间缺失志留系和泥盆系。

③不整合：不整合又称角度不整合。上、下两套岩层之间有明显的沉积间断面(不整合面)，且两旁岩层呈一定角度相交，如图4.5(b)所示。这表明它们在时间和空间上都不连续，即在时代较老的地层形成后，曾发生过强烈的地壳运动，后来地壳重新下降接受沉积，因而，使上、下岩层间不但出现沉积间断，而且产状也发生变化，如我国南方宁镇山脉地区，中侏罗统的象山群与下伏古老岩层之间的不整合接触，系印支运动所造成。

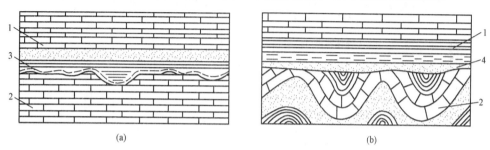

图4.5　地层假整合与不整合

(a)假整合；(b)不整合

1—上覆地面；2—下伏地层；3—假整合面；4—不整合面

4.2.2　地质年代与地层单位

1. 地质年代及地层单位的划分

在地壳演化的漫长历史过程中，地质环境和生物种类经历了多次巨变。在不同地质年代相应地形成不同的地层，故地层是地壳在各地质年代里变化的真实记录。根据地层形成顺序、岩性变化特征、生物演化阶段、构造运动性质和古地理环境等因素，地质年代划分为隐生宙、显生宙两大阶段；宙以下分代，隐生宙分为太古代和元古代，显生宙分为古生代、中生代和新生代；代以下分纪；纪以下分世。相应于每个地质年代单位即宙、代、纪、世，所形成的地层单位是宇、宙、系、统。如古生代形成的地层叫作古生界。

宙(宇)、代(界)、纪(系)、世(统)是国际统一规定的地质年代名称和地层划分单位。

2. 地质年代表

通过对全球各个地区地层划分和对比以及对各种岩石进行同位素年龄测定，按年代先后进行系统性的编年，列出地质年代表，见表4.2。其内容包括地质年代单位、名称、代号和绝对年龄值等。

表 4.2 地质年代表

地质年代、地层单位及其代号				同位素年龄/Ma		构造阶段		生物演化阶段	
宙(宇)	代(界)	纪(系)	世(统)	时间间距	距今年龄	大阶段	阶段	动物	植物
显生宙(PH)	新生代(Kz)	第四纪(Q)	全新世(Q_4/Q_h)	2～3	0.012	联合古陆解体	喜马拉雅阶段(新阿尔卑斯阶段)	人类出现	被子植物繁盛
			更新世($Q_1 Q_2 Q_3/Q_p$)		2.48(1.64)			哺乳动物繁盛	
		晚第三纪(N)	上新世(N_2)	2.82	5.3				
			中新世(N_1)	18	23.3				
		早第三纪(E)	渐新世(E_3)	13.2	36.5				
			始新世(E_2)	16.5	53				
			古新世(E_1)	12	65				
	中生代(Mz)	白垩纪(K)	晚白垩世(K_2)	70	135(140)		燕山阶段(老阿尔卑斯阶段)	爬行动物繁盛	裸子植物繁盛
			早白垩世(K_1)						
		侏罗纪(J)	晚侏罗世(J_3)	73	208				
			中侏罗世(J_2)						
			早侏罗世(J_1)						
		三叠纪(T)	晚三叠世(T_3)	42	250		印支阶段		
			中三叠世(T_2)			联合古陆形成			
			早三叠世(T_1)						
	古生代(Pz) 晚古生代(Pz_2)	二叠纪(P)	晚二叠世(P_2)	40	290		印支—海西阶段 海西阶段	两栖动物繁盛	蕨类植物繁盛
			早二叠世(P_1)						
		石炭纪(C)	晚石炭世(C_3)	72	362(355)				
			中石炭世(C_2)						
			早石炭世(C_1)						
		泥盆纪(D)	晚泥盆世(D_3)	47	409			鱼类繁盛	裸蕨植物繁盛
			中泥盆世(D_2)						
			早泥盆世(D_1)						
	早古生代(Pz_1)	志留纪(S)	晚志留世(S_3)	30	439		加里东阶段	海生无脊椎动物繁盛	藻类及菌类繁盛
			中志留世(S_2)						
			早志留世(S_1)						
		奥陶(O)	晚奥陶世(O_3)	71	510			硬壳动物繁盛	
			中奥陶世(O_2)						
			早奥陶世(O_1)						

（动物演化中无脊椎动物继续演化发展贯穿古生代至新生代）

68

地质年代、地层单位及其代号				同位素年龄/Ma		构造阶段		生物演化阶段	
宙(字)	代(界)	纪(系)	世(统)	时间间距	距今年龄	大阶段	阶段	动物	植物
		寒武纪(∈)	晚寒武世($\in_3$)	60	570(600)				
			中寒武世($\in_2$)						
			早寒武世($\in_1$)						
元古宙(PT)	元古代(Pt)	新元古代(Pt₃)	震旦纪(Z/Sn)	230	800	地台形成	普宁阶段	裸露动物繁盛	真核生物出现（绿藻）
			青白口纪	200	1 000				
		中元古代(Pt₂)	蓟县纪	400	1 400				
			长城纪	400	1 800				
		古元古代(Pt₁)		700	2 500		吕梁阶段		
太古宙(AR)	太古代(Ar)	新太古代(Ar₂)		500	3 000			原核生出现	
		古太古代(Ar₁)		800	3 800	2 800 陆核形成		生命现象开始出现	
冥古宙(HD)					4 600				

4.3　岩层产状

4.3.1　岩层产状的表示

1. 岩层产状的定义

岩层产状是指产出地点的岩层面在三维空间的方位。由于岩层沉积环境和所受的构造运动不同，可以有不同的产状。岩层的产状是以岩层面在三维空间的延伸方向及其与水平面的交角关系来确定的。岩层的产状用岩层的走向、倾向和倾角三个要素来表示，如图 4.6 所示。

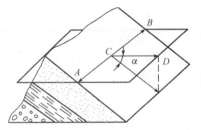

图 4.6　岩层的产状要素

AB—走向线；CD—倾向线；α—倾角

（1）走向。岩层层面与任一假想水平面的交线称为走向线，也就是同一层面上等高两点的连线，走向线两端延伸的方向称为岩层的走向，岩层的走向也有两个方向，彼此相差 180°。岩层的走向表示岩层在空间的水平延伸方向，如图 4.6 中的 AB 线。

（2）倾向。层面上与走向线垂直并沿斜面向下所引的直线叫作倾斜线，它表示岩层的最大坡度，倾斜线在水平面上的投影所指示的方向称岩层的倾向（又叫作真倾向，真倾向只有一个），倾向表示岩层向哪个方向倾斜。其他斜交于岩层走向线并沿斜面向下所引的任一直线，叫作视倾斜线；它在水平面上的投影所指的方向，叫作视倾向。无论是倾向还是视倾向，都是有指向的，即只有一个方向，如图 4.6 中的 CD 线。

（3）倾角。层面上的倾斜线和它在水平面上投影的夹角，称为倾角，又称真倾角；倾角的大小表示岩层的倾斜程度。视倾斜线和它在水平面上投影的夹角，称为视倾角。真倾角只有一个，而视倾角可有无数个，任何一个视倾角都小于该层面的真倾角，如图 4.6 中的 α 倾角。

2. 岩层产状的表示方法

在地质图上，岩层的产状常用符号"┠30"表示，长线表示岩层的走向，与长线垂直的短线表示岩层的倾向，数字表示岩层的倾角。

在文字记录中，岩层产状有以下两种表示方法：

（1）方位角表示法。这是岩层产状记录中最常用的方法。一般只记倾向和倾角。如 200°∠30°，表示某岩层的倾向为 SW200°，倾角为 30°，其走向用倾向加减 90°。计算得出 290° 或 110°。

（2）象限角表示法。以南、北的方向作为标准，记为 0°。一般记录走向、倾向、倾角。如 N40°E/30°SE，即表示某岩层走向为北偏东 40°，倾角为 30°，倾向南东。

目前，象限角表示法很少被应用，通常都采用方位角表示法。

4.3.2　岩层产状的测定方法

野外地质调查的一项重要工作是测量岩层产状，岩层产状是在野外直接用地质罗盘在岩层层面上测量出来的。其走向、倾向、倾角的测定方法如下：

确定岩层的真正露头，选择层面产状有代表性的平整的岩层层面。将地质罗盘的长边（即罗盘的刻度的南北方向）紧贴岩层层面，并使罗盘水平（气泡居中），罗盘的指南针或指北针所指的方位角，即为所测的岩层走向；将罗盘的北端朝向岩层的倾斜方向，罗盘的短边紧贴岩层层面，并使罗盘水平（气泡居中），罗盘指北针所指的方位角，即为所测的岩层倾向；将罗盘的长边沿着最大倾斜方向（与走向线垂直）紧贴岩层层面，并旋转倾角指针，至垂直气泡居中(或放松悬锤倾角指针),此时倾角指示针所指的度数即为所测岩层的倾角。

地质罗盘结构如图 4.7 所示。

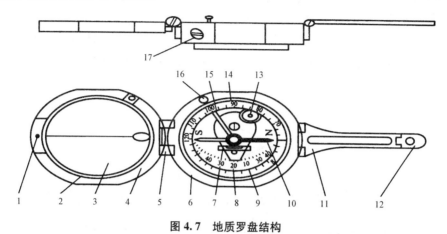

图 4.7 地质罗盘结构

1—瞄准钉;2—固定圈;3—反光镜;4—上盖;5—连接合页;6—外壳;7—长水准器;
8—倾角指示器;9—压紧圈;10—磁针;11—长准照合页;12—短准照合页;13—圆水准器;
14—方位刻度环;15—开关螺钉;16—磁针固定螺旋;17—磁偏角调整器

4.4 褶皱构造

岩层受力而发生的弯曲变形称为褶皱(图 4.8)。

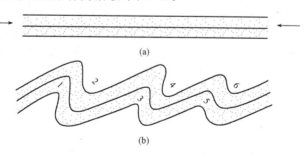

图 4.8 褶皱中背斜(1、3、5)与向斜(2、4、6)共存

(a)水平岩层受力挤压;(b)岩层的弯曲一个接一个

4.4.1 褶皱的组成要素

为描述褶皱的空间形态,通常把褶皱的各组成部分称为褶皱要素(图 4.9),现选择主要褶皱要素介绍如下:

(1)核部,为褶皱中心部位的地层。当剥蚀后,常把出露在地面的褶皱中心部分的地层称为核。

(2)翼部，为褶皱核部两侧的地层。

(3)枢纽，同一褶皱层面的最大弯曲点的连线叫作枢纽。枢纽可以是直线，也可以是曲线；可以是水平线，也可以是倾斜线。

(4)轴面，褶皱内各相邻褶皱面上的枢纽连成的面称为轴面。轴面是一个设想的标志面，它可以是平面，也可以是曲面。轴面与地面或其他任何面的交线称为轴迹。

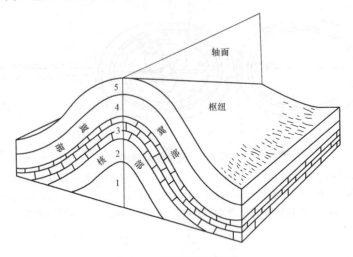

图 4.9　褶皱要素示意图

4.4.2　褶皱的形态分布

在褶皱较强烈的地区，一般的情况都是线形的背斜与向斜相间排列，以大体一致的走向平行延伸，有规律地组合成不同形式的褶皱构造。如果褶皱剧烈，或在早期褶皱的基础上再经褶皱变动，就会形成更为复杂的褶皱构造，我国的一些著名山脉，如昆仑山、祁连山、秦岭等，都是这种复杂的褶皱构造山脉。常见的褶皱组合类型如下：

(1)复背斜和复向斜，是规模巨大的翼部为次一级甚至更次一级褶曲所复杂化的背斜（向斜）构造，如图 4.10 所示。从平面上看，多呈紧密相邻同等发育的线形褶曲；从横剖面看，复背斜的褶曲轴面多向下形成扇状收敛；而复向斜的褶曲轴面多向上形成倒扇状收敛。

(a)　　　　　　　　　　　　　　　　　　(b)

图 4.10　复背斜与复向斜

(a)复背斜；(b)复向斜

(2)隔挡式褶皱和隔槽式褶皱，在四川东部、贵州北部以及北京西山等地，可以看到由一系列褶曲轴平行，但发育程度不等的背斜和向斜所组成的褶皱。有的是由宽阔平缓的向斜和狭窄紧闭的背斜交互组成的，称为隔挡式褶皱；有的是由宽阔平缓的背斜和狭窄紧闭的向斜组成的，称为隔槽式褶皱，如图 4.11 所示。

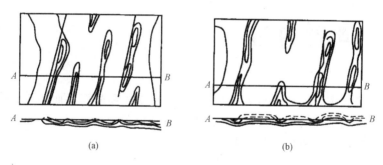

图 4.11 隔挡式与隔槽式褶皱

(a)隔挡式褶皱；(b)隔槽式褶皱

4.4.3 褶皱的野外识别

由于遭受地面风化剥蚀的破坏，现存褶皱的外观会发生很大变化，往往残缺不全，再加上浮土层的覆盖，在野外识别褶皱会有一定的困难。为识别褶皱的构造形态，一般是对地层分布规律、地层层序、岩性及露头产状特征，进行系统测量、分析，最终得出其全貌。

首先可采用路线穿越法观察全区的地层出露规律，在垂直岩层走向方向上进行观察，了解岩层产状变化和新老地层的分布特征。若地底呈现有规律的对称重复，则该区必有褶皱。例如某地褶皱构造立面图(图 4.12)，区内岩层走向近东西方向。从南往北进行观察，发现以志留系(S)和石炭系(C)地层为两个对称中线，两侧地层分别呈对称重复出现，故该地区内有两褶曲。

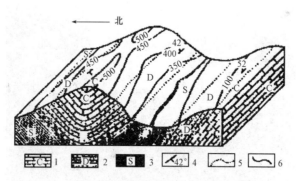

图 4.12 某地褶皱构造立面图

1—石灰系；2—泥盆系；3—志留系；4—岩层产状；5—岩层界线；6—地形等高线

在确定有褶曲后，可进一步观察新老地层分布规律。该区南部以志留系地层为中心，两侧依次为泥盆系(D)和石炭系地层，故为背斜。该区北部以石炭系地层为中心，两侧依次为泥盆系和志留系地层，故为向斜。根据路线剖面观察中所测得的岩层产状，结合各类褶曲的基本特征，可确定该向斜为直立水平向斜，前斜为倒转水平背斜。

4.5 断裂构造

断裂构造是地壳中岩层或岩体受力达到破裂强度发生断裂变形而形成的构造，在地壳中分布很广。断裂构造的规模有大有小，巨型的可达上千千米以上，微细的要在显微镜下才能看出。常见的断裂构造有节理和断层两类。

4.5.1 节理

节理是指岩层受力断开后，裂面两侧岩层沿断裂面没有明显的相对位移时的断裂构造。节理的断裂面称为节理面。节理分布普通，几乎所有岩层中都有节理发育。节理的延伸范围变化较大，由几厘米到几十米不等。节理面在空间的状态称为节理产状，其定义和测量方法与岩层面产状类似。节理常把岩层分割成形状不同、大小不等的岩块，小块岩石的强度与包含节理的岩体的强度明显不同。岩石边坡失稳和隧道洞顶坍塌往往与节理有关。

1. 节理分类

节理可按成因、力学性质、与岩层产状的关系和张开程度等分类。

(1)按成因分类。节理按成因可分为原生节理、构造节理和表生节理，也有学者分为原生节理和次生节理。次生节理再分为构造节理和非构造节理。

1)原生节理：指岩石形成过程中形成的节理。玄武岩在冷却凝固时体积收缩形成的柱状节理，如图4.13所示。

图 4.13 玄武岩柱状节理

2)构造节理：指由构造运动产生的构造应力形成的节理。构造节理常常成组出现，可将其中一个方向的平行节理称为一组节理。同一期构造应力形成的各组节理有力学成因上的联系，并按一定规律组合，例如，同一构造应力形成的两组相交节理被称为一组共轭X剪切节理，其锐角方向一般为构造应力方向，如图4.14所示。不同时期的节理常对称错开，如图4.15所示。

图 4.14 共轭 X 剪切节理

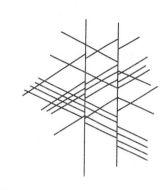

图 4.15 不同时期的节理常对称错开

3)表生节理:由卸荷、风化、爆破、溶蚀等作用形成的节理,分别称为卸荷节理、风化节理、爆破节理、溶蚀节理等,也称这种节理为裂隙,属于非构造的次生节理。表生节理一般分布在地表浅层,大多无一定方向性,向地下深处逐渐消失。

(2)按力学性质分类。

1)张节理:是垂直于主张应力方向上发生张裂而生成的节理,可以是构造节理,也可以是原生节理、表生节理。其主要特征是产状不很稳定,在平面上和剖向上的延展均不远;节理面粗糙不平,擦痕不发育,两壁常张开而不闭合,节理两壁裂开距离较大,且裂缝的宽度变化也较大,小则几厘米,大则几十厘米。

2)剪节理:剪节理是剪应力产生的破裂面,产状稳定,一般为构造节理。在平面和剖面上延续均较长,即走向和倾向延伸较远;节理面较平直光滑,有时具有剪切滑动留下的擦痕、镜面等现象,节理两壁之间紧密闭合。

(3)按与岩层产状关系分类。节理的名称根据分类的不同原则而异。以节理与岩层的产状要素的关系将节理划分为四种,如图 4.16 所示。

1)走向节理:节理的走向与岩层的走向一致或大体一致。

2)倾向节理:节理的走向大致与岩层的走向垂直,即与岩层的倾向一致。

3)斜向节理:节理的走向与岩层的走向既非平行,亦非垂立,而是斜交。

4)顺层节理:节理面大致平行于岩层层面。

(4)按张开程度(图 4.17),可分为如下三种:

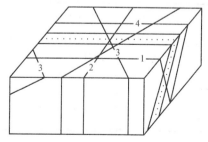

图 4.16 根据岩层产状分类

1—走向节理;2—倾向节理;3—斜向节理;
4—顺层节理

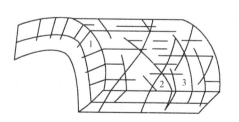

图 4.17 根据张开程度分类

1—纵节理;2—斜节理;3—横节理

1)纵节理：二者大致平行。

2)横节理：二者大致垂直。

3)斜节理：二者斜交。

2. 节理的发育程度等级

根据节理的组数、密度、长度、张开度及充填情况，将节理发育情况分级，具体见表4.3。

表4.3　节理发育程度等级

节理发育程度等级	基本特征
节理不发育	节理1～2组，规则，为构造型，间距在1 m以上，多为密闭节理，岩体切割成大块状
节理较发育	节理2～3组，呈X形，较规则，以构造型为主，多数间距大于0.4 m，多为密闭节理，部分为微张节理，少有填充物，岩体切割成大块状
节理发育	节理3组以上，不规则，呈X形或米字形，以构造型或风化型为主，多数间距小于0.4 m，大部分为张开节理，部分有填充物。岩体切割成块石状
节理很发育	节理3组以上，杂乱，以风化型和构造型为主，多数间距小于0.2 m，以张开节理为主，有个别宽张节理，一般均有填充物，岩体切割成碎裂状

3. 节理统计

节理对工程岩体稳定和渗漏的影响程度取决于节理的成因、形态、数量、大小、连通以及充填等特征。通过岩土工程勘察查明这些特征后，应对节理的密度和产状进行统计分析，以便评价它们对工程的影响。

节理统计可以清晰、直观地表示统计地段各组节理的产状。常用的有节理玫瑰图、节理极点图和节理等密度图等，这里只介绍节理玫瑰图。

首先，进行资料整理，将测点上所测的节理走向都换算成北东和北西象限的角度，按走向大小，以10°为一组统计各组节理条数，见表4.4。其次，确定作图比例尺，以等长或稍长于按线条比例尺表示最多那一组节理条数的线段长度为半径，画一个上半圆，通过圆心标出东、北、西三个方向，并标出10°倍数的方位角。最后将表示各组节理条数的点标在相应走向方向角中间值的半径上。走向北东41°～50°的节理有35条，按比例点在北东45°，连接相邻组的点即成节理走向玫瑰图。

表4.4　某坝址节理统计表

正向/(°)	条数	正向/(°)	条数	正向/(°)	条数	正向/(°)	条数
0～10	0	51～60	19	281～290	0	331～340	22
11～20	0	61～70	10	291～300	14	341～350	30
21～30	20	71～80	20	301～310	10	351～360	0
31～40	25	81～90	30	311～320	30		
41～50	35	271～280	0	321～330	50		

为表示最发育节理的倾向和倾角，将该组节理走向沿半径延伸出半圆以外，沿径向按比例划分出9个刻度(0°，10°，…，90°)代表倾角，切线方向代表倾向，并按比例取一定长

度代表条数。表 4.4 中最发育的一组节理的走向区间为 321°～330°，倾向北东的有两组，它们的倾角和条数分别为 21°～30°、25 条和 71°～80°、10 条。倾向南西的只有一组，其倾角为 51°～60°，条数为 15 条。

4.5.2 断层

断层是指岩层受力断开后，断裂面两侧岩层沿断裂面有明显相对位移时的断裂构造。断层广泛发育，规模相差很大。大的断层延伸数百千米甚至上千千米，小的断层在手标本上就能见到。有的断层切穿了地壳岩石圈，有的则发育在地表浅层。断层是一种重要的地质构造，对工程建筑的稳定性起着重要作用。地震与活动性断层有关，滑坡、隧道中大多数的坍方、涌水均与断层有关。

1. 断层要素

为阐明断层的空间分布状态和断层两侧岩层的运动特征，给断层各组成部分赋予一定名称，这些断层的组成部分称为断层要素。

(1)断层面。断层面是指断层中两侧岩层沿其运动的破裂面。它可以是一个平面，也可以是一个曲面。断层面的产状用走向、倾向、倾角表示，其测量方法和表述方法与岩层产状相同。有些断层的断层面间有一定宽度的破碎带，称为断层破碎带，其破碎的岩石称为断层角砾岩或构造角砾岩，简称构造岩。

(2)断层线。断层线是指断层面与地平面或垂直面的交线，代表断层面在地面或垂直面上的延伸方向。它可以是直线，也可以是曲线。

(3)断盘。断盘是指断层两侧有相对位移的岩层。当断层面倾斜时，位于断层面上方的岩层称为上盘，位于断层面下方的岩层称为下盘。

(4)断距。断距是指岩层的同一点被断层断开后的位移量。其移动的直线距离称为总断距，其水平分量称为水平断距，其垂直分量称为垂直断距。

2. 断层的基本类型

断层的分类方法很多，不同类型的断层名称也很多。通常是以断层两盘相对位移关系、断层走向与褶曲轴向的关系进行分类。

(1)按断层两盘相对位移方向分类。按断层两盘相对位移方向分类可分为正断层、逆断层和平移断层。

1)正断层。正断层是指上盘沿断层面相对下降，下盘相对上升的断层[图 4.18(a)]。正断层是在重力作用或水平张力作用下形成的，在垂直于拉张应力的方向上发育，其断层线较平直，断层面倾角较陡，一般大于 45°。

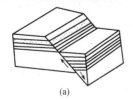
(a)

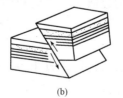
(b)

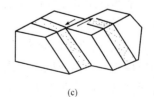
(c)

图 4.18　断层的基本类型
(a)正断层；(b)逆断层；(c)平移断层

2)逆断层。上盘相对上升，下盘相对下降的断层称为逆断层，如图4.18(b)所示。逆断层主要是在水平挤压力作用下形成的，常与皱褶伴生。逆断层又可根据断层面的倾角分为冲断层、逆掩断层和辗掩断层三类。

①冲断层：指断层面倾角大于45°的逆断层。

②逆掩断层：指断层面倾角为25°～45°的逆断层。常由倒转褶曲进一步发展而成。

③辗掩断层：指断层面倾角小于25°的逆断层。一般规模巨大，常有时代老的地层被推覆到时代新的地层之上，形成推覆构造，如图4.19所示。

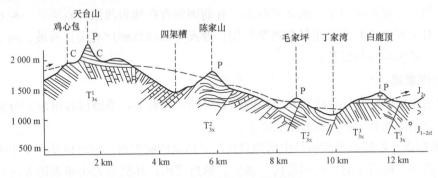

图4.19　四川彭州逆冲推覆构造

当一系列逆断层大致平行排列，在横剖面上看，各断层的上盘依次上冲时，其组合形式称为迭瓦式断层，如图4.20所示。

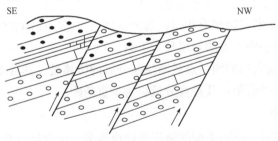

图4.20　迭瓦式断层

3)平移断层。断层两盘沿断层面走向在水平方向上发生相对位移，而无明显上、下位移的断层叫作平移断层，如图4.18(c)所示。平移断层的断层面倾角常近于直立，断层线也较为平直，断块常用其所在方位表示，如东盘、西盘等。

正断层、逆断层、平移断层是受单向应力作用而产生的，是断层的三个基本类型。野外常见到平移断层和正断层或逆断居的过渡类型，分别称为平移正断层、平移逆断层或正平移断层、逆平移断层等。

(2)按断层力学性质分类。

1)压性断层：由压应力作用形成，其走向垂直于主压应力方向，多呈逆断层形式，断面为舒缓波状，断裂带宽大，常有角砾岩。

2)张性断层：在张应力作用下形成，其走向垂直于张应力方向，常为正断层形式，断层面粗糙，多呈锯齿状。

3)扭性断层：在剪应力作用下形成，与主压应力方向交角小于45°，常成对出现，断层面平直光滑，常有大量擦痕。

(3)按断层面走向与褶曲轴走向的关系分类。

1)纵断层。断层走向与褶曲轴走向平行的断层。

2)横断层。断层走向与褶曲轴走向垂直的断层。

3)斜断层。断层走向与褶曲轴走向斜交的断层。

当断层面切割褶曲轴时，在断层上、下盘同一地层出露界线的宽窄常发生变化，背斜上升盘核部地层变宽，向斜上升盘核部地层变窄，如图4.21所示。

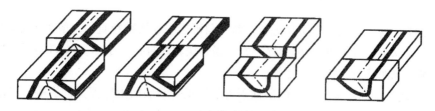

图4.21 褶曲被横断层错断引起的效应

(4)按断层面产状与岩层产状的关系分类。

1)走向断层。断层走向与岩层走向一致的断层，如图4.22中的F_1断层。

2)倾向断层。断层走向与岩层倾向一致的断层，如图4.22中的F_2断层。

3)斜向断层。断层走向与岩层走向斜交的断层，如图4.22中的F_3断层。

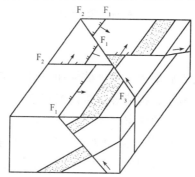

图4.22 断层引起的不连续现象

F_1—走向断层；F_2—倾向断层；F_3—斜向断层

3. 断层的伴生现象

当断层通过时，在断层面(带)及其附近常形成一些构造伴生现象，也可作为断层存在的标志。

(1)擦痕、阶步和摩擦镜面。断层上、下盘沿断层面做相对运动时，因摩擦作用，在断层面上形成一些刻痕、小阶梯或磨光的平面，分别称为擦痕、阶步和摩擦镜面，如图4.23所示。

(2)断层角砾岩(构造角砾岩)。因地应力沿断层面集中释放，常造成断层面处岩体十分破碎，形成一个破碎带，称为断层破碎带。破碎带宽十几厘米至几百米不等，破碎带内碎

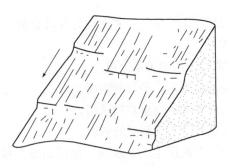

图 4.23　擦痕与阶步

裂的岩、土体经胶结后成为断层角砾岩。断层角砾岩中碎块颗粒直径一般大于 2 mm；当碎块颗粒直径为 0.1～2 mm 时，称为碎裂岩；当碎块颗粒直径小于 0.1 mm 时，称为糜棱岩；当颗粒均研磨成泥状时，称为断层泥。

（3）牵引现象。断层运动时，断层面附近的岩层受断层面上摩擦力的影响，在断层面附近形成弯曲现象，称为断层牵引现象，其弯曲方向一般为本盘运动方向，如图 4.24 所示。

图 4.24　牵引现象

4. 断层的标志

在自然界，大部分断层由于后期遭受剥蚀破坏和覆盖，在地表上暴露得不清楚，认识它们比较困难。因此，需根据地层、构造等直接证据和地貌、水文等方面的间接证据来证实判断断层的存在，判断断层存在的标志以及断层类型。

（1）构造（线）不连续。各种地质体，诸如地层、矿层、矿脉、侵入体与围岩的接触界线等都有一定的形状和分布方向。一旦断层发生，它们就会突然中断、错开，即造成构造（线）的不连续现象，这是判断断层现象的直接标志。

（2）地层的重复或缺失。这是很重要的断层证据，虽然褶皱构造也有地层的重复现象，但它是对称性的重复，而断层的地层重复却是单向性的。沉积间断或不整合构造也可造成地层缺失，但这两类地层缺失都是区域性的，而断层造成的地层缺失则是局部性的。

（3）断层面（带）上的构造特征。由于断层面两侧岩块的相互滑动和摩擦，在断层面上及其附近留下的各种证据。这是识别断层的直观证据，即在眼的"方寸"之地内所能见到的若干构造现象，最常见的有断层擦痕与阶步及牵引构造。

5. 断层的识别

在野外调查断层时，首先要确定断层的存在，然后才能对断层进行进一步的研究。调查时可利用如下特征作为识别断层的标志。

（1）沿岩层走向追索，若发现岩层突然中断，而与另一岩层相接触，则说明有横穿断层走向的断层或与岩层走向斜交的断层存在。

(2)沿垂直于岩层走向的方向进行观察，若岩层存在不对称的重复或缺失，则说明有平行于岩层走向的断层存在。

(3)由于构造应力的作用，沿断层面或断层破碎带及其两侧，常常出现一些伴生的构造变动现象，例如，其一，断层两盘相对错动时，在断层面上留下的摩擦痕迹称为擦痕。有时在断层面上存在有垂直擦痕方向的小台阶，称为阶步，如图4.25所示；其二，断层角砾岩、断层泥、糜棱岩等构造岩的分布；其三，断层两盘相对错动时，沿断层面产生巨大的摩擦力，邻近断层的两侧地层因受摩擦力的牵引，发生塑性的拖曳和拉伸而形成的弧形弯曲现象，称为断层牵引褶皱，如图4.26所示。在野外工作中，如发现上述现象，即应进一步研究是否有断层存在。

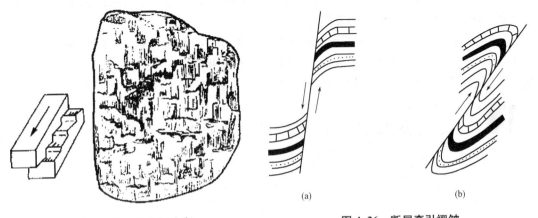

图4.25　断层擦痕和阶步

(a)　　　　　　　　　　(b)

图4.26　断层牵引褶皱

(a)正断层；(b)逆断层

(4)在地貌上，断层常形成断层崖、三角面山、山脉的中断或错开，以及山地突然与平原相接触等现象。

(5)沿断层带常形成沟谷、洼地，或出现线状分布的湖泊、泉水等。

(6)某些喜湿性植物呈带状分布。

4.6　地 质 图

地质图是把一个地区的各种地质现象，如地层、地质构造等，按一定比例缩小，用规定的符号、颜色和各种花纹、线条表示在地形图上的一种图件。一幅完整的地质图包括平面图、剖面图和综合地层柱状图，并标明图名、比例、图例和接图等。平面图反映地表相应位置分布的地质现象，剖面图反映某地表以下的地质特征，综合地层柱状图反映测区内所有出露地层的顺序、厚度、岩性和接触关系等。

4.6.1 地质图的种类

地质图的种类繁多，但用于不同的工作目的，绘制和采用的地质图也不同。工程中常用的有以下几种地质图。

1. 普通地质图

普通地质图是表示某地区的地形、地层岩性和地质构造条件的基本图件。它把出露于地表的不同地质时代的地层分界线、主要构造线等地质界线投影在地形图上，并附有一两个典型的地质剖面图和综合地层柱状图。它能提供建筑地区地层岩性和地质构造等基础资料。普通地质图又称为地形地质图。一幅完整的普通地质图一般包括地质平面图、地质剖面图和综合地层柱状图，以及图名、比例、图例和接图等。地质剖面图和综合地层柱状图主要用于对地质平面图的补充和说明。

（1）地质平面图。地质平面图反映地表相应位置分布的地质现象，主要反映地层岩性和地质构造。地层界线一般用细实线分开，地质年代用相应的符号表示，褶曲用地层界线反映，断层用断层线和相应的断面产状表示（断层线一般用红线表示）。岩层产状用岩层产状符号表示，如图 4.27 所示。

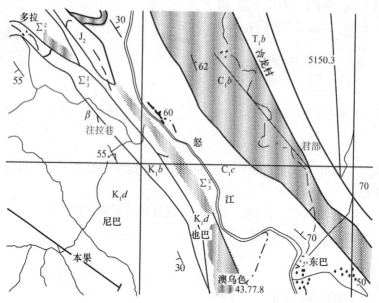

图 4.27　地质平面图

（2）地质剖面图。地质剖面图反映某段地表以下的地质特征。一般在平面图中地质构造复杂的地段才作地质剖面图，主要用于帮助了解平面图中复杂地段的地质构造形态和相互关系，如图 4.28 所示。

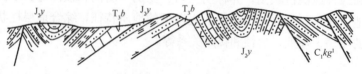

图 4.28　地质剖面图

（3）综合地层柱状图。综合地层柱状图是以柱状图的方式综合反映测区内所有出露地层的年代、顺序、厚度、岩性和接触关系的一种图件。地层顺序按从上到下、由新到老的原则排列，如图 4.29 所示。综合地层柱状图中岩性用规定的花纹符号表示，地层接触关系用规定的接触界线表示。例如，整合接触用细实线，平行不整合接触用虚线，角度不整合用齿线，侵入接触用 X 线，沉积接触用实线上方加点线。

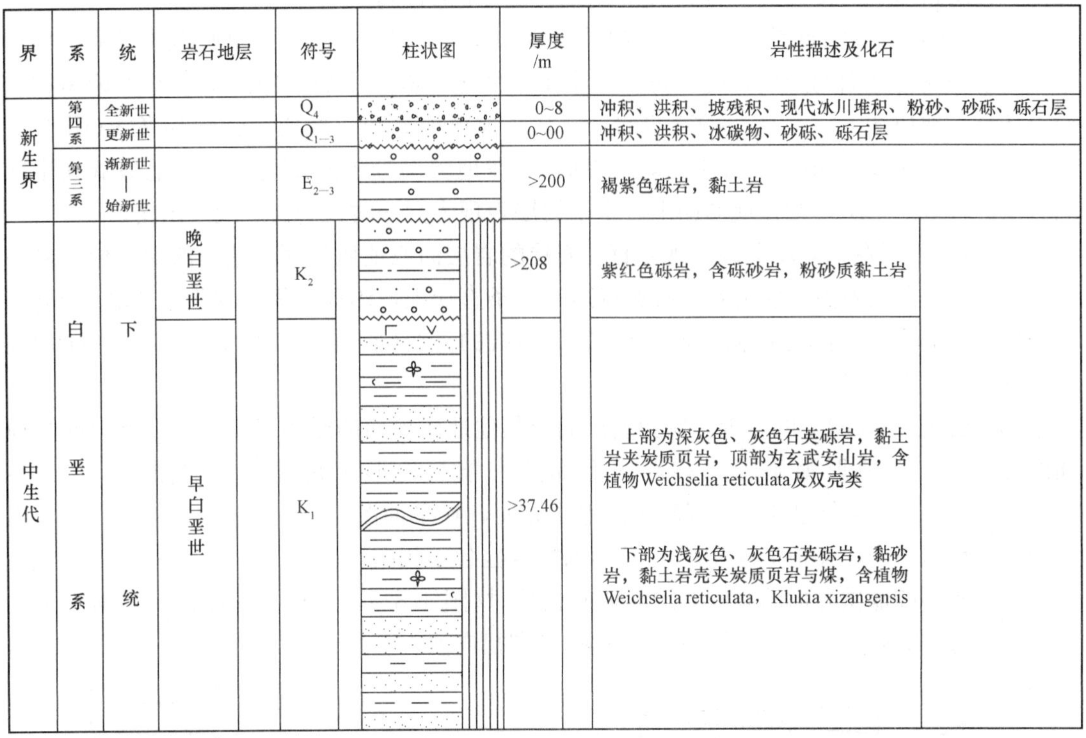

界	系	统	岩石地层	符号	柱状图	厚度/m	岩性描述及化石	
新生界	第四系	全新世		Q_4		0~8	冲积、洪积、坡残积、现代冰川堆积、粉砂、砂砾、砾石层	
		更新世		Q_{1-3}		0~00	冲积、洪积、冰碛物、砂砾、砾石层	
	第三系	渐新世—始新世		E_{2-3}		>200	褐紫色砾岩，黏土岩	
中生代	白垩系	下统	晚白垩世	K_2		>208	紫红色砾岩，含砾砂岩，粉砂质黏土岩	
			早白垩世	K_1		>37.46	上部为深灰色、灰色石英砾岩，黏土岩夹炭质页岩，顶部为玄武安山岩，含植物Weichselia reticulata及双壳类 下部为浅灰色、灰色石英砾岩，黏砂岩，黏土岩壳夹炭质页岩与煤，含植物Weichselia reticulata，Klukia xizangensis	

图 4.29　综合地层柱状图

2. 工程地质图

工程地质图是根据不同的工程地质条件，为各种工程专门编制的地质图，它是在相应比例尺的地形图上表示各种工程地质勘察成果的综合图件。为工程建筑专用的地质图有房屋建筑、水坝、铁路公路、港口、机场工程地质图。工程地质图一般是在普通地质图的基础上，增加与各种工程建筑有关的工程地质内容，如道路工程地质图上还应标出滑坡、崩塌、泥石流等不良地质现象及其分布。

3. 水文地质图

水文地质图是表示一个地区水文地质条件和地下水形成、分布规律的地质图件。根据某项工程建筑需要而编制的水文地质图称为专门水文地质图。

4. 第四纪地质图

第四纪地质图是根据一个地区的第四系松散沉积物成因、形成的年代、成分、地貌的类型、岩性及分布情况而编制的综合图件。

各类地质图都应包括图名、图例、比例尺、方向和责任表等。

4.6.2　地质界面、地层接触关系、地质构造在地质图上的表现

1. 地质界面在地质图上的表现

各种产状的岩层或地质界面，因受地形影响，反映在地形地质图上的表现情况也各不相同，其出露形状的变化受地势起伏和岩层倾角大小的控制。

(1)水平岩层在地质图上的表现。如果地形有起伏，则水平岩层或水平地质界面的出形界线是水平面与地面的交线，此线位于一个水平面上，故水平岩层的露头形态无论是在地面上还是在地质图上，都是一条弯曲的、形状与地形等高线一致或重合的等高线(图4.30中A、B、C、D即表示水平岩层或地质界面)。在地势高处出露新岩层，在地势低处出露老岩层。若地形平坦，则在地质图上，水平岩层表现为同一时代的岩层成片出露。

(2)直立岩层在地质图上的表现。直立岩层的岩层面或地质界面与地面的交线位于同一个铅直面上，露头各点连线的水平投影都落在一条直线上，因此，无论地形平坦或有起伏，直立岩层的地质界线在图上永远是一条切割等高线的直线(如图4.30中E、F、G、H即表示直立岩层或地质界面)。

(3)倾斜岩层在图上的表现。倾斜岩层面或其他地质界面的露头线，是一个倾斜面与地面的交线，它在地形地质图上和地面上都是一条与地形等高线相交的曲(图4.31~图4.33)。在地形复杂地区，岩层露头或地质界面，在平面图上出现许多V形或U形，出于岩层产状的不同，在地形地质图上V形的特点也各不相向。

1)当岩层或地质界面的倾向与地面坡向相反时(图4.31)，岩层露头或地质界面露头线的弯曲方向与等高线一致，在河谷中V形的尖端指向河谷上游。

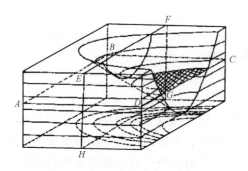

图4.30　水平岩层与直立岩层的露头
在平面图上的形态

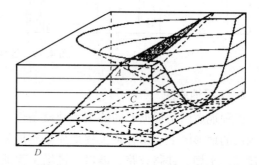

图4.31　岩层倾向于与地面坡向相反时
的露头形态

2)当岩层或地质界面的倾向与地面坡向一致时，若岩层倾角大于地面坡度，则岩层或地质界面露头线的弯曲方向与地形等高线的弯曲方向相反，且岩层或地质界面的露头，在河谷中形成尖端指向下游的V形(图4.32)。

3)当岩层或地质界面倾向与坡向一致，倾角小于地面坡度时，岩层或地质界面露头线的弯曲与地形高线弯曲相似。岩层露头在河谷中形成尖端指向上游的V形(图4.33)，与图4.31图形相似，不同之处是：图4.33中的V形地质界线较等高线狭窄，而且是自山里向外，可见，岩层或地质界面所切割的等高线逐次降低。而图4.31中岩层或地质界面所形

成的 V 形露头则较开阔。

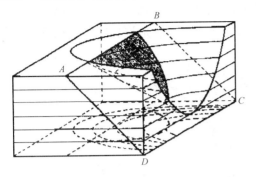 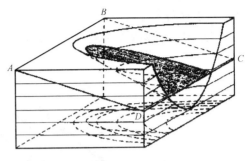

图 4.32　岩层倾向与坡向相同，岩层倾角　　　　图 4.33　岩层倾向与坡向相同，岩层倾角
　　　　大于地面坡度时的露头形态　　　　　　　　　　　小于地面坡度时的露头形态

2. 地层接触关系在地质图上的表现

新老地层之间有三种接触关系，即整合、假整合（平行不整合）、不整合（斜交不整合），在地质平面图上的表现，如图 4.34 所示（A—B 为不整合面）。整合接触是各年代地层连续无缺，岩层产状一致，地层界线彼此平行作带状分布；平行不整合是上、下岩层产状一致，地层界线彼此平行，但有地层缺失；斜交不整合，不仅上、下两套地层的地质年代不连续，缺失了地层，而且上、下岩层产状呈一定角度斜交。

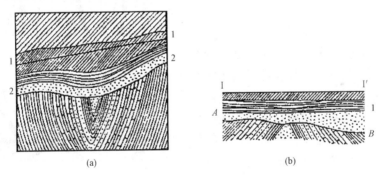

(a)　　　　　　　　　　　　(b)

图 4.34　不整合接触在地质图上的表现

(a)平面图；(b)剖面图

1—新岩层；2—挤压成皱褶的古老岩系

3. 地质构造在地质图上的表现

在地质图上各种地质构造是通过地层界线、地层年代符号、岩性符号和地质构造符号等，反映出其形态特征和分布情况。

(1)褶曲在地质图上的表现。如果褶曲形成后地面还未受侵蚀，那么地面上露出的是成片当地最新地层，这时只能根据地质图上所标出的各部分岩层的产状要素来判断褶曲构造，但这种情况是极少见的。大部分地区褶曲构造形成后，地表都已受到了侵蚀，因此，构成褶曲的新老地层都有部分露出地表，则在地质图上主要根据地层分布的对称关系和新老地层的相对分布关系来判断褶曲构造。

1)水平褶曲在地质图上的表现。枢纽产状为水平的背斜和向斜，在地形平坦条件下，它们的两翼地层在地质图上都呈对称的平行条带出露(图4.35)，核部只有一条单独出现的地层，对于背斜来说，核部地层年代较老，两翼则依次出现较新地层。向斜则相反，核部地层年代较新，而两翼则依次为较老地层。

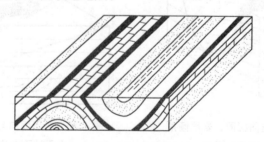

图4.35 枢纽水平褶曲地质图上的表现

注：此为在地形平坦条件下。

2)倾斜褶曲在地质图上的表现。倾斜褶曲在地形平坦条件下，其两翼地层在地质图上也呈对称出露，但不是平行条带，而似抛物线形(图4.36)。要判断其为倾伏背斜还是倾伏向斜，也应根据核部和两翼地层的相对新老关系来判断。

上述特征出现在地形平坦条件下，若地形有较大的起伏，情况就复杂了，原来是平行的地层界线变得弯弯曲曲，原来是近于抛物线的地层界线变得不规则了，但地层的新老对称关系不变。另外，短期褶曲的两翼地层在地质图上也呈对称状，其形状近于长椭圆形，判断是短轴背斜还是短轴向斜，同样根据地层的新老关系进行判断。

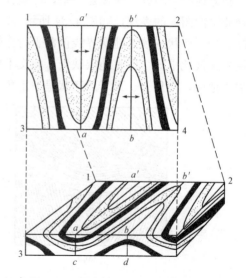

图4.36 倾斜褶曲在地质图上的表现

(2)断层在地质图上的表现。断层在地质图上用断层线表示。由于断层倾角一般较大，因此断层线在地形地质图上通常是直线或曲率小的曲线。但大部分地质图上都用一定的符号表示出断层的类型和产状要素。因此，根据符号就可以在地质图上认识断层。在没有用符号表示断层的产状及类型的地质图上，需要判断其产状要素及两盘相对位移方向。

出于断层两盘相对位移，在地质图上断层线的侧面总是存在地层的中断、重复、缺失或宽窄变化，如图4.37所示。但断层切割地层的关系较复杂，有断层走向大致平行地层走向，也有断层走向和地层走向垂直或斜交。因此，利用断层线两侧地层的中断、重复、缺失、宽窄变化来分析断层的性质和产状要素时，一定要根据具体情况细心加以判断，必要时作图切剖面进行分析。

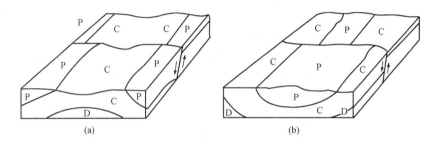

图 4.37 断层造成褶皱核部地层的宽窄变化示意图

(a)核部上盘变宽，下盘变窄；(b)核部上盘变窄，下盘变宽

4.6.3 地质图的阅读和实例分析

1. 阅读步骤及内容

地质图上内容多，线条、符号复杂，阅读时应遵循由浅入深、循序渐进的原则。一般步骤及内容如下：

(1)图名、比例尺、方位。了解图幅的地理位置，图幅类别，制图精度。图上方位一般用箭头指北表示，或用经纬线表示。若图上无方位标志，则以图正上方为正北方。

(2)地形、水系。通过图上地形等高线、河流径流线，了解地区地形起伏情况，建立地貌轮廓。地形起伏常常与岩性、构造有关。

(3)图例。图例是地质图中采用的各种符号、代号、花纹、线条及颜色等的说明。通过图例对在地质图中的地层、岩性、地质构造建立起初步概念。

(4)地质内容。一般按如下步骤进行：

1)地层岩性和接触关系。了解各年代地层及岩性的分布位置和地层间接触关系。

2)地质构造。了解褶曲及断层的位置、组成地层、产状、形态类型、规模、力学成因及相互关系等。

3)地质历史。根据地层、岩性、地质构造的特征，分析该地区地质发展历史。

2. 阅读地质图(资治地区地质图)

资治地区地质图如图 4.38 所示。

(1)图名、比例尺、方位。

图名：资治地区地质图。

比例尺：1∶10 000。图幅实际范围：1.8 km×2.05 km。

方位：图幅正上方为正北方。

(2)地形、水系。本区有三条南北向山脉，其中东侧山脉被支沟截断。相对高差为 350 m 左右，最高点在图幅东南侧山峰，海拔为 350 m。最低点在图幅西北侧山沟，海拔为±0.000 以下。本区有两条流向东北的山沟，其中东侧山沟上游有一条支沟及其分支沟，从北西方向汇入主沟。西侧山沟沿断层发育。

(3)图例。由图例可见，本区出露的沉积岩由新到老依次为二叠世(P)红色砂岩、上石炭世(C_3)石英砂岩、中石炭世(C_2)黑色页岩夹煤层、中奥陶世(O_2)厚层石灰岩、下奥陶世(O_1)薄层石灰岩、上寒武世($\in_3$)紫色页岩、中寒武世($\in_2$)鲕状灰岩。岩浆岩有前寒武世(r_2)花岗岩。地质构造方面有断层通过本区。

资治地区地质图
比例尺1:10 000

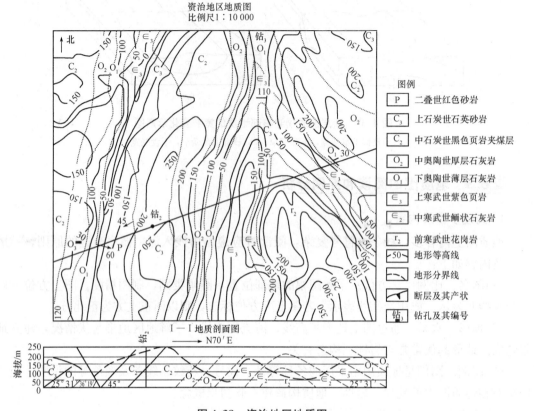

图4.38 资治地区地质图

（4）地质内容。

1）地层分布与接触关系。前寒武世花岗岩岩性较好，分布在本区东南侧山头一带。年代较新、岩性坚硬的上石炭世石英砂岩，分布在中部南北向山梁顶部和东北角高处。年代较老、岩性较弱的上寒武世紫色页岩，则分布在山沟底部。其余地层均位于山坡上。

从接触关系上看，花岗岩没有切割沉积岩的界线，且花岗岩形成年代早于沉积岩，其接触关系为沉积接触。中寒武世、上寒武世、下奥陶世、中奥陶世沉积时间连续，地层界线彼此平行，岩层产状彼此平行，是整合接触。中奥陶世与中石炭世之间缺失了上奥陶世至下石炭世的地层，沉积时间不连续，但地层界线平行、岩层产状平行，是平行不整合接触。中石炭世至二叠世又为整合接触关系。本区最老地层为前寒武世花岗岩，最新地层为二叠世红色石英砂岩。

2）地质构造。

①褶曲构造。由图4.38可以看出，图中以前寒武世花岗岩为中心，两边对称出现中寒武世至二叠世地层，其年代依次越来越新，故为一背斜构造。背斜轴线从南到北由北西转向正北。顺轴线方向观察，地层界线封闭弯曲，沿弯曲方向凸出，所以这是一个轴线近南北，并向北倾伏的背斜，此倾伏背斜两翼岩层倾向相反，倾角不等，东侧和东北侧岩层倾角较缓（30°），西侧岩层倾角较陡（45°），故为一倾斜倾伏背斜。

②断层构造。本区西部有一条北北东向断层，断层走向与褶曲轴线及岩层界线大致平行，属纵向断层。此断层的断层面倾向东，故东侧为上盘，西侧为下盘。比较断层线两侧的地层，东侧地层新，故为下降盘；西侧地层老，故为上升盘。因此该断层上盘下降，下盘上升，为正断层。从断层切割的地层界线看，断层生成年代应在二叠世后。由于断层两盘位移较大，说明断层规模大。断层带岩层破碎，沿断层形成沟谷。

3）地质历史。根据以上读图分析，本地区在中寒武世至中奥陶世之间地壳下降，为接受沉积环境，沉积物基底为前寒武世花岗岩。上奥陶世至下石炭世之间地壳上升，长期遭受风化剥蚀，没有沉积，缺失大量地层。中石炭世至二叠世之间地壳再次下降，接受沉积。这两次地壳升降运动并没有造成强烈褶曲及断层。中寒武世至中奥陶世期间以海相沉积为主，中石炭世至二叠世期间以陆相沉积为主。二叠世以后至今，地壳再次上升，长期遭受风化剥蚀，没有沉积。二叠世后先遭受东西向挤压力，形成倾斜倾伏背斜，后又遭受东西向拉张应力，形成纵向正断层。此后，本区就趋于相对稳定至今。

4.7 地质构造对土木工程建设的影响

地质构造对工程建筑物的稳定有很大的影响，由于工程位置选择不当，误将工程建筑物设置在地质构造不利的部位，引起建筑物失稳破坏的实例时有发生，对此必须有充分认识。

岩层产状与岩石路堑边坡的产状关系影响着边坡的稳定性。当岩层倾向与边坡坡向一致，岩层倾角等于或大于边坡坡角时，边坡一般是稳定的。若坡角大于岩层倾角，则岩层因失去支撑而产生滑动的趋势。如果岩层层间结合较弱或有软弱夹层时，易发生滑动。当岩层倾向与边坡坡向相反时，若岩层完整、层间结合好，边坡是稳定的；若岩层内有倾向坡外的节理，层间结合差，岩层倾角又很陡，岩层多呈细高柱状，容易发生倾倒破坏。开挖在水平岩层或直立岩层中的路堑边坡，一般是稳定的。

隧道位置与地质构造的关系密切。穿越水平岩层的隧道，应选择在岩性坚硬、完整的岩层中，如石灰岩或砂岩。在软、硬相间的情况下，隧道拱部应当尽量设置在硬岩中，设置在软岩中有可能坍塌。当隧道垂直穿越岩层时，在软、硬岩相间的不同岩层中，由于软岩层间结合差，在软岩部位，隧道拱顶常发生顺层坍塌。当隧道轴线顺岩层走向通过时，倾向洞内的一侧岩层易发生顺层坍滑，边墙承受偏压。

活断层对工程建筑的危害主要是错动变形和引起地震两方面。蠕变型的活断层，相对位移速率不大时，一般对工程建筑影响不大。当变形速率较大时，会出现地表裂缝和位移，可能导致建筑地基不均匀沉陷，使建筑物拉裂破坏。对于海岸附近的工业民用建筑及道路工程，若断层靠陆地一侧长期下沉，且变形速率较大，由于海水位相对升高，有可能遭受波浪及风暴潮等的危害。

突发型活断层快速错动时，常伴发较强烈的地震，地震再对工程建筑产生各种各样的破坏作用，因地震引起老断层错动或产生新的断层，断层错动的距离通常较大，多在几十厘米至几百厘米之间，可错断道路、楼房等一切建筑，这种危害是不可抗拒的。因此，在工程建筑地区有突发型活断层存在时，任何建筑原则上都应避免跨越活断层以及与其有构造活动联系的分支断层，应将工程建筑物选择在无断层穿过的位置。

思考与练习题

1. 近代的地层主要形成于哪个地质年代？
2. 什么是节理？其对工程有什么影响？
3. 在地质图上，如何判定断层的主要类型？
4. 如何制作一张地质图？

第5章 地下水

自然界的水分布于大气圈、水圈和岩石圈之中，分别称为大气水、地表水和地下水。水文地质学中所研究的地下水，是自然界中水的一部分，它与大气水、地表水是相互联系的统一体。地下水的形成与自然界水的运移变化密切相关，同时，它又需要具备一定的补给来源、蓄水空间和储存条件。当研究地下水时，必须同时研究大气水与地表水，否则就不能解决地下水的有关问题。

地下水既是重要的自然资源，也是地质环境的重要组成部分之一，且能影响环境的稳定性。地下水直接影响土木工程中地基承载力、滑坡、沉降、地面塌陷等，地下水位高低、水量大小、地下水的化学成分等亦影响基础工程的设计与施工。

5.1 地下水的类型

地下水有多种分类方法，这里仅按埋藏条件和含水层性质进行分类。

所谓地下水的埋藏条件，是指含水层在地质剖面中所处的部位及受隔水层限制的情况。据此可将地下水分为上层滞水、潜水、承压水。根据含水介质的不同，可将地下水分为孔隙水、裂隙水及岩溶水。将两者组合可分出9类地下水，如孔隙上层滞水、潜水、承压水等（表5.1）。

表 5.1　地下水分类

含水层孔隙性质 埋藏条件	孔隙水 （松散沉积物孔隙中的水）	裂隙水 （坚硬基岩裂隙中的水）	岩溶水 （可溶岩溶隙中的水）
上层滞水	包气带中局部隔水层上的重力水，主要是季节性存在	裸露于地表的裂隙岩层浅部季节性存在的重力水	裸露的岩溶化岩层上部岩溶通道中季节性存在的重力水
潜水	各类松散沉积物浅部的水	裸露于地表的各类裂隙岩层中的水	裸露于地表的岩溶化岩层中的水
承压水	山间盆地及平原松散沉积物深部的水	组成构造盆地、向斜构造成单斜断块的被掩覆的各类裂隙岩层中的水	组成构造盆地、向斜构造或单斜断块被掩覆的岩溶化岩层中的水

5.1.1 按埋藏条件分类

1. 上层滞水

当包气带存在局部隔水层时，局部隔水层上会积聚具有自由水面的重力水，这便是上层滞水，如图5.1所示。上层滞水的分布最接近地表，接受大气降水的补给，通过蒸发或向隔水底板的边缘下面排泄。其分布区与补给区一致，分布范围一般不大。其分布范围和存在时间取决于隔水层的厚度和面积的大小。如果隔水层的厚度小、面积小，则上层滞水的分布范围较小，而且存在时间较短；如果隔水层的厚度大、面积大，则上层滞水的分布范围就较大，而且存在时间也较长。

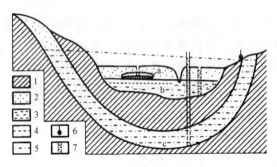

图 5.1　潜水、承压水及上层滞水

1—隔水层；2—透水层；3—饱水部分；4—潜水位；5—承压水测压水位；

6—泉(上升泉)；7—水井，实线表示井壁隔水

a—上层滞水；b—潜水；c—承压水

上层滞水主要特征是受气候控制，季节性明显、变化大，雨期水量多，旱期水量少，甚至干涸。此带一般和潜水相连通，其下限往往就是潜水面。上层滞水接近地表，可使地基土强度减弱。在寒冷的北方地区，则易引起道路的冻胀和翻浆。另外，由于其水位变化幅度较大，故常对建筑物的施工有影响，应考虑排水的措施。

2. 潜水

埋藏在地面以下第一个稳定隔水层之上具有自由水面的重力水叫作潜水。潜水主要分布于第四纪松散沉积层中，出露地表的裂隙岩层或岩溶岩层中也有潜水分布。

潜水的自由水面称潜水面。潜水面上任一点的高程称为该点的潜水位(H)，地表至潜水面的距离称为潜水的埋藏深度(h_1)，潜水面到隔水底板的距离称为潜水含水层的厚度(h)，如图5.2所示。

潜水为无压水，它只能在重力作用下由潜水位较高处向潜水位较低处流动，运动速度每天数厘米或每年若干米，取决于潜水面的坡度和岩石空隙的大小。潜水面的形状主要受地形控制，基本上与地形一致，但比地形平缓。另外，潜水面的形状也和含水层的透水性及隔水层底板形状有关。含水层的透水性增强或含水层厚度较大的地方，潜水面就变得平缓。其特征如下：

(1)潜水与大气相通，具有自由水面，为无压水。当潜水为不稳定的隔水层覆盖时，如水位超过其底面，局部会承受压力。

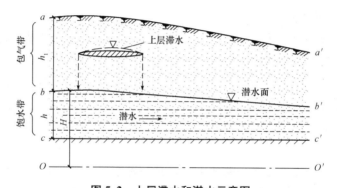

图 5.2　上层滞水和潜水示意图

aa'—地面；bb'—潜水面；cc'—隔水层面；OO'—基准面

（2）潜水的补给区与分布区一致，主要由大气降水、地表水和凝结水补给，当承压水与潜水有联系时，承压水也能补给潜水。潜水常以泉或蒸发的形式排泄。

（3）潜水动态受气候影响较大，具有明显的季节性变化特征。

（4）潜水易受地面污染的影响。

潜水面的形状主要受地形控制，基本上地形倾斜一致，但比地形平缓。在河旁平原地区潜水面平缓，微向河流倾斜，潜水流向河流。

潜水面常以潜水等水位线图表示。所谓潜水等水位线图，就是潜水面上标高相等各点的连线图，它可解决如下问题：

（1）确定潜水流向。潜水自水位高的地方向水位低的地方流动，形成潜水流。在等水位线图上，垂直于等水位线的方向即为潜水的流向，如图 5.3 箭头所示的方向。

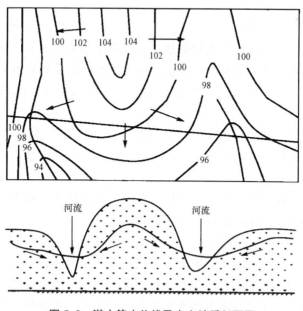

图 5.3　潜水等水位线及水文地质剖面图

（2）计算潜水的水力坡度。在潜水流向上取两点的水位差除以两点之间的距离，即为该段潜水的水力坡度(近似值)。

(3)确定潜水与地表水之间的关系。如果潜水流向指向河流,则潜水补给河水;如果潜水流向背向河流,则潜水接受河水补给。

(4)确定潜水的埋藏深度。等水位线图应绘于附有地形等高线的图上。某一点的地形标高与潜水位之差即为该点潜水的埋藏深度。

水量丰富的潜水是良好的供水水源;邻河平原地区潜水埋藏浅,不利于工程建设。

3. 承压水

埋藏并充满在两个隔水层之间的地下水,是一种有压重力水,称为承压水。上隔水层称为承压水的顶板;下隔水层称为底板。由于承压水承受压力,当由地面向下钻孔或挖井打穿顶板时,这种水能沿钻孔或井上升,若水压力较大,甚至能喷出地表形成自流,也称为自流水,如图5.4所示。

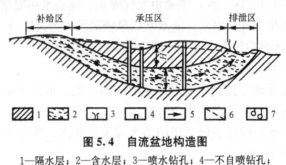

图5.4　自流盆地构造图

1—隔水层;2—含水层;3—喷水钻孔;4—不自喷钻孔;
5—地下水流向;6—测压水位;7—泉

承压水的主要特征如下:

(1)承压水的分布有自流盆地及自流斜地。承压水主要分布在第四纪以前的较老岩层中,在某些第四纪沉积物岩性发生变化的地区也可能分布着承压水。承压水的形成和分布特征与当地地质构造有密切的关系,最适宜形成承压水的地质构造有向斜构造和单斜构造两种。有承压水分布的向斜构造可称为自流盆地;有承压水分布的单斜构造可称为自流斜地。

1)自流盆地。一个完整的自流盆地可分为补给区、承压区和排泄区三部分,如图5.4所示。补给区多处于地形上较高的地区,该区地下水来自大气降水下渗或地表水补给,属于潜水。

承压区分布在自流盆地中央部分,该区含水层全部被隔水层覆盖,地下水充满含水层并具有一定压力。当钻孔打穿隔水层顶板后,水便沿钻孔上升,一直升到该钻孔所在位置的承压水位后稳定不再上升。承压水位到隔水层顶板之间的垂直距离,即承压水上升的最大高度,称为承压水头(H),隔水层顶板与底板之间的垂直距离称为含水层厚度(M)。承压水头的大小各处不同,通常隔水层顶板相对位置越低,承压水头越高。只有当地面低于承压水位的地方,地下水才具有喷出地面形成自流的压力,在其他地方,地下水的压力只有使其上升到承压水位的高度,而不能喷出地面。

与研究潜水时绘制等水位线图一样,研究承压水要绘制等承压水位线图,简称等压线图。等压线图上除有地形等高线、承压水位等高线外，还必须有顶板等高线，如图5.5所示，这样，才能从图上确定承压水的流向、承压水位距离地表的深度及承压水头的大小等。若要求含水层厚度，还必须增加隔水层底板等高线。

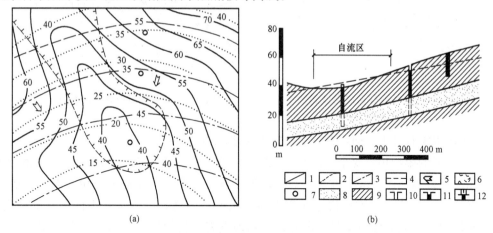

(a)　　　　　　　　　　　　　　　　　　(b)

图5.5　等水压线及水文地质剖面图

(a)等水压线；(b)水文地质剖面图

1—地形等高线；2—承压含水层顶板等高线；3—等水压线；4—承压水位线；

5—承压水流向；6—自流区；7—井；8—含水层；9—隔水层；

10—干井；11—非自流井；12—自流井

排泄区多分布在盆地边缘位置较低的地方，在这里承压水补给潜水或补给地表水能以泉的形式出露于地表。承压水深处隔水层顶板之下，不易产生蒸发排泄。

由此可见，在自流盆地中，承压水的补给区、承压区及排泄区是不一致的。

构成自流盆地的含水层与隔水层可能各有许多层，因此，承压水也可能不止一层，每个含水层的承压水也都有它自己的承压水位面。各层承压水之间的关系主要取决于地形与地质构造之间的相互关系。当地形与地质构造一致，即都是盆地时，下层承压水水位高于上层承压水水位；若上、下层承压水间被断层或裂隙连通，两层水就发生了水力联系，下层水向上补给上层水；当地形为馒头状，地质构造仍为盆地状时，情况则相反。

2)自流斜地。自流斜地在地质构造上有两种情况。

一种是含水层的一端露出地表，另一端在地下某一深度处尖灭(图5.6)。这种自流斜地常分布在山前地带，含水层多由第四纪洪积物构成。含水层露出地表的一端接受大气降水或地表水下渗，是补给区；当补给量超过含水层能容纳的水量时，因下部被隔水层隔断，多余的水只能在含水层出路地带的地势低洼处以泉的形式排泄，故其补给区与排泄区是相邻的。

另一种是断裂构造形成的自流斜地。通常分布在单斜产状的基岩中，含水岩层一端出露于地表，成为接受大气降水或地表水下渗的补给区，另一线在地下某一深度被断层切断，并与断层另一侧的隔水层接触(图5.7)。当断层带岩性破碎能够透水时，含水层中的承压水沿断层带上升，若断层带出露地表处低于含水层出露地表处，则承压水可沿断层带喷出地表形成自流，以泉的形式排泄，断层带成为这种自流斜地的排泄区。当断层带被不透水岩层充填时，这种自流斜地的特征就与图5.6所示的相同了。

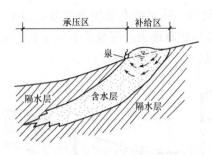

图 5.6 岩性变化形成自流斜地

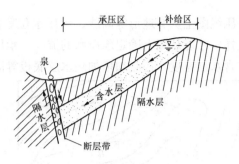

图 5.7 断裂构造形成自流斜地

（2）承压水没有自由水面，并承受一定的静水压力。

（3）受外界的影响相对要小，动态变化相对稳定。由于隔水层顶板的存在，在相当大的程度上阻隔了外界气候、水文因素对地下水的影响，因此，承压水的水位、温度、矿化度等均比较稳定。但从另一方面说，在积极参与水循环方面，承压水就不似潜水那样活跃，因此，承压水一旦大规模开发后，水的补充和恢复就比较缓慢，若承压水参与深部的水循环，则水温因明显增高可以形成地下热水和温泉。

（4）承压水不易受地面污染，一般可作为良好的供水水源。

（5）水质类型多样，变化大。

承压水的补给、径流和排泄如下：

1）承压水的补给区直接裸露于地表，接受降水的补给。只有当补给区有地表水体时，地表水才可能补给承压水。补给的强弱取决于补给区分布范围、岩石透水性、降水特征、地表水流量等因素。当同时存在有数个含水层时，则根据正地形或负地形提供的不同条件，形成如前述的补给关系。

2）承压水的排泄有如下形式：当承压含水层的排泄区直接裸露地表时，便以泉的形式排泄并补给地表水；当承压水位高于潜水位时，可排泄于潜水区，成为潜水的补给源。此外，也可在正地形或负地形条件的控制下，形成向上或向下的排泄。

3）承压水的径流条件取决于地形、含水层透水性、地质构造及补给区与排泄区的承压水位差。承压含水层的富水性与含水层的分布范围、深度、厚度、透水性、补给来源等因素密切相关。一般情况下，分布广、埋藏浅、厚度大、进水性好，水量就较丰富且稳定。

由于承压水形成条件不同，因此水质变化较为复杂。在同一个大型构造盆地的含水层中，可出现矿化度小于 1 g/L 的淡水和数十到数百克每升的咸水和卤水以及高温热水，使得承压水有多方面的利用价值。

承压水面上高程相同点的连线，称为承压水等水压线图（图 5.8）。承压水等水压线图的绘制方法，与潜水等水位线图相似。在同一承压含水层内，将一定数量的钻孔、井、泉（上升泉）的初见水位（或含水层顶板的高程）和稳定水位（即承压水位）等资料，绘制在一定比例尺的地形图上，用内插法将承压水位等高的点相连，即得等水压线图。

承压水等水压线图可以反映承压水（位）面的起伏情况。承压水（位）面和潜水面不同，潜水面是一个实际存在的地下水面，而承压水（位）面是一个势面，这个面可以与地形极不吻合，甚至高出地面。只有当钻孔打穿上覆隔水层至含水层顶面时才能测到。因此，承压

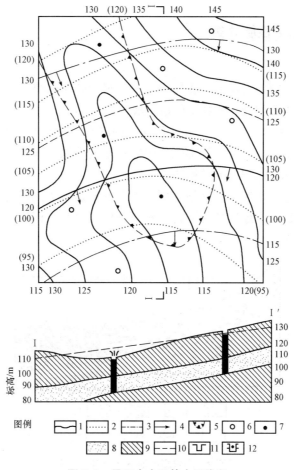

图 5.8　承压含水层等水压线图

1—地形等高线(m)；2—含水层顶板等高线(m)；3—等水压线(m)；

4—地下水流向；5—承压水溢区；6，11—钻孔；7，12—自流井；

8—含水层；9—隔水层；10—承压水位线

水等水压线图通常要附以含水层顶板等高线。

根据承压水等水压线图，可以分析确定如下问题：

(1)确定承压水的流向。承压水的流向应垂直等水压线并指向较低的等水压线。常用箭头表示，箭头指向较低的等水压线。

(2)确定承压水位距离地表的深度。其可由地面高程减去承压水位得到。这个数字越小，开采利用越方便；该值是负值时，表示水会自溢于地表。据此可选定开采承压水的地点。

(3)确定承压含水层的埋藏深度。用地面高程减去含水层顶板高程即得。

(4)确定承压水头的大小。承压水位与含水层顶板高程之差，即为承压水头高度。据此，可以预测开挖基坑和洞室时的水压力。

(5)计算承压水某地段的水力坡降，也就是确定承压水(位)面水力坡降。在流向方向上，取任意两点的承压水位差除以两点之间的距离，即得该地段的平均水力坡降。

5.1.2 按含水层性质分类

1. 孔隙水

孔隙水广泛分布于第四纪松散沉积物中，地下水的分布规律主要受沉积物的成因类型控制。下面介绍几种重要类型沉积物中的地下水。

(1)洪积物中的地下水。洪积物是由山区集中的洪流携带的碎屑物在山口处堆积而形成的。洪积物常分布于山体与平原交接部位或山间盆地的周缘，地形上构成以山口为顶点的扇形体或锥形体，故称为洪积扇或洪积锥。

从洪积扇顶部到边缘地形由陡逐渐变缓，洪水的搬运能力逐渐降低，因而，沉积物颗粒由粗逐渐变细。根据水文地质条件可将洪积扇分成3个带，即潜水深埋带、潜力溢出带和潜水下沉带(图5.9)。

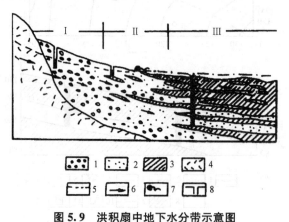

图5.9 洪积扇中地下水分带示意图

1—卵砾石；2—砂土；3—黏性土；4—基岩；5—承压水位线；

6—地下水流向；7—下降泉；8—井

Ⅰ—潜水深埋带；Ⅱ—潜水溢出带；Ⅲ—潜水下沉带

潜水深埋带位于洪积扇的顶部，地形较陡，沉积物颗粒粗，多为卵砾石、粗砂，径流条件好，地下水埋藏深，水量丰富，水质好，是良好的供水水源；潜水溢出带位于洪积扇中部，地形变缓，沉积物颗粒逐渐变细，由砂土变为粉砂、粉土，径流条件逐渐变差。此带上部为潜水，下部为承压水。潜水埋深变浅，常以泉或沼泽的形式溢出地表；潜水下沉带处于洪积扇边缘与平原的交接处，地形平缓，沉积物为粉土、粉质黏土与黏土。潜水埋藏变深，径流条件较差，水矿化度高，水质也变差。潜水深埋带不利于工程建设。

下部承压含水层是多层的，水力联系好，构成统一的含水单元，其承压水位常高出地表形成山前承压斜地。承压水水量丰富，水质好，为很好的供水水源；但存在水头压力，不利于基坑开挖。

(2)冲积物中的地下水。河流上游山间盆地常形成沙砾石河漫滩，厚度不大，由河水补给，水量丰富，水质好，可作为供水水源。河流中游河谷变宽，形成宽阔的河漫滩和阶地。河漫滩常沉积有上细(粉细砂、黏性土)下粗(砂砾)的二元结构；有时上层构成隔水层，下层为承压含水层。河漫滩和低阶地的含水层常由河水补给，水量丰富，水质好，是很好的供水水源。我国许多沿江城市多处于阶地、河漫滩之上，地下水埋藏浅，不利于工程建设。

河流下游为下沉地区，常形成滨海平原，松散沉积物很厚，常在100 m以上。滨海平原上部为潜水，埋深很浅，不利于工程建设。滨海平原下部常为砂砾石与黏性土层，存在多层承压水。其中，第Ⅱ、第Ⅲ承压水层组，由于埋深浅，容易获得补给，水量丰富，水质好，是很好的开采层。在这样的地区，过量开采承压水会引起地面沉降；浅层承压水的水头压力威胁深基坑开挖和深地下工程施工。

2. 裂隙水

裂隙水是指埋藏于基岩裂隙中的地下水。裂隙水的埋藏分布与运动规律，主要受岩石的裂隙类型、裂隙性质、裂隙发育的程度等因素控制。与孔隙水相比，裂隙水特征主要体现在：埋藏与分布极不均匀，透水性在各个方向上往往呈现各向异性，动力性质比较复杂。裂隙水根据裂隙成因不同，可分为风化裂隙水、成岩裂隙水与构造裂隙水。

(1)风化裂隙水。分布在风化裂隙中的地下水多数为层状裂隙水。由于风化裂隙彼此相连通，因此在一定范围内形成的地下水也是相互连通的，水平方向透水性均匀，垂直方向随深度而减弱，多属于潜水，有时也存在上层滞水。

如果风化壳上部的覆盖层透水性很差，其下部裂隙带有一定的承压性，风化裂隙水主要接受大气降水的补给，常以泉的形式排泄于河流中。

(2)成岩裂隙水。沉积岩和深成岩浆岩的成岩裂隙多为闭合的，含水意义不大。玄武岩在成岩过程中，由于冷凝收缩，常形成柱状节理和层面节理，裂隙均匀密集，张开性好，贯穿连通，常形成储水丰富、导水畅通的潜水含水层。具有成岩裂隙的岩层出露地表时，常赋存成岩裂隙潜水；具有成岩裂隙的岩体为后期地层覆盖时，也可构成承压含水层，在一定条件下可以具有很大的承压性。

(3)构造裂隙水。构造裂隙水是岩石在构造应力作用下产生的裂隙。构造裂隙水可呈层状分布，也可呈脉状分布；可形成潜水，也可形成承压水。断层带是构造应力集中释放造成的断裂。大断层常延伸数十千米至数百千米，断层带宽数百米。发育于脆性岩层中的张性断层，中心部分多为疏松的构造角砾岩，两侧张裂隙发育，具有良好的导水能力。当这样的断层沟通含水层或地表水体时，断层带兼具储水空间、集水廊道与导水通道的功能，对地下工程建设危害较大，必须给予高度重视。

3. 岩溶水

赋存和运移于可溶岩的溶穴中的地下水叫作岩溶水。我国岩溶的分布十分广泛，特别是在南方地区。因此，岩溶水分布很普遍，其水量丰富，对供水极为有利，但对矿床开采、地下工程和建筑工程等都会带来一些危害。岩溶水根据埋藏条件分为岩溶上层滞水、岩溶潜水及岩溶承压水。

(1)岩溶上层滞水。在厚层灰岩的包气带中，常有局部非可溶的岩层存在，起着隔水作用，在其上部形成岩溶上层滞水。

(2)岩溶潜水。在大面积出露的厚层灰岩地区广泛分布着岩溶潜水。岩溶潜水的动态变化很大，水位变化幅度可达数十米，水量变化可达几百倍。这主要是受补给和径流条件影响，降雨季节水量很大，其他季节水量很小，甚至干枯。

(3)岩溶承压水。岩溶地层被覆盖或岩溶地层与砂页岩互层分布时，在一定的构造条件下，就能形成岩溶承压水。岩溶承压水的补给主要取决于承压含水层的出露情况。岩溶水的排泄多数靠导水断层，经常形成大泉或泉群，也可补给其他地下水。岩溶承压水动态较稳定。

岩溶水的分布主要受岩溶作用规律的控制。因此，岩溶水在其运动过程中不断地改造着自身的赋存环境。岩溶发育有的地方均匀，有的地方不均匀。若岩溶发育均匀又无黏土填充，各溶穴之间的岩溶水有水力联系，则有一致的水位。若岩溶发育不均匀又有黏土等物质充填，各溶穴之间可能没有水力联系，因而有可能使岩溶水在某些地带集中形成暗河，而另外一些地带可能无水。在较厚层的灰岩地区，岩溶水的分布及富水性和岩溶地貌有很大关系。在分水岭地区，常发育着一些岩溶漏斗、落水洞等，构成了特殊地形——峰林地貌。其常是岩溶水的补给区。在岩溶水汇集地带常形成地下暗河，并有泉群出现，其上经常堆积一些松散的沉积物。

实践和理论证明，在岩溶地区进行地下工程和地面建筑工程，必须弄清楚岩溶的发育与分布规律，因为岩溶的发育会导致建筑工程场区的工程地质条件大为恶化。

5.2 地下水的性质

5.2.1 地下水的物理性质

地下水的物理性质有温度、颜色、透明度、嗅味、味道、导电性及放射性等。

1. 温度

地下水的温度受气候和地质条件控制。由于地下水形成的环境不同，其温度变化也很大。地下水根据温度分为过冷水（$<0\ ℃$）、冷水（$0\ ℃\sim20\ ℃$）、温水（$20\ ℃\sim42\ ℃$）、热水（$42\ ℃\sim100\ ℃$）、过热水（$>100\ ℃$）几类。

2. 颜色

地下水的颜色取决于化学成分及悬浮物。例如，含 H_2S 的水为翠绿色；含 Ca^{2+}、Mg^{2+} 的水为微蓝色；含 Fe^{2+} 的水为灰蓝色；含 Fe^{3+} 的水为褐黄色；含有机腐殖质的水为灰暗色；含悬浮物的水，其颜色取决于悬浮物。

3. 透明度

地下水多半是透明的。当水中含有矿物质、机械混合物、有机质及胶体时，地下水的透明度就会改变。根据透明度，地下水分为透明的、微浑的、浑浊的、极浑浊的几种。

4. 嗅味

纯水无嗅、无味，含一般矿物质时也无嗅、无味，但当水中含有某些气体或有机质时就有了某种气味。例如，水中含 H_2S 时有臭蛋味，含腐殖质时有霉味等。有些嗅味在低温时较轻，在温度升高后则加重。

5. 味道

地下水的味道主要取决于水中化学成分。表 5.2 举例说明了这种关系。

表 5.2　地下水所含成分与味道的关系

成分	NaCl	Na_2SO_4	$MgCl_2$、$MgSO_4$	大量有机物	H_2S 与碳酸气同时存在	CO_2 与适量 $Ca(HCO_3)_2$、$Mg(HCO_3)_2$
味道	咸	涩	苦	甜	酸	良好适口

6. 导电性

盐类水溶液是电解质溶液，因此，地下水的导电性取决于溶解于地下水中的盐量；反之，也可利用地下水导电性的大小粗略判断水的总矿化度。

7. 放射性

地下水的放射性是由地下水中的气态激光气（氡）及少量放射性盐类引起的。事实上，除个别情况外，地下水在一定程度上都具有放射性。

5.2.2　地下水的化学性质

1. 地下水中常见的成分

地下水中含有多种元素，有的含量大，有的含量甚微。地壳中分布广、含量高的元素，如 O、Ca、Mg、Na、K 等，在地下水中最常见。有的元素（如 Si、Fe 等）在地壳中分布广，但在地下水中却不多；有的元素（如 Cl 等）在地壳中极少，但在地下水中却大量存在。这是因为各种元素的溶解度不同，所有这些元素以离子、化合物分子和气体状态存在于地下水中，而以离子状态为主。

地下水中含有数十种离子成分，常见的阳离子有 H^+、Na^+、K^+、Mg^{2+}、Ca^{2+}、Fe^{2+}、Fe^{3+}、Mn^{2+} 等；常见的阴离子有 OH^-、Cl^-、SO_4^{2-}、NO^{3-}、HCO_3^-、CO_3^{2-}、SiO_3^{2-}、PO_4^{2-} 等。上述离子中的 Cl^-、SO_4^{2-}、HCO_3^-、Na^+、K^+、Mg^{2+}、Ca^{2+} 是地下水的主要离子成分，它们分布最广，在地下水中占绝对优势，决定了地下水化学成分的基本类型和特点。

地下水中含有多种气体成分，常见的有 O_2、N_2、CO_2、H_2S 等。

地下水中呈分子状态的化合物（胶体）有 Fe_2O_3、Al_2O_3 和 H_2SiO_3 等。

2. 地下水的酸碱性

地下水的酸碱性主要取决于水中氢离子浓度，常用 pH 值表示，pH 值为 $-\lg[H^+]$。根据 pH 值的大小，地下水分成以下几级：强酸性（pH 值<5）、弱酸性（pH 值为 5～7）、中性（pH 值为 7）、弱碱性（pH 值为 7～9）、强碱性（pH 值>9）。多数地下水 pH 值为 6.5～8.5。

3. 地下水的总矿化度

地下水中所含各种离子、分子与化合物的总量称为矿化度，以每升水中所含克数（g/L）表示。为了便于比较，习惯上以 105 ℃～110 ℃时将水灼干所得的干涸残余物总量表示总矿化度。也可将分析所得阴、阳离子含量相加，求得理论干涸残余物值，但应注意的是，因为在灼干时将近一半的重碳酸根分解成 CO_2 及 H_2O 逸出，所以，相加时，HCO^{3-} 应取其质量的一半。地下水按总矿化度的大小分类见表5.3。

表5.3 地下水按总矿化度的大小分类

类　　别	总矿化度/(g·L^{-1})	类　　别	总矿化度/(g·L^{-1})
淡水	小于1	盐水(高矿化水)	10～50
微咸水(弱矿化水)	1～3	卤水	小于50
咸水(中等矿化水)	3～10		

4. 地下水的硬度

水中 Ca^{2+}、Mg^{2+} 的总含量称为总硬度。将水煮沸后，水中一部分 Ca^{2+}、Mg^{2+} 的重碳酸盐因失去 CO_2 而生成碳酸盐沉淀下来，致使水中 Ca^{2+}、Mg^{2+} 的含量减少，由于煮沸而减少的这部分 Ca^{2+}、Mg^{2+} 的总含量称为暂时硬度。其反应式为

$$Ca^{2+} + 2HCO_3^- \longrightarrow CaCO_3 + H_2O + CO_2$$
$$Mg^{2+} + 2HCO_3^- \longrightarrow MgCO_3 + H_2O + CO_2$$

总硬度与暂时硬度之差称为永久硬度，相当于煮沸时未发生碳酸盐沉淀的那部分 Ca^{2+}、Mg^{2+} 的含量。

我国采用的硬度表示法有两种：一是德国度，每一度相当于 1 L 水中含有 10 mg 的 CaO 或 7.2 mg 的 MgO；二是每升水中 Ca^{2+} 和 Mg^{2+} 的毫摩尔数。1 毫摩尔硬度＝2.88 德国度。根据硬度可将水分为五类(表5.4)。

表5.4 水按硬度分类

	水的类别	极软水	软水	微硬水	硬水	极硬水
硬度	Ca^{2+}＋Mg^{2+}的毫摩尔数/L	＜1.5	1.5～3.0	3.0～6.0	6.0～9.0	＞9.0
	德国度	＜4.2	4.2～4.8	8.4～16.8	16.8～25.2	＞25.2

5.3 地下水的运动规律

地下水在岩土体孔隙中的运动称为渗流。岩土中的孔隙，大小、形状和连通情况都各不相同，因此，地下水质点在这些孔隙中的运动速度和运动方向也是极不相同的。如果按实际情况研究地下水的运动，无论在理论上还是实际上，都将遇到很大困难。因此，必须进行简化，用连续充满整个含水层(包括颗粒骨架和孔隙)的假想水流来代替仅在岩土孔隙中流动的真实水流。

地下水运动时，水质点有秩序地呈相互平行而互不干扰的运动，称为层流；水质点相互干扰而呈无秩序的运动，称为湍流(也称为紊流)。天然条件下地下水在岩土中的运动速度一般都很小，多为层流运动。只有在宽大的裂隙或溶隙中，水流速度较大时，才可能出现湍流运动。

5.3.1　层流条件下的达西定律

1856年，法国水利学家达西（H. Darcy）通过大量的试验，得到地下水线性渗透定律，即达西定律。其计算式为

$$Q=kA\frac{H_1-H_2}{L}=kAJ \tag{5.1}$$

式中　Q——单位时间内的渗透流量（出口处流量即为通过砂柱各断面的流量）（m^3/d）；

　　　A——过水断面面积（m^2）；

　　　H_1——上游过水断面的水头（m）；

　　　H_2——下游过水断面的水头（m）；

　　　L——渗透途径（上、下游过水断面的距离）（m）；

　　　J——水力坡度（即水头差除以渗透途径）；

　　　k——渗透系数（m/d）。

从水力学已知，通过某一断面的流量 Q 等于流速 v 与过水断面面积 A 的乘积，即

$$Q=A \cdot v \tag{5.2}$$

据此，达西定律也可以表达为另一种形式：

$$v=k \cdot i \tag{5.3}$$

式中，v 称作渗透速度，其余各项意义同前。

地下水在岩土的孔隙或微裂隙中做层流运动时，达西公式是正确的，如试验所得图5.10中的曲线Ⅰ所示。但是在某些黏土中，这个公式就不正确了。在黏性土中颗粒表面有不可忽视的结合水膜，阻塞或部分阻塞了孔隙间的通道。试验指明，只有当水力坡度 i 大于某一值 i_b 时，黏土才具有透水性（图5.10中的曲线Ⅱ）。

如果将曲线Ⅱ在横坐标上的截距用 i_b' 表示（称为起始水力坡度），当 $i>i_b'$ 时，达西公式可改写为

$$v=k(i-i_b') \tag{5.4}$$

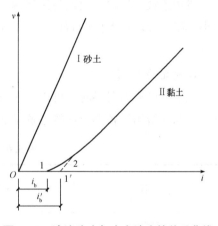

图5.10　渗流速度与水力坡度的关系曲线

1. 渗透速度 v

式（5.2）中的过水断面，包括岩土颗粒所占据的面积及孔隙所占据的面积，而水流实际通过的过水断面面积是孔隙实际过水的面积 A'，即

$$A'=A \cdot n_e \tag{5.5}$$

式中　n_e——有效孔隙度。

由此可知，v 并非实际流速，而是假设水流通过包括骨架与空隙在内的整个断面 A 流动时所具有的虚拟流速。

2. 水力坡度 i

水力坡度为沿渗透途径水头损失与相应渗透长度的比值。水质点在空隙中运动时，为了克服水质点之间的摩擦力，必须消耗机械能，从而出现水头损失。所以，水力坡度可以

理解为水流通过单位长度渗透途径为克服摩擦力所耗失的机械能。从另一个角度，则可理解为驱动力。

3. 渗透系数 k

渗透系数表示岩土含水层透水性能的比例系数，在数量上相当于水力坡度 $i=1$ 时的渗透速度。一般水力坡度为定值时，渗透系数 k 越大，渗透速度 v 也越大；渗透系数可通过试验室测定或现场抽水试验求得。松散岩土渗透系数的参考值，见表5.5。

表5.5　松散岩土渗透系数的参考值

土名	渗透系数/$(cm \cdot s^{-1})$	土名	渗透系数/$(cm \cdot s^{-1})$
砾砂	$6.0\times10^{-2}\sim1.8\times10^{-1}$	粉砂	$6.0\times10^{-4}\sim1.2\times10^{-3}$
粗砂	$2.4\times10^{-2}\sim6\times10^{-2}$	黏质粉土	$6.0\times10^{-5}\sim6.0\times10^{-4}$
中砂	$6.0\times10^{-3}\sim2.4\times10^{-2}$	粉质黏土	$1.2\times10^{-6}\sim6.9\times10^{-5}$
细砂	$6.0\times10^{-4}\sim1.2\times10^{-3}$	黏土	$<1.2\times10^{-6}$

5.3.2　渗透系数的测定

渗透系数 k 反映了土粒与液体两方面对土体透水性能的影响。其取决于土颗粒的形状、大小、组成及环境条件(如温度)，是个综合性指标。要精确确定 k 值比较困难，常采用以下方法。

1. 经验系数法

在缺乏可靠的资料时，可以参照有关规范以及已建工程采用值或经验公式进行初步估算。表5.6给出了各类土体的渗透系数 k 值的参考选取范围，供估算时选用。

表5.6　土体渗透系数的参考值

土名	渗透系数	
	$k/(m \cdot d^{-1})$	$k/(cm \cdot s^{-1})$
黏土	<0.05	$<6\times10^{-6}$
粉质黏土	$0.005\sim0.1$	$6\times10^{-6}\sim1\times10^{-4}$
轻粉质黏土	$0.1\sim0.5$	$1\times10^{-4}\sim6\times10^{-4}$
黄土	$0.25\sim0.5$	$3\times10^{-4}\sim6\times10^{-4}$
粉砂	$0.5\sim1$	$6\times10^{-4}\sim1\times10^{-3}$
细砂	$1\sim5$	$1\times10^{-3}\sim6\times10^{-3}$
中砂	$5\sim20$	$6\times10^{-3}\sim2\times10^{-2}$
均质中砂	$35\sim50$	$4\times10^{-2}\sim6\times10^{-2}$
粗砂	$20\sim50$	$2\times10^{-2}\sim6\times10^{-2}$
均质粗砂	$60\sim75$	$7\times10^{-2}\sim8\times10^{-2}$

土名	渗透系数	
	$k/(\text{m} \cdot \text{d}^{-1})$	$k/(\text{cm} \cdot \text{s}^{-1})$
圆砾	50～100	$6\times10^{-2}\sim1\times10^{-1}$
卵石	100～500	$1\times10^{-1}\sim6\times10^{-1}$
无填充物卵石	500～1000	$6\times10^{-1}\sim1$
稀有裂隙岩石	20～60	$2\times10^{-2}\sim7\times10^{-2}$
裂隙多的岩石	>60	$>7\times10^{-2}$

2. 试验室测定法

采用达西试验装置，对从现场采集的非扰动土样进行渗流试验，将量测的流量 Q、渗透途径 L 和相应的水头损失 ΔH 代入下式，即可求得 k 值：

$$k = \frac{QL}{A\Delta H} \tag{5.6}$$

3. 现场测定法

到所研究工程现场，采用钻井或挖试坑方式进行注水或抽水试验，测定渗透参数 (Q, H)，再反求 k 值。此法可以取得较可靠数据，但规模较大，所需费用较多。

5.4 基坑的截水、排水、降水

5.4.1 基坑的截水

如果地下降水会对基坑周围建(构)筑物和地下设施带来不良影响，可采用竖向截水帐幕的方法避免或减小该影响。

竖向截水帐幕通常用水泥搅拌桩、旋喷桩等做成。其结构形式有两种：一种是当含水层较薄时，穿过含水层，插入隔水层中；另一种是当含水层相对较厚时，帷幕悬吊在透水层中。前者作为防渗计算，只需要计算通过防渗帐幕的水量；后者还须考虑绕过帐幕涌入基坑的水量。

截水帐幕的厚度应满足基坑防渗要求，截水帐幕的渗透系数宜小于 1.0×10^{-6} cm/s。落底式竖向截水帐幕应插入下卧不透水层一定深度。

当地下含水层渗透性较强、厚度较大时，可采用悬挂式竖向截水与坑内井点降水相结合或采用悬挂式竖向截水与水平封底相结合的方案。

截水帐幕的施工方法和机具的选择，应根据场地工程水文地质及施工条件等综合确定。

5.4.2 基坑的排水

集水明排法又称为表面排水法，是在基坑开挖过程中以及基础施工和养护期间，在基坑四周开挖集水沟，汇集坑壁及坑底渗水，并引向集水井。

集水明排法可单独采用，也可与其他方法结合使用。单独使用时，降水深度不宜大于 5 m，否则在坑底容易产生软化、泥化，产生坡角，出现流砂、管涌，边坡塌陷，地面沉降等问题。与其他方法结合使用时，其主要功能是收集基坑中与坑壁局部渗出的地下水和地面水。

集水明排法设备简单，费用低，一般土质条件均可采用。但当地基土为饱和粉细砂土等黏聚力较小的细粒土层时，由于抽水会引起流砂现象，造成基坑破坏和坍塌，因此，应避免采用集水明排法。

5.4.3 基坑的降水

降水主要是将带有滤管的降水工具沉没到基坑四周的土中，利用各种抽水工具，在不扰动土的结构条件下将地下水排出，以利于基坑开挖。一般有轻型井点法、喷射井点法、管井井点法、深井泵井点法等方法。

1. 轻型井点法

当在井内抽水时，井中的水位开始下降，周围含水层的地下水流向井中，经一段时间后达到稳定，水位形成向下弯曲的"下降漏斗"，地下水位逐渐降低到坑底设计标高以下，使施工能在干燥、无水的环境下进行。

轻型井点系统包括过滤管、集水总管、连接管和抽水设备(图 5.11)。用连接管将井点管与集水总管和水泵连接，形成完整系统。抽水时，先打开真空泵抽出管路中的空气，使之形成真空，这时地下水和土中空气在真空吸力作用下被吸入集水箱，空气经真空泵排出，当集水管存水较多，再开动离心泵抽水。

若要求降水深度较深(如大于 6 m)，可采用两级或多级井点降水。

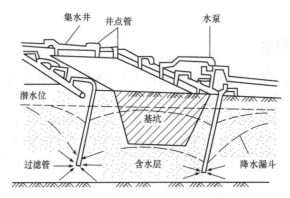

图 5.11　单排轻型井点布置示意图

2. 喷射井点法

喷射井点一般有喷水和喷气两种。井点系统由喷射器、高压水泵和管路组成。

喷射器结构形式有外接式和同心式两种(图 5.12)。其工作原理是利用高速喷射液体的动能工作，由离心泵供给高压水流入喷嘴高速喷出，经混合室造成此处压力降低，形成负压和真空，则井内的水在大气压力作用下，由吸气管压入吸水室，吸入水和高速射流在混合室中相互混合，射流将本身的动能的一部分传给被吸入的水，使吸入水流的动能增加，混合水流入扩散室，由于扩散室截面扩大，流速下降，大部分动能转为压力，将水由扩散室送至高处。

喷射井点法管路系统布置和井点管的埋设与轻型井点基本相同。

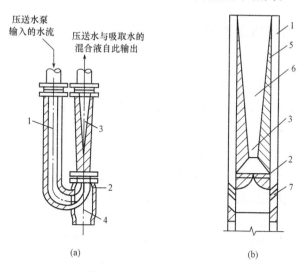

图 5.12 喷射器构造原理

(a)外接式；(b)同心式(喷嘴 $\phi6.5$ mm)

1—输水导管(亦可为同心式)；2—喷嘴；3—混合室；4—吸入管；

5—内管；6—扩散室；7—工作水流

3. 管井井点法

管井井点的确定先根据总涌水量验算单根井管极限涌水量，再确定井的数量。井管由两部分组成，即井壁管和滤水管。井壁管可用直径 $200\sim300$ mm 的铸铁管、无砂混凝土管、塑料管。滤水管可用钢筋焊接骨架，外包滤网(孔眼为 $1\sim2$ mm)，长为 $2\sim3$ m，也可用实管打花孔，外缠钢丝做成，或者用无砂混凝土管。

根据已确定的管井数量沿基坑外围均匀设置管井。钻孔可用泥浆护壁套管法，也可用螺旋钻，但孔径应大于管井外径 $150\sim250$ mm。将钻孔底部泥浆掏净，下沉管井，用集水总管将管井连接起来，并在孔壁与管井之间填 $3\sim15$ mm 厚砾石作为过滤层。吸水管采用直径为 $50\sim100$ mm 胶皮管或钢管，其底端应在设计降水位的最低水位以下。

4. 深井泵井点法

深井泵井点由深井泵(或深井潜水泵)和井管滤网组成。

井孔钻孔可用钻孔机或水冲法。孔的直径应大于井管直径 200 mm。孔深应考虑到抽水期内沉淀物可能的厚度而适当加深。

井管放置应垂直，井管滤网应放置在含水层适当的范围内。井管内径应大于水泵外径 50 mm，孔壁与井管之间填大于滤网孔径的填充料。

注意：潜水泵的电缆要可靠，深井泵的电动机宜有阻逆装置，在换泵时应清洗滤井。

5.5 地下水对土木工程建设的影响

5.5.1 地下水对混凝土的侵蚀

硅酸盐水泥遇水硬化，并且形成 $Ca(OH)_2$、水化硅酸钙 $CaO \cdot SiO_2 \cdot 12H_2O$、水化铝酸钙 $CaO \cdot Al_2O_3 \cdot 6H_2O$ 等，这些物质往往会受到地下水的腐蚀。地下水对建筑结构材料腐蚀类型分为结晶类腐蚀、分解类腐蚀、结晶分解复合类腐蚀三种。

1. 结晶类腐蚀

如果地下水中 SO_4^{2-} 离子的含量超过规定值，那么 SO_4^{2-} 离子将与混凝土中的 $Ca(OH)_2$ 反应，生成二水石膏结晶体 $CaSO_4 \cdot 2H_2O$。这种石膏再与水化铝酸钙 $CaO \cdot Al_2O_3 \cdot 6H_2O$ 发生化学反应，生成水化硫铝酸钙，这是一种铝和钙的复合硫酸盐，习惯上称为水泥杆菌。由于水泥杆菌结合了许多结晶水，因而其体积比化合前增大很多，约为原体积的 221.86%，于是在混凝土中产生很大的内应力，使混凝土的结构遭受破坏。

2. 分解类腐蚀

地下水中含有 CO_2 和 HCO_3^-，CO_2 与混凝土中的 $Ca(OH)_2$ 作用，形成碳酸钙沉淀：

$$Ca(OH)_2 + CO_2 \longrightarrow CaCO_3 \downarrow + H_2O$$

由于 $CaCO_3$ 不溶于水，它可填充混凝土的孔隙，在混凝土周围形成一层保护膜，能防止 $Ca(OH)_2$ 的分解，但是，当地下水中 CO_2 的含量超过一定数值，而 HCO_3^- 离子的含量过低，则超量的 CO_2 再与 $CaCO_3$ 反应，生成重碳酸钙 $Ca(HCO_3)_2$ 并溶于水，即

$$CaCO_3 + H_2O + CO_2 \longrightarrow Ca(HCO_3)_2$$

上述这种反应是可逆的：当 CO_2 含量增加，平衡被破坏，反应向右进行，固体 $CaCO_3$ 继续分解；当 CO_2 含量变少，反应向左移动，固体 $CaCO_3$ 沉淀析出。如果 CO_2 和 HCO_3^- 的浓度平衡时，反应就停止。所以，当地下水中 CO_2 的含量超过平衡时所需的数量时，混凝土中的 $CaCO_3$ 就被溶解而受腐蚀，这就是分解类腐蚀。人们将超过平衡浓度的 CO_2 叫作侵蚀性 CO_2。地下水中侵蚀性 CO_2 越多，对混凝土的腐蚀越强。地下水流量、流速都很大时，CO_2 易补充，平衡难建立，因而腐蚀加快。另外，HCO_3^- 离子含量越高，对混凝土腐蚀性越强。

如果地下水的酸度过大，即 pH 值小于某一数值，那么混凝土中的 $Ca(OH)_2$ 也要分解，即为一般酸性腐蚀，其化学反应式如下：

$$Ca(OH)_2 + 2H^+ \longrightarrow Ca^{2+} + 2H_2O$$

3. 结晶分解复合类腐蚀

当地下水中 NH_4^+、NO_3^-、Cl^- 和 Mg^{2+} 离子的含量超过一定数量时，与混凝土中的 $Ca(OH)_2$ 发生反应，例如：

$$MgSO_4 + Ca(OH)_2 \longrightarrow Mg(OH)_2 \downarrow + CaSO_4$$

$$MgCl_2 + Ca(OH)_2 \longrightarrow Mg(OH)_2 \downarrow + CaCl_2$$

$Ca(OH)_2$ 与镁盐作用的生成物中，除 $Mg(OH)_2$ 不易溶解外，$CaCl_2$ 易溶于水，并随之流失。硬石膏 $CaSO_4$ 一方面与混凝土中的水化铝酸钙反应生成水泥杆菌：

$$3CaO \cdot Al_2O_3 \cdot 6H_2O + 3CaSO_4 + 25H_2O \longrightarrow 3CaO \cdot Al_2O_3 \cdot 3CaSO_4 \cdot 31H_2O$$

另一方面，遇水后生成二水石膏：

$$CaSO_4 + 2H_2O \longrightarrow CaSO_4 \cdot 2H_2O$$

二水石膏在结晶时体积膨胀，破坏混凝土的结构。

综上所述，地下水对混凝土建筑物的腐蚀是一项复杂的物理化学过程，在一定的工程地质与水文地质条件下，对建筑材料的耐久性影响很大。

5.5.2 地下渗流对施工过程的影响

1. 流砂

流砂是地下水自下而上渗流时土产生流动的现象，它与地下水的动水压力有密切的关系。当地下水的动水压力大于土粒的浮密度或地下水的水力坡度大于临界水力坡度时，就会产生流砂。这种情况的发生常是由于在地下水位以下挖基坑、埋设地下水管、打井等工程活动而引起的，所以，流砂是种工程地质现象，易产生在细砂、粉砂、粉质黏土等土中。流砂在工程施工中能造成大量的土体流动，致使地表塌陷或建筑物的地基破坏，能给施工带来很大困难，或间接影响建筑工程及附近建筑物的稳定，因此，必须进行防治。

在可能产生流砂的地区，若其上面有一定厚度的土层，应尽量利用上面的土层作天然地基，也可用桩基穿过流砂，总之应尽可能地避免开挖。如果必须开挖，可用以下方法处理流砂。

(1)人工降低水位：使地下水位降至可能产生流砂的地层以下，然后开挖。

(2)打板桩：在土中打入板桩，它可以加固坑壁，同时，增长了地下水位的渗流路程，以减小水力坡度。

(3)冻结法：使地下水结冰，然后开挖。

(4)水下挖掘：在基坑(或沉井)中用机械在水下挖掘，避免因排水而造成产生流砂的水头差，为了增加砂的稳定，也可向基坑中注水并同时进行挖掘。

另外，处理流砂的方法还有化学加固法、爆炸法及加重法等。在基槽开挖的过程中，局部地段出现流砂时，应立即抛入大块石头等，以克服流砂的活动。

2. 管涌

地基土在具有某种渗透速度的渗透水流作用下，其细小颗粒被冲走，岩土的孔隙逐渐增大，慢慢形成一种能穿越地基的细管状渗流通路，从而掏空地基或坝体，使地基或斜坡变形、失稳，此现象称为管涌。管涌通常是由于工程活动引起的，但是，在有地下水出露的斜坡、岸边或有地下水溢出的地表面也会发生，如图5.13所示。

管涌多发生在非黏性土中，其特征是：颗粒大小比值差别较大，往往缺少某种粒径；磨圆度较好；孔隙直径大而互相连通；细粒含量较少，不能全部充满孔隙；颗粒多由相对密度较小的矿物构成，易随水流移动；有较大的和良好的渗透水流出路等。

3. 地基沉降

在松散沉积层中进行深基础施工时，往往需要人工降低水位。若降水不当，会使周围

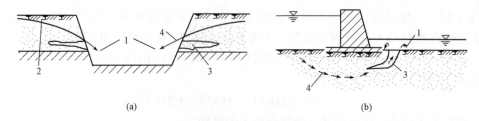

(a)   (b)

图 5.13 管涌破坏示意图

(a)斜坡条件时；(b)地基条件时

1—管涌堆积颗粒；2—地下水位；3—管涌通道；4—渗流方向

地基土层产生固结沉降，轻者造成邻近建筑物或地下管线的不均匀沉降；重者使建筑物基础下的土体颗粒流失，甚至掏空，导致建筑物开裂甚至危及安全。

若附近抽水井滤网和砂滤层的设计不合理或施工质量差，则抽水时会将软土层中的黏粒、粉粒，甚至细砂等细小颗粒随同地下水一起带出地面，使周围地面土层很快不均匀沉降，造成地面建筑物和地下管线不同程度的损坏。另一方面，井管开始抽水时，井内水位下降，井外含水层中的地下水不断流向滤管，经过一段时间后，在井周围形成漏斗状的弯曲水面——降水漏斗。在这一降水漏斗范围内的软土层会发生渗透固结而造成地基土沉降。而且，由于土层的不均匀性和边界条件的复杂性，降水漏斗往往是不对称的，因而使周围建筑物或地下管线产生不均匀沉降，甚至开裂。

4. 地下水的浮托作用

当建筑物基础底面位于地下水位以下时，地下水对基础底面产生静水压力，即产生浮托力。如果基础位于粉性土、砂性土、碎石土和节理裂隙发育的岩石地基上，则按地下水位的100%计算浮托力；如果基础位于节理裂隙不发育的岩石地基上，则按地下水位的50%计算浮托力；如果基础位于黏性土地基上，其浮托力较难确切地确定，应结合地区的实际经验考虑。

地下水不仅对建筑物基础产生浮托力，同样对其水位以下的岩石、土体产生浮托力。

思考与练习题

1. 地下水的类型有哪些？
2. 地下水如何补给？
3. 工程上要考虑地下水的哪些性质？
4. 达西定律的适用条件是什么？
5. 地下水中的哪些离子对混凝土侵蚀较为严重？

第6章 不良地质

6.1 滑 坡

6.1.1 滑坡的概念及其组成要素

1. 滑坡的概念

滑坡是斜坡土体和岩体在重力作用下失去原有的稳定状态，沿着斜坡内某些滑动面（或滑动带）整体向下滑动的现象。

滑坡是边坡变形破坏的一种主要类型。边坡包括自然边坡和人工边坡。自然边坡是指在自然地质作用下形成的山体斜坡、河谷岸坡等；人工边坡是指人类工程活动形成的斜坡，例如，房屋、桥梁工程的基坑边坡，道路工程中的路堑、路堤边坡等。边坡按组成物质可分为土质边坡和岩质边坡。这里主要讨论自然边坡。

由于山坡或路基边坡发生滑坡，常使交通中断，影响公路的正常运输。大规模的滑坡会堵塞河道、摧毁公路、破坏厂矿、掩埋村庄，对交通设施和山区建设危害很大。例如，1992 年宝成铁路某处发生的大型岩石滑坡，导致长期的崩塌、落石，使宝成线中断行车 30 余天，抢险和整治费高达 2 000 多万元，间接经济损失高达数亿元。规模大的滑坡一般会缓慢地、长期地往下滑动，其位移速度多在突变阶段才显著增大，滑动过程可能延续几年、十几年甚至更长的时间。有些滑坡滑动速度很快，例如，1983 年 3 月发生在甘肃东乡洒勒山的滑坡最大滑速可达 40 m/s。因此，了解滑坡的类型和组成要素，掌握其发育过程，对滑坡进行有效的防治非常重要。

2. 滑坡的组成要素

一个发育完全的滑坡，通常具有以下几个重要的组成要素，这是识别和判断滑坡的重要标志（图 6.1）。

（1）滑坡体。沿滑动面向下滑动的那部分岩体或土体称为滑坡体，简称滑体。滑坡体经滑动变形，相互挤压，整体性相对完整，仍保持有原层位和结构构造体系，但是滑体已裂隙松动，个别部位还可能遭受较强烈的扰动。

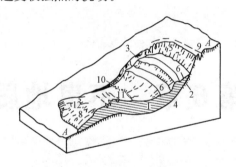

图 6.1　滑坡体形态特征

1—滑坡体；2—滑动面；3—滑坡周界；4—滑坡床；5—滑坡后壁；6—滑坡台阶；7—滑坡封闭洼地；
8—滑坡舌；9—张拉裂缝；10—剪切裂缝；11—鼓张裂缝；12—扇形张裂缝

（2）滑动面(滑动带)。滑坡体与不动体之间的界面，滑坡体沿之滑动的面，称为滑动面，简称滑面。滑动面上、下受揉皱的厚度为数厘米至数米的被扰动带称为滑动带，简称滑带。

有的滑坡有明显的一个或几个滑动面，有的滑坡没有明显的滑动面，而是有具有一定厚度的由软弱岩土层构成的滑动带。确定滑动面的性质与位置，是进行滑坡整治的先决条件和主要依据。一般情况下，滑动面(带)的岩土被挤压破碎，扰动严重，富水软弱，颜色异常，常含有夹杂物质。当滑动面(带)为黏性土时，在滑动剪切作用下常产生光滑的镜面，有时还可以见到与滑动方向一致的滑坡擦痕。在勘探中，常可以根据这些特征来确定滑动面的位置。

（3）滑坡床。滑动面以下未滑动的稳定土体或岩体称为滑坡床，简称滑床。

（4）滑坡周界。在斜坡地表上，滑坡体与周围不动体的分界线，称为滑坡周界。其圈定了滑坡的范围。

（5）滑坡后壁。滑坡向下滑动后，滑体后部与未动体之间的分界面外露，形成断壁，称为滑坡后壁。其坡度较陡，坡度多为 $60°\sim80°$。滑坡后壁呈弧形向前延伸，形态上呈圈椅状，也称滑坡圈谷。后壁高矮不等，矮的几米，高的几十米或数百米。由于滑坡壁陡峻，故常产生崩塌。

（6）滑坡台阶。滑坡各个部分由于滑动速度和滑动距离的不同，在滑坡上部常形成一些阶梯状的错台，称为滑坡台阶。台面常向后壁倾斜，有多层滑动面的滑坡，常形成几个滑坡台阶。

（7）滑坡封闭洼地。滑坡下滑后，滑体和后壁之间拉开形成沟槽，相邻土楔形成反坡地形，成为四周高、中间低的封闭洼地。洼地内有地下水出露或地表降水汇集，可形成溃泉、湿地或水塘，这种水塘称为滑坡湖。

（8）滑坡舌。在滑坡体前部，形如舌状向前伸出的部分，称为滑坡舌。如果滑坡舌受阻，形成隆起小丘，则称为滑坡鼓丘。

（9）滑坡裂缝。滑坡的各个部分由于受力状态不同，裂缝形态也不同，按受力状态可将滑坡裂缝划分成 4 种。

1)张拉裂缝。滑体下滑时，由于张拉应力在滑体上部形成张拉裂缝。张拉裂缝分布在滑体上部，长数十米至数百米，呈弧形，与滑壁的方向基本吻合成平行。常把最宽的与滑壁周界重合的裂缝称为滑坡主裂缝。

2)剪切裂缝。其是在滑坡中部的两侧，由滑坡体下滑，在滑坡体内两侧所产生的剪切作用形成的裂缝。其与滑动方向大致平行，其两边常伴有呈羽毛状排列的次一级裂缝。

3)鼓张裂缝。其主要分布在滑坡体的下部，滑坡体上、下部分运动速度的不同或因滑体下滑前部受阻，致使滑坡体鼓张隆起形成裂缝。鼓张裂缝的延伸方向大体上与滑动方向垂直。

4)扇形张裂缝。分布在滑坡体的中下部(尤以舌部为多)，当滑坡体向下滑动时，滑坡体的前沿向两侧扩散形成张开裂缝。其方向在滑动体中部与滑动方向大致平行，在舌部则呈放射状，故称为扇形张裂缝。

(10)主滑线。滑坡滑动时，滑坡体滑动速度最快的纵向线叫作主滑线。其代表滑坡整体的滑动方向，它可能为直线或曲线，主滑线常位于滑体最厚、推力最大的部位。

上述滑坡的形态特征和结构，是滑坡的重要组成要素，也是识别滑坡的重要标志。

6.1.2 滑坡的形成条件与类型

1. 滑坡的形成条件

(1)地形地貌条件。

1)宽谷的重力堆积坡常是滑移坡，是已经产生的古滑坡堆积地形，在人为或自然因素作用下时常复活，是不稳定的山坡。

2)峡谷缓坡地段，往往表示各种重力堆积地貌、水流重力堆积地貌及岩堆、古滑坡、古错落、洪积扇地貌等，当线路以挖方形式通过时，老滑坡常复活或出现新滑坡。

3)山间盆地边缘区、起伏平缓的丘陵地貌是岩石滑坡和黏性土滑坡集中分布的地貌单元。

4)凸形山坡或凸形山嘴，在岩层倾向临空面时，可产生层面岩石滑坡；有断层通过时，可产生构造面破碎岩石滑坡。

5)单面山缓坡区常产生构造面破碎岩石滑坡。

6)线状延伸的断层崖下的崩积、坡积地形常分布有堆积土滑坡。

7)容易汇集地表水、地下水的山间缓坡地段，滑坡较多。

8)易受水流冲刷和淘蚀的山区河流凹岸，滑坡较多。

9)黄土地区高阶地的前缘坡脚，易受水浸湿而强度降低的地段，滑坡较多。

(2)地层岩性条件。

1)黏性土岩组。包括第四系冲积、湖积和残积黏土，上第三系至第四系更新统的杂色黏土区，滑坡较多。

2)堆积土岩组。包括第四系坡积、崩积为主的松散堆积物，滑坡较多。

3)砂页岩岩组。页岩夹层是该岩组的特点，包括中生界、古生界的各有关地层，滑坡分布较多。

4)含煤砂页岩岩组。夹有煤层或炭质页岩是该岩组的特点，包括三叠纪、二叠世、石炭纪等有关地层，易产生滑坡。

5）变质岩岩组。包括板岩、千枚岩、片岩等变质岩区，滑坡较多。

6）黄土岩组。含不同成因的第四纪黄土。

（3）地质构造条件。

1）活动性强的大断裂带及不同构造单元的交接带，滑坡较多。

2）断层破碎带有利于地表水、地下水活动，易于形成滑坡。

3）褶曲轴部岩层较破碎，滑坡分布较集中。

4）与区域主要构造线平行的铁路线，滑坡分布较多。

5）逆断层上盘是断裂构造活动中移动距离大、变形严重的一盘，层间错动多，顺层滑坡较发育。

6）各种结构面形成上陡下缓的组合形式，易于产生岩石滑坡。

7）地震震级高的地区，滑坡较多。

（4）水文地质条件。

1）松散堆积层下为不透水的基岩面时，由于大量地下水沿基岩面活动，降低了接触带土的强度，这是堆积层滑坡分布广泛的重要原因。

2）山坡岩体中的地下水如果具有稳定的储水构造（如断层破碎带水）补给，易于产生滑坡。

3）堆积山坡下部，如果有汇集地下水的埋藏基岩中的古沟槽，易于产生大型堆积层滑坡。

4）当地表水渗入顺坡岩体之后，沿下部相对不透水的软弱岩层（如软弱夹层）流动时，易于形成顺层滑坡。

5）黄土层中的砂层和砂卵石层通常富含地下水，其上部的黄土体常沿此层滑动。

6）河、湖、水库水位的大涨大落，由于动水压力的变化，易于形成岸边滑坡。

7）坡体上部的地表水大量渗入，易于引起滑坡。

（5）人为因素的影响。

1）在边坡的中上部堆置弃土或修建房屋，增加荷载，促使滑坡产生。

2）在边坡下部切坡，使支撑减弱，易于形成滑坡。

3）破坏山坡地表覆盖层及植被，加速岩体风化，使大量地表水下渗。

4）人工渠道、稻田渗漏及大量排泄生活用水，都能促使滑坡产生。

5）人为的大爆破、机械振动，可能引起滑坡。

2. 滑坡的类型

为了对滑坡进行深入研究和采取有效的防治措施，需要对滑坡进行分类。但是，由于自然地质条件的复杂性，而且分类的目的、原则和指标也不尽相同，因此，对滑坡的分类至今尚无统一的认识。结合我国的区域地质特点和工程实践，如铁路和公路部门认为，按滑坡体的主要物质组成和滑动时的力学特征进行的分类，具有一定的意义。

（1）按滑坡体的主要物质组成分类。

1）堆积层滑坡。堆积层滑坡多出现在河谷缓坡地带或山麓的坡积、残积、洪积及其他重力堆积层中。它的产生往往与地表水和地下水直接参与有关。滑坡体一般多沿下伏的基岩顶面、不同地质年代或不同成因的堆积物的接触面，以及堆积层本身的松散软弱面滑动。滑坡体厚度一般从几米到几十米。

2）黄土滑坡。发生在不同时期的黄土层中的滑坡，称为黄土滑坡。其产生常与裂隙及黄土对水的不稳定性有关，多见于河谷两岸高阶地的前缘斜坡上，常成群出现且大多为中、深层滑坡。其中，有些滑坡的滑动速度很快，变形急剧，破坏力强。

3）黏土滑坡。发生在均质或非均质黏土层中的滑坡，称为黏土滑坡。黏土滑坡的滑动面呈圆弧形，滑动带呈软塑状。黏土的干湿效应明显，干缩时多张裂，遇水作用后呈软塑或流动状态，抗剪强度急剧降低，所以，黏土滑坡多发生在久雨或受水作用之后，多属于中、浅层滑坡。

4）岩层滑坡。发生在各种基岩岩层中的滑坡，属于岩层滑坡，其多沿岩层层面或其他构造软弱面滑动。其中，沿岩层层面和前述的堆积层与基岩交界面滑动的滑坡，统称为顺层滑坡，如图 6.2 所示。但有些岩层滑坡也可能切穿层面滑动而成为切层滑坡，如图 6.3 所示。岩层滑坡多发生在由砂岩、页岩、泥岩、泥灰岩及片理化岩层（片岩、千枚岩等）组成的斜坡上。

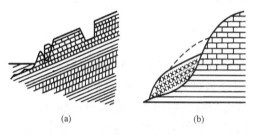

图 6.2　顺层滑坡示意图
(a)沿岩层层面滑动；(b)沿坡积层与基岩交界面滑动

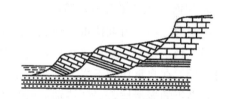

图 6.3　切层滑坡示意图

在上述滑坡中，如按滑坡体规模的大小，还可以进一步分为：小型滑坡（滑坡体小于 $3 \times 10^4 \ m^3$）；中型滑坡［滑坡体介于$(3 \sim 50) \times 10^4 \ m^3$］；大型滑坡［滑坡体介于$(50 \sim 300) \times 10^4 \ m^3$］；巨型滑坡（滑坡体大于 $300 \times 10^4 \ m^3$）。如按滑坡体的厚度大小，又可分为：浅层滑坡（滑坡体厚度小于 6 m）；中层滑坡（滑坡体厚度为 6～20 m）；深层滑坡（滑坡体厚度大于 20 m）。

（2）按滑坡的力学特征分类。

1）牵引式滑坡。牵引式滑坡主要是由于坡脚被切割（人为开挖或河流冲刷等）使斜坡下部先变形滑动，因而使斜坡的上部失去支撑，引起斜坡上部相继向下滑动。牵引式滑坡的滑动速度缓慢，但会逐渐向上延伸，规模越来越大。

2）推动式滑坡。推动式滑坡主要是由于斜坡上部不适当地加荷载（如建筑、填堤、弃渣等）或在各种自然因素作用下，斜坡的上部先变形滑动，并挤压推动下部斜坡向下滑动。推动式滑坡的滑动速度一般较快，但其规模在通常情况下不会有较大发展。

6.1.3　滑坡的发育过程

滑坡的发生和发展一般可分为蠕动变形阶段、剧烈滑动阶段、暂时稳定或渐趋稳定三个阶段。

1. 蠕动变形阶段

斜坡内某一部分，因抗剪强度小于剪切力而首先变形，产生微小的滑动。以后变形逐渐发展，直至坡面出现断续的拉张裂缝。随着裂缝的出现，渗水作用加强，使变形进一步发展。后缘拉张裂缝逐渐加宽并渐渐出现不大的垂直断距，两侧剪切裂缝也相继出现。坡脚附近的土层被挤压且显得比较潮湿，此时滑动面已基本形成。蠕动变形阶段的时间，长的可达数年，短的仅几天。一般来说，滑坡规模越大，这个阶段的历时越长。

2. 剧烈滑动阶段

在此阶段内，岩体已完全破裂，滑动面已形成，滑体与滑床完全分离。滑动带抗剪强度急剧减小，只要有很小的剪切力就能使岩体滑动。裂缝错距加大，后缘拉张主裂缝连成整体，两侧羽状裂缝撕开。斜坡前缘出现大量放射状鼓张裂缝、挤压鼓丘。滑动面出口地方常常有浑浊泥泉水出露，这时各种滑坡形态纷纷出现。这是滑坡即将开始整体下滑的征兆，然后发生剧滑。剧滑的速度一般每分钟数米或数十米，持续最短，通常为几分钟。但也有少数滑坡以每秒几十米的速度下滑，这种高速滑坡能引起气浪，发出巨大的声响。

3. 暂时稳定或渐趋稳定阶段

经剧滑之后，滑坡体重心降低，能量消耗于克服前进阻力和土体变形中，位移速度越来越慢并趋于稳定。滑动停止后，岩土体变得松散破碎，透水性加大，含水率增高。滑坡停息以后，在自重作用下岩土体逐渐压实，地表裂缝逐渐闭合。该阶段可能延续数年之久。已停息多年的老滑坡若遇到特别突出的诱发因素，如强烈地震或暴雨，还会重新活动。

以上几个阶段并不是所有滑坡都具备，有的只有第二、第三两个阶段比较明显，每个阶段的持续时间长短也不相同。

6.1.4 滑坡的野外判别

在工程勘察工作中，预测斜坡滑动的可能性、识别滑坡的存在，并初步分析判断其稳定程度，是合理布设建筑场址、拟订防治方案的一个基本前提。

斜坡在滑动之前，常有一些先兆现象，如地下水位发生显著变化，干涸的泉水重新出水且浑浊，坡脚附近湿地增多，范围扩大，斜坡上部不断下陷，外围出现弧形裂缝，坡面树木逐渐倾斜，建筑物开裂变形，斜坡前缘土石零星掉落，坡脚附近的土石被挤紧，并出现大量鼓张裂缝等。

如经调查证实，山坡农田变形，水田漏水，水田改为旱田，大块田改为小块田，或者斜坡上某段灌溉渠道不断破坏或逐年下移，则说明斜坡已在缓慢滑动过程中。

斜坡滑动之后，会出现一系列的变异现象。这些变异现象为人们提供了在现场识别滑坡的标志。

1. 地形地物标志

滑坡的存在，常使斜坡不顺直、不圆滑而造成圈椅状地形和槽谷地形，其上部有陡壁及弧形张拉裂缝；中部坑洼起伏，有一级或多级台阶，其高程和特征与外围河流阶地不同，两侧可见羽毛状剪切裂缝；下部有鼓丘，呈舌状向外突出，有时甚至侵占部分河床，表面多鼓张扇形裂缝，两侧常形成沟谷，出现双沟同源现象(图6.4)；有时内部多积水洼地，喜水植物茂盛，有"醉林"(图6.5)及"马刀树"(图6.6)和建筑物开裂、倾斜等现象。

2. 地层构造标志

滑坡范围内的地层整体性常因滑动而破坏，有扰乱松动现象，层位不连续，出现缺失某一地层、岩层层序重叠或层位标高有升降等特殊变化，岩层产状发生明显的变化，构造不连续(如裂隙不连贯、发生错动)等，都是滑坡存在的标志。

图6.4　双沟同源

图6.5　醉林

图6.6　马刀树

3. 地下水标志

滑坡地段含水层的原有状况常被破坏，使滑坡体成为单独含水体，地下水条件变得特别复杂，无一定规律可循。例如，潜水位不规则、无一定流向，斜坡下部有成排泉水溢出等。这些现象均可作为识别滑坡的标志。

上述各种变异现象，是滑坡运动的统一产物，它们之间有不可分割的内在联系。因此，在实践中必须综合考虑几个方面的标志，互相验证，才能准确无误，决不能根据某一标志，轻率地作出结论。例如，某快活岭地段，从地貌宏观上看，有圈椅状地形存在，其内并有几个台阶，曾被误认为是一个大型古滑坡，后经详细调查，发现圈椅范围内几个台阶的高程与附近阶地高程基本一致，应属同一期的侵蚀堆积面；圈椅范围内的松散堆积物下部并无扰动变形，基岩产状也与外围一致，而且外围的断裂构造均延伸至其中，未见有错断现象，圈椅状范围内仅见一处流量微小的裂隙泉水，未见有其他地下水露头。通过这些现象的分析研究，判定此圈椅状地形应为早期溪流流经的古河弯地段而并非滑坡。

6.1.5　滑坡的防治历史

早期人们对滑坡稳定性评价主要基于定性分析方法，如工程类比法和图解法等，可快速分析滑坡的稳定状态与发展趋势，但往往凭借经验，存在主观随意性，解决实际工程问题范围有限。

20世纪60年代，意大利瓦伊昂水库岸坡工程事故研究表明，边坡稳定性分析应将地质分析与力学机制结合起来，从而出现刚性极限平衡分析方法，并重视岩土体结构面控制关键作用。而滑坡和边坡实际是非线性和非连续体，随着计算机技术和计算理论的发展以及先进测试设备的开发，一系列数值分析方法和现场监测及试验方法应用于滑坡稳定性的评价，促进了边坡和滑坡稳定性分析研究。下面就经典的滑坡稳定性评价方法作一阐述。

1. 工程地质类比法

工程地质类比法是定性评价方法，该法为工程界广泛应用。它根据前人已经研究过的大量成果，按影响因素，尤其是土的类型、密实度与土的状态，得出极限坡角与坡高，如果此数小于斜坡实际坡度，则是不稳定的。其适用于工程建筑等级不高或可行性研究阶段。工程地质类比法的伸缩性很大，故应用时应正确划分滑坡类型，考虑多种相关因素，以提高评价的准确性。

2. 理论分析与数值模拟方法

(1)极限平衡分析法。滑坡极限平衡分析法针对不同形式滑动面有相应的分析方法，主要分析方法有 Fellenius 法、简化 Bishop 法、传递系数法、Janbu 法和 Spencer 法。极限平衡方法是据滑坡分块的静力平衡原理来分析相应破坏模式下的受力状态，并应用抗滑力与滑动力间关系，评价滑坡或边坡的稳定性。下面主要阐述广泛应用的瑞典条分法和剩余推力方法(传递系数法)。

1)瑞典条分法。瑞典条分法是条分法中最简单、最古老的方法之一。这种方法由彼德森(Petterson)于 1915 年提出，经费伦纽斯(Fellenius)和泰勒(Taylor)的进一步发展，并在瑞典首先被采纳应用，故通常称为瑞典法。该法已成为散体物质构成边坡和滑坡稳定性分析的经典方法。瑞典条分法的基本假定：地质体由均质材料构成，其抗剪强度服从库仑定律；破坏面为通过坡脚的圆弧面；不考虑分条之间的相互作用关系，并按平面问题进行分析。

如图 6.7 所示，ABC 为滑动体，虚线 AC 为滑动面，若将滑动体划分为 n 条块，取第 i 条块进行受力分析，因瑞典条分法假设不考虑条块间相互作用力，则水平荷载 H_i、H_{i-1}，垂直荷载 V_i、V_{i-1}，作用在同一条线上且大小相等，方向相反，它们的合力相互抵消，则在滑动面 ab 上的抗滑力 R_i 和滑动力 T_i 分别为

$$R_i = N_i \tan\varphi_i + c_i l_i = W_i \cos\theta_i \tan\varphi_i + c_i l_i \qquad (6.1)$$

$$T_i = W_i \sin\theta_i \qquad (6.2)$$

式中　W_i——第 i 条块重力；

c_i，φ_i——第 i 条块的黏聚力和内摩擦角；

l_i——第 i 条块底面长度。

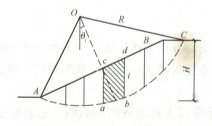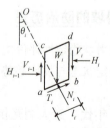

图 6.7　瑞典条分法计算模型示意图

则相应的圆心 O 和抗滑力矩 M_{R_i} 和滑力矩 M_{T_i} 分别为

$$M_{R_i} = R(W_i \cos\theta_i \tan\varphi_i + c_i l_i) \qquad (6.3)$$

$$M_{T_i} = R W_i \sin\theta_i \qquad (6.4)$$

滑坡的安全系数 k 为

$$k = \frac{M_R}{M_T} = \frac{R\sum\limits_{i=1}^{n}(W_i \cos\theta_i \tan\varphi_i + c_i l_i)}{R\sum\limits_{i=1}^{n} W_i \sin\theta_i} \qquad (6.5)$$

式中　M_R，M_T——总抗滑力矩和总滑力矩。

　　瑞典条分法由于假设滑动面为圆弧面且忽略条块间的作用力，使分析模型极大简化，但也因此导致结果产生误差。它虽满足滑动土体整体力矩平衡条件，但不满足条块的静力平衡条件。实际滑坡滑动面并不是真正的圆弧面，如山区的土层与岩面间的滑动，应用瑞典条分法会出现大的误差。另外，无论何种类型，滑坡内必然存在着一定的应力状态，以及滑坡临界应力状态，这些必然在分条间产生作用力，主要为分条间的水平压力和竖向摩擦力。故若不考虑这些力的存在，不仅在理论上是不严谨的，而且对安全分项系数也有相当的影响。瑞典条分法忽略了条间力，其计算安全系数 k 偏小，φ 越大（条间力的抗滑作用越大），k 越小。但考虑到分条间的作用力存在时，静力平衡条件则不足以解答所有的未知量，故现在只能进行某些人为的假定，例如传递系数法，假定分条间接触面上的水平力与竖向摩擦力的合力，其作用方向平行于该分条的滑动面且作用于分条的中部，来求解这些多余未知量。

　　2)剩余推力方法。岩土体发生滑动，其滑动面可能由几组结构面组合而成，且软弱结构面常为折线，此时无法用瑞典条分法求解，而常用不平衡推力传递法来求解，该法假设条块间作用力的合力与上一条块的滑动相平行。若滑坡条分后的剖面形态如图 6.8 所示，则垂直于第 i 条底面方向的静力平衡条件为

$$N_i = W_i \cos\alpha_i + P_{i-1} \sin(\alpha_{i-1} - \alpha_i) \qquad (6.6)$$

平行于第 i 条底面方向的静力平衡条件为

$$P_i - P_{i-1} \sin(\alpha_{i-1} - \alpha_i) - k W_i \sin\alpha_i + R_i = 0 \qquad (6.7)$$

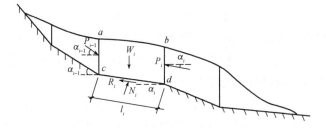

图 6.8　剩余推力法计算模型示意图

第 i 条底面的抗滑力为

$$R_i = N_i \tan\varphi_i + c_i l_i = [W_i \cos\alpha_i + P_{i-1} \sin(\alpha_{i-1} - \alpha_i)] \tan\varphi_i + c_i l_i \qquad (6.8)$$

基于式(6.7)可推出 P_i 为

$$P_i = P_{i-1}\varphi_i + kW_i\sin\alpha_i - W_i\cos\alpha_i\tan\varphi_i - c_il_i \tag{6.9}$$

$$\varphi_i = \cos(\alpha_{i-1} - \alpha_i) - \sin(\alpha_{i-1} - \alpha_i)\tan\varphi_i \tag{6.10}$$

式中　P_i，P_{i-1}——条块间的剩余推力；

　　　　α_i，α_{i-1}——条块 i、$i-1$ 与水平面的夹角；

　　　　φ_i——传递系数。

剩余推力法求解时，由上向下计算，依次求得条块相应的剩余推力，直到最后条块。若最后条块的剩余推力小于等于 0，则表明滑坡是稳定的；若大于 0，则不稳定；若求解中中间条块剩余推力小于 0，则令其为 0，继续求解下部条块。实际应用中，常假设最后条块推力为 0，并依次回推各条块推力，求得相应的安全系数，并按规范判定滑坡是否安全。

（2）数值分析方法。极限平衡法具有模型简单、可解决不同滑动面和能考虑各种加载形式等优点，但该法视岩土体为刚体，而实际岩土体是变形体，故该法不能满足变形协调条件，求得滑动面上应力状态并非真实的，且引入了人为简化条件和边界条件，计算结果也与复杂工程的实际情况存在一定差别。为此，人们为真实再现实际滑坡的力学行为，将有限元方法、离散单元方法、有限差分方法和边界元等数值分析方法引入滑坡的稳定性分析。数值方法能较大范围地考虑滑坡的复杂性、应力和变形性状，并能仿真滑坡体从局部破坏演化至整体滑动过程，有助于揭示破坏模式和变形规律。随着计算理论的发展，数值分析方法已发展为非线性、多相耦合和大变形的分析方法。虽然数值分析方法具有参数敏感性，研究方便且投资少，但数值计算方法精度依赖于参数的正确选取和边界条件的设置，工程应用中还应与模型试验及现场监测结果相互验证与反馈，以综合评价滑坡的稳定性，提高工程决策的可靠性。

3. 模型试验与现场监测及预警

滑坡模型试验是基于相似理论选择相似材料与制作模型，将测试结果按照相似判据反推揭示原型滑坡演化机制，以指导滑坡防治与预测灾害，其主要有室内试验和现场试验，包括现场模型试验、底摩擦模型试验、框架式模型试验、离心模型试验和综合模型滑坡试验。现场模型试验能真实、直观地再现滑坡的发生发展过程，便于找到滑坡发生的滑动特征和临界条件，具有结果准确、可靠等优点，但耗费人力、物力，而且试验模型的边界条件、土层特性等难于控制，一定程度上限制了成果的推广应用。目前，主要还是应用室内模型开展滑坡相关研究。由此可见，由于滑坡稳定性分析模型试验自身存在的局限性，还需要同其他相关学科结合起来，互相取长补短，从更深层次的角度来阐明滑坡发生发展的机理，为滑坡的有效防治提供科学的理论依据。

滑坡之所以能造成严重损害，是因为难以事先准确预报发生的地点、时间和强度。滑坡监测是科学管理滑坡和合理制定治理对策的前提，是识别不稳定滑坡的变形和潜在破坏的机制及其影响范围的有效方法。滑坡监测是通过测定一系列特定的、随时间的变化参量来评定滑坡的变形和移动速度等动态特征，监测滑坡稳定性。滑坡监测方法由采用人工皮尺的测定方法发展到应用计算机技术、3S 技术、高精度动态监测技术和信息技术的光纤传感滑坡监测方法、GPS 滑坡远程监测法、数字滑坡技术方法等。滑坡灾害的预测预报理论基础和预测模型研究方面，也取得了显著进展。

6.1.6 滑坡的防治原则和措施

1. 滑坡的防治原则

滑坡的防治原则应当是以防为主、整治为辅；查明影响因素，采取综合整治；一次根治，不留后患。在工程位置选择阶段，尽量避开可能发生滑坡的区域，特别是大型、巨型滑坡区域，在工程场地勘测设计阶段，必须进行详细的工程地质勘测。对可能产生的新滑坡，采取正确治理的工程设计，避免新滑坡的产生；对已有的老滑坡，要防止其复活，对正在发展的滑坡进行综合整治。

(1)整治大型滑坡，技术复杂、工程量大、时间较长，因此，在勘测阶段对于可以绕避且属经济合理的，首先应考虑路线绕避的方案。在必须于滑坡附近通过时，应按先后缘、前缘，后中间的顺序进行。因后缘安全性好，整治工程小，前缘应选在缓坡滑面段上通过，不得已再从中部通过。在已建成的路线上发生的大型滑坡，如改线绕避，将会废弃很多工程，应综合各方面的情况，做出绕避、整治两个方案比较。对大型复杂的滑坡，常采用多项工程综合治理，应作整治规划，工程安排要有主次缓急，并观察效果和变化，随时修正整治措施。

(2)对于中型或小型滑坡连续地段，一般情况下路线可不绕避，但应注意调整路线平面位置，以求得工程量小、施工方便、经济合理的路线方案。

(3)路线通过滑坡地区要慎重对待，对发展中的滑坡要进行整治，对古滑坡要防止复活，对可能发生滑坡的地段要防止其发生和发展。对变形严重、移动速度快、危害性大的滑坡或崩塌性滑坡，宜采取立即见效的措施，以防止其进一步恶化。

(4)整治滑坡一般应先做好临时排水工程，然后再针对滑坡形成的主要因素采取相应措施。

2. 滑坡的防治措施

(1)避开滑坡的危害。对于大型滑坡或滑坡群的治理，由于工程量大、工程造价高、工期较长，故在工程勘测设计阶段以绕避为主。如成昆线牛日河左岸一处滑坡，滑体厚度大并正在滑动中，故在勘测定线时两次跨越牛日河来避开滑坡的危害。

(2)排出地表水和地下水。滑坡的滑动多与地表水或地下水有关，因此，在滑坡的防治中往往要排除地表水或地下水，以减少水对滑坡岩土体的冲蚀，减小水的浮托力，增大滑带土的抗剪强度等，从而增加滑坡的稳定性。有的滑坡在疏干滑带中地下水之后就稳定了。在整治初期，由于采取了一些排除地表水或地下水的措施，往往能收到防止或减缓滑坡发展的效果。

地表排水的目的是拦截滑坡范围以外的地表水流入滑体，使滑体范围内的地表水排出滑体。地表排水工程可采用截水沟(图 6.9)和排水沟等。

排除地下水是用地下建筑物拦截、疏干地下水及降低地下水位等，

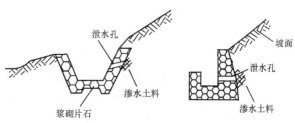

图 6.9 截水沟

来防止或减少地下水对滑坡的影响。根据地下水的类型、埋藏条件和工程的施工条件，可采用的地下排水工程有截水盲沟、支撑盲沟、边坡渗沟、排水隧洞及没有水平管道的垂直渗井、水平钻孔群和渗管疏干等。截水盲沟排水如图 6.10 所示，平孔排水如图 6.11 所示。

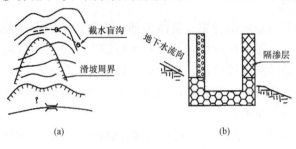

(a)   (b)

图 6.10　截水盲沟排水

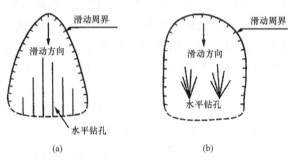

(a)   (b)

图 6.11　平孔排水
(a)平面布置；(b)隔渗层

（3）抗滑支挡。根据滑坡的稳定状态，用减小下滑力、增大抗滑力的方法来改变滑体的力学平衡条件，使滑坡稳定，这是防止某些滑坡继续发展而立即生效的措施。近年来，随着工程建设的飞速发展，抗滑支挡工程发展很快，主要抗滑支挡结构有抗滑挡墙、抗滑桩、锚索抗滑桩、预应力锚索、微型钢花管注浆群桩等。

1）抗滑挡墙。抗滑挡墙由于施工时破坏山体平衡影响小，稳定滑坡收效较快，故为整治滑坡中经常采用的一种有效措施。对于中小型滑坡可以单独采用，对于大型复杂滑坡，抗滑挡墙可作为综合措施的一部分，同时还要做好排水等措施。设置抗滑挡墙时必须弄清滑坡的滑动范围、滑动面层数及位置、推力方向及大小等，并要查清挡墙基底情况，否则会造成挡墙变形，甚至会造成挡墙随滑体滑动，使工程失效。

抗滑挡墙按其受力条件、墙体材料及结构分为片石圬工的、混凝土的、实体的、装配式的和桩板式的等。在以往山区滑坡整治中，采用重力式的较多。近年来，在一些工程中也有采用桩板式挡墙的，取得了较好的效果。

抗滑挡墙与一般挡土墙的主要区别在于它所承受压力的大小、方向和合力作用点不同。由于滑坡的滑动面已形成，因此，抗滑挡墙受力与挡墙高度和墙背形状无关，主要由滑坡推力所决定。其受力方向与墙背较长一段滑动面方向有关，即平行墙后的一段滑动面的倾斜方向。推力的分布为矩形，合力作用点为矩形的中点。因此，重力式抗滑挡墙有胸坡缓、外形矮胖的特点，这也是抗滑挡墙的主要结构形式。为了保证施工安全，修筑抗滑挡墙最好在旱期施工，并于施工前做好排水工程，施工时必须跳槽开挖，禁止全拉槽。开挖一段应立即砌筑回填，以免引起滑动。施工时，应从滑体两边向中间进行，以免中部推力集中，摧毁已成挡墙。

2）抗滑桩和锚索抗滑桩。抗滑桩是以桩作为抵抗滑坡滑动的工程建筑物。这种工程措施像是在滑体和滑床间打入一系列铆钉，使两者成为一体，从而使滑坡稳定，所以有人称之为锚固桩。桩的材料有木桩、钢管桩、混凝土桩和钢筋混凝土桩等。为了改变抗滑桩的受力状态，减小桩身弯矩和剪力，变被动受力为主动受力，减小滑体位移量。近几年，来在滑坡整治中还采用了锚索抗滑桩等新型支挡结构，适用于治理各种大中型滑坡。它已成为一种主要工程措施，应用较广泛，取得了良好的效果。

抗滑桩的布置取决于滑体的密实程度、含水情况、滑坡推力大小等因素，通常按需要布置成一排和数排，如图6.12所示。目前，我国多采用钢筋混凝土的挖孔桩，截面多为方形或矩形，其尺寸取决于滑坡的推力和施工条件。由于分排间隔设桩、截面小、分批开挖，因而具有工作面多，互不干扰，施工简便、安全等优点。

3）预应力锚索。预应力锚索具有结构简单、施工安全、对坡体扰动小、对附近建筑物影响小、节省工程材料，并对滑坡的稳定性起立竿见影的效果，从20世纪80年代以来逐渐被用在滑坡治理上。用预应力锚索治理滑坡是将锚索的锚固段设置在滑动面（或潜在滑动面）以下的稳定地层中，在地面通过反力装置（桩、框架、地梁或锚墩）将滑坡推力传入锚固段，用以稳定滑坡。我国曾用预应力锚索框架治理过山西太原至古胶二级公路K14滑坡，取得了良好的效果。更多的是采用预应力锚索框架（地梁或锚墩）与抗滑桩、抗滑挡墙等结构综合治理滑坡。预应力锚索主要是用于岩石滑坡和滑动面以下可提供锚固的稳定岩体。图6.13所示为预应力锚索框架与抗滑挡墙结合治理滑坡示意图。

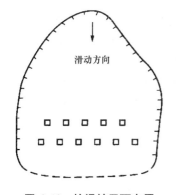

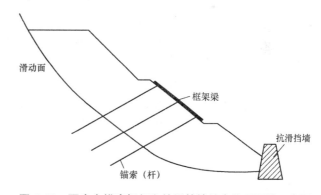

图6.12　抗滑桩平面布置　　　图6.13　预应力锚索框架和抗滑挡墙结合治理滑坡示意图

4）微型钢花管注浆群桩。微型钢花管注浆群桩治理滑坡是在滑坡体抗滑段采用两排或多排钻孔，下入钢花管进行压力注浆，用以加固钢花管周围的滑坡体、滑动面及其以下的岩土体，使密排的钢花管微型桩及其间的岩土体形成一个坚固的连续体，共同起到抗滑挡墙的作用。微型钢花管群桩在滑坡平面和断面图的分布，如图6.14所示。

微型钢花管注浆群桩适合治理不很厚的中小型黏性土滑坡。这种治理滑坡的结构有以下作用和优点：①微型钢花管注浆群桩对滑坡起支挡作用；②注浆体改善了滑坡体及滑动

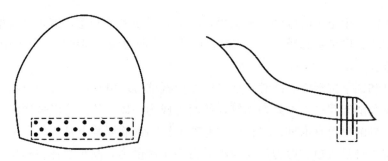

图 6.14 微型钢花管注浆群桩治理滑坡

面的性质，使滑带的 c、φ 值提高，增大了抗滑力；③微型桩和周围的注浆体，以及加固的岩土体形成一个较坚固的连续体，起抗滑挡墙的作用；④压力注浆体有挤密加固作用；⑤便于施工，随环境破坏小，钢材和水泥用量小。

微型钢花管注浆群桩近年来在公路滑坡治理中已有多处应用。例如，京珠高速公路 K108 滑坡治理及四川广巴高速公路 K109 滑坡治理，都采用了微型钢花管压力注浆群桩，治理效果良好。

4)减压反重。经过地质调查、勘探和综合分析之后，确认滑坡性质为推动式或者是错落转化而成的滑坡，具有上陡下缓的滑动面，并经过技术经济比较之后，认为减重方法确属有效并无后患时才可采用，有的情况减重也可起到根治滑坡的作用。但对牵引式滑坡和顺层滑坡，后部减重只能减小滑坡推力，起不到根治的作用。

减重必须经过滑坡推力计算，求出沿各滑动面的推力，才能判断各段滑体的稳定情况。减重不当，不但不能稳定滑坡，反而可能加剧滑坡的发展。减重后还要验算是否有可能沿某些软弱处重新滑出。采用减重时，也要做好排水和地表的防渗工作。

滑坡反压处理在前线必须确有抗滑地段存在，才能在此段加载，增加抗滑能力，否则将起到相反的作用。尤其不可在牵引地段加载，否则会增加下滑力促使滑动加剧。前部加载也和减重一样，也要经过反复计算，使之能达到稳定滑坡的目的。

5)其他方法。主要是改变滑带土的性质，提高滑带土强度的方法，这些方法包括钻孔爆破、焙烧、化学加固和电渗排水等。从理论上来说，这些方法都能起到加固作用，但由于技术和经济的原因，在实践中还很少应用。

6.2 崩 塌

6.2.1 崩塌的概念及其类型

1. 崩塌的概念

在陡峻的斜坡上，巨大岩块在重力作用下突然而猛烈地向下倾倒、翻滚、崩落的现象，称为崩塌。崩塌经常发生在山区的陡峭山坡上，有时也发生在高陡的路堑边坡上。

崩塌的规模大小相差悬殊。小型崩塌可崩落几十立方米至几百立方米岩块；大型崩塌可崩下几万立方米至几千万立方米岩块。规模巨大的山坡崩塌称为山崩。斜坡的表层岩石由于强烈风化，沿坡面发生经常性的岩屑顺坡滚落现象，称为碎落。悬崖陡坡上个别较大岩块的崩落称为落石。崩塌是山区公路常见的一种病害现象。它来势迅猛，常可摧毁路基和桥梁，堵塞隧道洞门，击毁行车，对公路交通造成直接危害。有时，因崩塌堆积物堵塞河道，引起涌水或产生局部冲刷，导致路基水毁。1967 年，四川雅砻江岸坡一次大崩塌，落下岩块约为 $6.8 \times 10^7 \text{ m}^3$，在河谷中堆起 175 m 高的块石堤坝，江水断流 9 d。1980 年 6 月 3 日凌晨，湖北省远安县盐池河磷矿发生山崩，崩石堆积物达 20 m 厚，将盐池河全部堵塞，并将矿区办公楼和职工宿舍全部摧毁，掩埋在堆石中。由于山崩发生在凌晨，工人都在熟睡中，300 多人遇难，无一幸免。

2. 崩塌的类型

崩塌的规模大小、物质组成、结构构造、活动方式、运动途径、堆积情况、破坏能力等千差万别，但其形成机理是有规律的，崩塌的分类及特征见表 6.1。

表 6.1　崩塌的分类及特征

类型	岩性	结构面	地形	受力情况	起始运动形式
倾倒崩塌	黄土、直立或陡倾坡内的岩层	多为垂直节理、陡倾被面至直立层面	峡谷、直立岸坡、悬崖	主要受倾覆力矩作用	倾倒
滑移崩塌	多为软硬相间的岩层	有倾向临空面的结构面	陡坡通常大于 55°	滑移面主要受剪切力	滑移、坠落
鼓胀崩塌	黄土、黏土坚硬岩层下伏软弱岩层	上部垂直节理、下部近似水平的结构面	陡坡	下部软岩受垂直挤压	滑移、倾倒
拉裂崩塌	多见于软硬相间的岩层	多为风化裂隙和重力拉张裂隙	上部突出的悬崖	拉张	坠落
错断崩塌	坚硬岩层、黄土	垂直裂隙发育、通常无倾向临空面的结构面	大于 45° 的陡坡	自重引起的剪切力	下错、坠落

（1）倾倒崩塌。在河流的峡谷区、岩溶区、冲沟地段及其他陡坡上，常见巨大而直立的岩体，以垂直节理或裂缝与稳定岩体分开。其断面形式如图 6.15 所示。这类岩体的特点是高而窄，横向稳定性差，失稳时岩体以坡脚的某一点为转点，发生转动性倾倒，这种崩塌模式的产生有多种途径。

1）长期冲刷、淘蚀直立岩体的坡脚，由于偏压使直立岩体产生倾倒蠕变，最后导致倾倒式崩塌。

2）当附加特殊水平力（地震作用、静水压力、动水

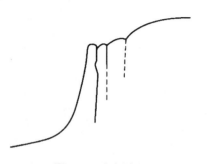

图 6.15　倾倒崩塌

压力、冻胀力和根劈力等)时，岩体可能倾倒破坏。

3)当坡脚由软岩组成时，雨水软化坡脚，产生偏压，引起这类崩塌。

4)直立岩体在长期重力作用下，产生弯折也能导致这种崩塌。

(2)滑移崩塌。在某些陡坡上，在不稳定岩体下部有向坡下倾斜的光滑结构面或软弱面时，其形式有3种，如图6.16所示。

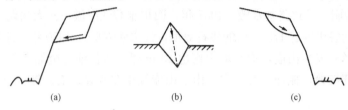

图 6.16　滑移崩塌

这种崩塌能否产生，关键在开始时的滑移，岩体重心一经滑出陡坡，突然崩塌就会产生。这类崩塌产生的原因，除重力外，连续大雨渗入岩体裂缝，产生静水压力、动水压力及雨水软化软弱面，都是岩体滑移的重要原因。在某些条件下，地震也可能引起这类崩塌。

(3)鼓胀崩塌。当陡坡上不稳定岩体之下有较厚的软弱岩层，或不稳定岩体本身就是松软岩层，而且有长大节理将不稳定岩体和稳定岩体分开时，在有连续大雨或有地下水补给的情况下，下部较厚的软弱层或松软岩层被软化。在上部岩体的重力作用下，当压应力超过软岩天然状态下的无侧限抗压强度时，软岩将被挤出，向外鼓胀。随着鼓胀的不断发展，不稳定岩体将不断地下沉和外移，同时发生倾斜，一旦重心移出坡外，崩塌即会发生，如图6.17所示。因此，下部较厚的软弱岩层能否向外鼓胀，是这类崩塌能否产生的关键。

(4)拉裂崩塌。当陡坡由软硬相同的岩层组成时，由于风化作用或河流的冲刷侵蚀作用，上部坚硬岩层在断面上常以悬臂梁形式突出来，如图6.18所示。图中 AB 面上剪力弯矩最大，在 A 点附近承受拉应力最大。所以，在长期重力作用下，A 点附近的节理会逐渐扩大发展。因此，拉应力更进一步集中在尚未产生节理裂隙的部位，一旦拉应力大于这部分岩石的抗拉强度，拉裂缝就会迅速向下发展，突出的岩体就会突然向下崩落。除重力长期作用外，震动、各种风化作用，特别是根劈和寒冷地区的冰劈作用等，都会促使这类崩塌的发生。

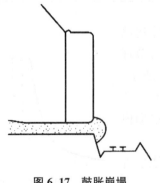

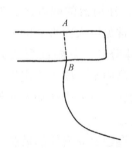

图 6.17　鼓胀崩塌　　　　　图 6.18　拉裂崩塌

（5）错断崩塌。陡坡上的长柱状和板状的不稳定岩体，在某些因素作用下，或因不稳定岩体的重力增加，或因其下部断面减小，都可能使长柱状或板状不稳定岩体的下部被剪断，从而发生错断崩塌。其破坏形式如图6.19所示。这种崩塌取决于岩体下部因自重所产生的剪应力是否超过岩石的抗剪强度，一旦超过，崩塌将迅速产生。通常有以下几种途径：

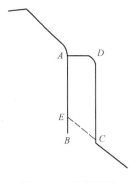

1）由于地壳上升，河流下切作用加强，使垂直节理裂隙不断加深，因此，长柱状和板状岩体自重不断增加。

2）在冲刷和其他风化剥蚀的作用下，岩体下部的断面不断减小，从而导致岩体被剪断。

图6.19　错断崩塌

3）由于人工开挖边坡过高、过陡，下面岩体被剪断，产生崩塌。

6.2.2　崩塌的形成

崩塌的形成条件和影响因素很多，主要有地形地貌条件、岩性条件、地质构造条件、降雨和地下水的影响，以及地震的影响、风化作用和人为因素的影响等。

1. 地形条件

斜坡高、陡是形成崩塌的必要条件。规模较大的崩塌，一般产生在高度大于30 m、坡度大于45°的陡峻斜坡上，尤其是大于60°的陡坡上。地形切割越强烈、高差越大，形成崩塌的可能性越大，而且破坏性越严重。

斜坡的外部形状，对崩塌的形成也有一定的影响，一般在上陡下缓的凸坡和凹凸不平的陡坡上（图6.20）易发生崩塌。

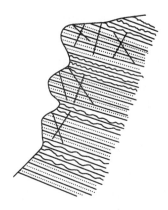

图6.20　凹凸不平的陡坡

2. 岩性条件

坚硬的岩石（加厚层石灰岩、花岗岩、砂岩、石英岩、玄武岩等）具有较大的抗剪强度和抗风化能力，能形成高峻的斜坡，在外来因素的影响下，一旦斜坡稳定性遭到破坏，即产生崩塌现象（图6.21）。所以，崩塌常发生在坚硬性脆的岩石构成的斜坡上。另外，由软硬互层（如砂页岩互层、石灰岩与泥灰岩互层、石英岩和千枚岩互层等）构成的陡峻斜坡，由于差异风化，斜坡外形凹凸不平，因而也容易产生崩塌(图 6.22)。

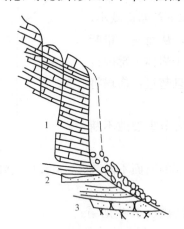

图 6.21　坚硬岩石组成的斜坡前缘卸荷裂隙导致崩塌　　　**图 6.22　软硬岩性互层的陡坡局部崩塌**
1—灰岩；2—砂页岩互层；3—石英岩　　　　　　　　　　　　　1—砂岩；2—页岩

3. 构造条件

如果斜坡岩层或岩体完整性好，就不易发生崩塌。实际上，自然界的斜坡经常是由性质不同的岩层以各种不同的构造和产状组合而成的，而且常常为各种构造面所切割，从而削弱了岩体内部的联结，为产生崩塌创造了条件。一般来说，岩层的层面、裂隙面、断层面、软弱夹层或其他的软弱岩性带都是抗剪性能较低的"软弱面"。如果这些软弱面倾向临空且倾角较陡，当斜坡受力情况突然变化，被切割的不稳定岩块就可能沿着这些软弱面发生崩塌。

4. 其他条件

(1)降雨和地下水对崩塌的影响。大规模的崩塌多发生在暴雨或久雨之后。这是因为斜坡上的地下水多数能直接得到大气降水的补给，使其流量大大增加。在这种情况下，地下水和雨水联合作用，使斜坡上的潜在崩塌体更易于失稳。其作用主要是：①充满裂隙中的水及其流动对潜在崩落体产生静水压力和动水压力；②裂隙充填物在水的浸泡下，抗剪强度大大降低；③充满裂隙的水对潜在崩落体产生向上的浮托力；④不稳定岩体两侧裂隙中的水降低了它和稳定岩体之间的摩擦力。

(2)地震对崩塌的影响。由于地震时地壳的强烈振动，斜坡岩体突然承受巨大的惯性荷载，使斜坡岩体中各种结构面的强度降低。同时，因为水平地震作用，斜坡岩体的稳定性也大大降低，从而导致崩塌，因此大规模的崩塌往往发生在强震之后。

(3)风化作用对崩塌的影响。斜坡上的岩体在各种风化应力的长期作用下，其强度和稳定性不断降低，最后导致崩塌。风化作用对崩塌的影响主要表现在以下几个方面：

1)在斜坡坡度、高度等条件相同时，岩石的风化程度越高，岩体就越破碎，发生崩塌的可能性越大；

2)斜坡上不同岩体的差异风化，使岩体局部悬空，可能导致崩塌；

3)陡坡上有倾向临空面的结构面，当其发生泥化作用或被风化物充填时，将促进不稳定岩体崩塌；高陡的人工边坡如果切割了原山坡的风化壳，可能引起风化壳沿完整岩体表面发生崩塌。

(4)人为因素对崩塌的影响。人类不合理的工程活动如边坡设计过高过陡，公路路堑开挖过深等往往也促使崩塌的发生。另外，坡顶弃方荷载过大或不适宜地采用大爆破施工也常引起斜坡发生崩塌。

6.2.3　崩塌机理

崩塌机理主要有硬岩垂直节理或裂隙极发育产生机理，软硬岩层互层的差异风化导致失稳机理和底部陷落机理。

(1)边坡被陡倾裂隙深切时，在外力及自重力的作用下逐渐向坡外倾斜、弯曲，陡倾裂隙被拉开，岩体下部因弯曲而被拉裂、折断，进而倾倒崩塌[图 6.23(a)]。

(2)软硬互层构成的悬崖，在差异风化作用下，软岩风化速度快，形成凹洞。当上部硬岩垂直裂隙发育时，则可坠落产生崩塌[图 6.23(b)]。

(3)下部有洞穴或采空，岩体沉陷、陷落，将边部岩体挤出，倾倒崩塌[6.23(c)]；在坚硬岩层的下部存在有软弱岩层，当它发生塑性蠕变(塑性流动或剪切蠕变)时，则可导致上部岩层深陷、下滑、拉裂，以致倾倒、崩塌。

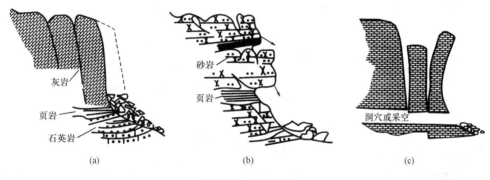

灰岩
頁岩
石英岩
(a)

砂岩
頁岩
(b)

洞穴或采空
(c)

图 6.23　崩塌机理

6.2.4　崩塌与滑坡的区别

崩塌与滑坡有着无法分割的联系。它们常常相伴而生，产生于相同的地质构造环境中和相同的地层岩性构造条件下，而且有着相同的触发因素，容易产生滑坡的地带也是崩塌的易发区。例如，宝成铁路宝鸡——绵阳段，即是滑坡和崩塌多发区。

崩塌可转化为滑坡：一个地方长期不断地发生崩塌，其积累的大量崩塌堆积体在一定条件下可生成滑坡；有时，崩塌在运动过程中直接转化为滑坡运动，而且这种转化比较常见。有时，岩土体的重力运动形式介于崩塌式运动和滑坡式运动之间，人们无法区别此运动是崩塌还是滑坡。因此，地质科学工作者称此为滑坡式崩塌，或崩塌型滑坡。崩塌、滑坡在一定条件下可互相诱发、互相转化。崩塌体击落在老滑坡体或松散不稳定堆积体上部，在崩塌的重力冲击下，有时可使老滑坡复活或产生新滑坡。滑坡在向下滑动过程中若地形突然变陡，滑体就会由滑动转为坠落，即滑坡转化为崩塌。有时，由于滑坡后缘产生了许多裂缝，因而滑坡发生后其高陡的后壁会不断地发生崩塌。另外，滑坡和崩塌也有着相同的次生灾害和相似的发生前兆。

崩塌与滑坡的主要区别见表6.2。

表 6.2 崩塌与滑坡的主要区别

项目	崩塌	滑坡
斜坡坡度	一般＞50°	一般＜50°
发生的斜坡部位	只发生在坡脚以上的坡面上	发生在坡面上或坡脚处，甚至在坡前剪出
边界面特征	侧面和底面各自独立存在，不能构成统一平面	侧面和底面有时可以连成统一的曲面（平面或曲面）
底面摩擦特征	底面摩擦大	底面摩擦小
群体的底面几何特征	各崩塌块体底面往往各自独立存在	各滑动的底面有时为统一的滑动面
运动本质	弯裂	剪切
运动速度	极快	极快至极慢
运动状态	多为滚动、跳跃	相对整体滑移
运动规模	很小至较大，块体一般不超过数千立方米	较小至极大
典型标志	坡面上出现反向错台	地表裂缝，滑坡平台
典型内部结构	松动开裂，局部架空，叠瓦构造	总体上保持岩层总体结构、构造特征，也可出现叠瓦状构造
堆积体名称	倒石堆	滑坡体

6.2.5 崩塌的防治

1. 防治原则

由于崩塌发生得突然而猛烈，治理比较困难而且复杂，特别是大型崩塌，因此一般多采取以防为主的原则。

(1)在选线时，应注意根据斜坡的具体条件，认真分析崩塌的可能性及其规模。对有可能发生大中型崩塌的地段，有条件绕避时宜优先采用绕避方案。若绕避有困难，可调整路线位置，离开崩塌影响范围一定距离，尽量减少防治工程或考虑其他通过方案（如隧道等）。对可能发生小型崩塌的地段，应视地形条件进行经济比较，确定绕避还是设置防护工程通过。如拟通过，路线应尽量争取设在崩塌停积区范围之外。如有困难，也应使路线与坡脚有适当距离，以便设置防护工程。

(2)在设计和施工中，避免使用不合理的高陡边坡，避免大挖大切，以维持山体的平衡。在岩体松散或构造破碎地段，不宜使用大爆破施工。

2. 防治措施

根据崩塌的规模和危害程度，所采用的防治措施有：绕避，加固山坡和路堑边坡，修筑拦挡建筑物，清除危岩，以及做好排水工程等。

(1)绕避。对可能发生大规模崩塌地段，即使是采用坚固的建筑物，也经受不了大规模崩塌的巨大破坏力，故铁路线路必须设法绕避。对河谷线来说，绕避有以下两种情况。

1)绕到对岸，远离崩塌体。

2)将线路向山侧移，移至稳定的山体内，以隧道通过。在采用隧道方案绕避崩塌时，要注意使隧道有足够的长度，使隧道进出口避免受崩塌的危害。以免隧道运营以后，由于长度不够，受崩塌的威胁，因而在洞口又接长明洞，造成浪费和增大投资。

(2)加固山坡和路堑边坡。在邻近建筑物边坡的上方，如有悬空的危岩或有巨大块体的危石威胁行车安全，则应采用与其地形相适应的支护、支顶等支撑建筑物，或是用锚固方法予以加固；对坡面深凹部分可进行嵌补；对危险裂缝进行灌浆。各种加固措施如图 6.24 所示。

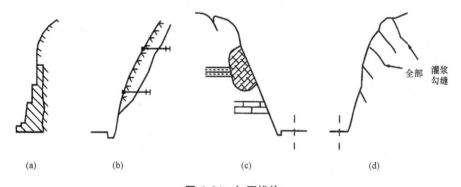

图 6.24 加固措施

(a)支护墙；(b)锚固；(c)嵌补；(d)灌浆、勾缝

(3)修筑拦挡建筑物。对中小型崩塌，可修筑遮挡建筑物和拦截建筑物。

1)遮挡建筑物。对中型崩塌地段，例如，绕避不经济，可采用明洞、棚洞等遮挡建筑物，如图 6.25 所示。

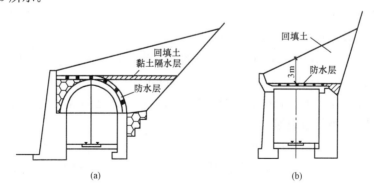

图 6.25 遮挡建筑物

(a)明洞；(b)棚洞

2)拦截建筑物。若山坡的母岩风化严重，崩塌物质来源丰富，或崩塌规模虽然不大，但可能频繁发生，则可采用拦截建筑物，如落石平台、落石槽、拦石堤或拦石墙等措施，如图 6.26 所示。

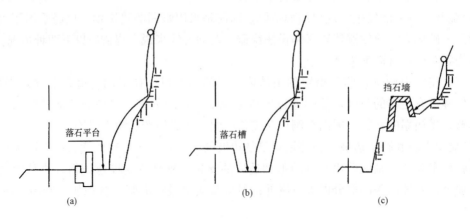

图 6.26 拦截建筑物

(a)落石平台；(b)落石槽；(c)挡石墙

(4)清除危岩。若山坡上部可能的崩塌物数量不大，而且母岩的破坏不甚严重，则以全部清除为宜，并在清除后，还应对母岩进行适当的防护加固。

(5)做好排水工程。地表水和地下水通常是崩塌落石产生的诱因，在可能发生崩塌落石的地段，还要务必做好地面排水和对有害地下水活动的处理。

3. 崩坍防治实例

SNS 网防护系统是一种高能量的防护系统，其主要由钢绳网、格栅网、横向支撑绳、纵向支撑绳、钢绳锚杆、缝合绳等组成。该系统能够防治较大的崩塌落石，格栅网可以防止表面风化剥落的碎石。纵横向支撑绳为受力绳，通过钢绳网的作用改变纵横向支撑绳的受力，从而达到防护的目的。SNS 网防护系统属梁件轻型防护系统，不会增大坡面荷载，裂隙水可以自由排泄，且适应各种地形，不破坏植被生长条件，有利于坡体稳定，服务年限长达 50 年。

1999 年，陕西省首次在兰小二级汽车专用公路 K36＋210—K36＋270 路段采用了 SNS 网主动防护系统，效果很好，现以此为例加以介绍。

兰小线 K36＋210—K36＋270 路段岩体岩性为花岗岩，逆向公路节理发育，倾角较大，将岩体切割成厚度为 0.5～1.5 m 的层状。修路时的不合理爆破及下部岩体清理，致使岩体沿节理临空。由于岩层较薄，花岗岩性脆，其他方向的节理也非常发育，在岩体自重力和地震力作用下，岩体极易破裂崩塌。

经过方案比选，人们认为传统的挂网喷锚在该处受到岩体倾角及倾向的限制，施工难度较大，且治理效果不佳。为适应该处地质条件，决定采用 SNS 网主动防护系统进行加固处理，如图 6.27 所示。

由于该段岩根被破坏，同时也为了防止人为因素的继续破坏，在该段底部做一钢筋锚杆挡墙，对上部岩体起到了有效的支撑作用，上部铺挂 SNS 网，鉴于该处岩石节理面走向

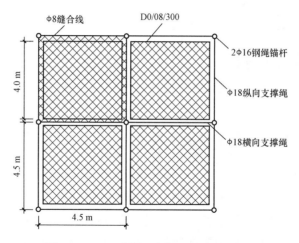

图 6.27 SNS 防护系统标准布置及缝合图

与公路走向一致，且临空面为新开挖断面，风化差、岩块相对较大，设计铺设 SNS 钢绳网。一个挂网单元为 4.5 m×4.5 m，由 Φ18 的纵向支撑绳、Φ8 的横向支撑绳和 4 m×4 m 的钢绳网组成，每张钢绳网用一根 Φ8 缝合绳与支撑绳缝合连接。钢绳锚杆间距为 4.5 m，锚深为 2.5 m，钢绳规格为 2Φ16，侧沿及上沿钢绳锹杆规格为 2Φ16，锚深为 3 m。山体顶部用钢丝绳将 SNS 网拉到山体背侧部外锚固；SNS 网底沿钢绳锚杆浇筑于混凝土挡墙内。

SNS 网的施工顺序及方法如下：①清理岩面；②放线测量，测定锚杆孔位，钻凿凹坑（口径 20 cm，深 10 cm）；③钻凿锚杆孔，孔深应比设计锚杆长度长 5 cm 以上，孔径不小于 Φ48，如孔径不能达到，则应钻凿沿线路方向呈 30°夹角的直径不得小于 Φ30 的两个锚杆孔，将钢丝锚杆拆开分别插入锚固；④注浆并插入锚杆；⑤安装纵横向支撑绳，张拉紧后，两端与钢绳锚杆外露环套固定连接；⑥从上往下铺设钢绳网并用 Φ8 钢绳缝合（图 6.28）。

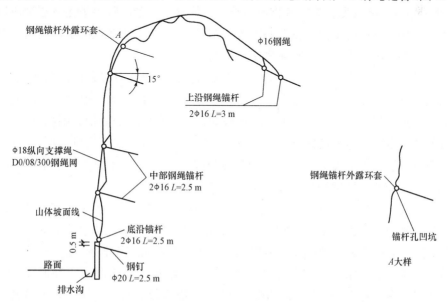

图 6.28 SNS 网断面施工

6.3 泥石流

6.3.1 泥石流的概念及其形成条件

1. 泥石流的概念

泥石流是一种水与泥沙和石块混合在一起流动的特殊洪流，具有突然爆发与流速快、流量大、物质容量大和破坏力强等特点。在泥石流发育区，经常发生泥石流冲毁公路、铁路、桥梁等交通设施的现象，大型泥石流甚至可以冲毁工厂、城镇和农田水利工程，给人民生命财产和国家建设造成巨大损失。

我国是一个多山国家，山区面积达 70% 左右，是世界上泥石流最发育的国家之一。我国泥石流主要分布在西南、西北和华北山区，华东、中南部分山地及东北辽西、长白山区也有分布。我国著名的西安—兰州公路、甘肃—四川公路、甘肃—青海公路，都经常受到泥石流的危害。根据有关资料，1981 年 7 月 9 日我国四川甘洛利子依达沟暴发特大泥石流，其流速高达 13.2 m/s，固体物质输移量达 8.4×10^5 m³，将宽为 120 m、水深流急的大渡河拦腰堵断达 4 h，剪断铁路桥墩，冲毁桥梁，442 次客车遇难，是我国铁路交通史上发生的最大的泥石流灾害。

2. 泥石流形成条件

泥石流的形成必须具备三个基本条件，即丰富的松散物质、充足的突发性水源和陡峻的地形条件。

(1)物质条件。组成泥石流松散物质的类型、数量和位置，取决于泥石流沟流域内的地质环境条件。松散物质的来源主要包括：断层破碎带物质，风化壳物质，崩塌、滑坡及坡积层物质，支沟洪积物质，人工弃渣物质，古泥石流扇等。

泥石流松散物质的来源是多方面的，一条泥石流沟可以具有多种松散物质来源。另外，松散物质能否参加泥石流活动，取决于松散物质的堆积位置、固结程度、底坡坡度、水动力大小等。靠近沟层的松散物质一般不易被搬动，邻近沟口的松散物质则相对容易被搬动。固结程度低的松散物质容易被搬动，固结程度高的松散物质在临近沟口也不一定能被搬动。有多少松散物质能参加泥石流活动，应视具体情况而定。在松散物质储量中，可以参加泥石流活动的松散物质的储量称为松散物质动储量。

(2)水源条件。水不仅是泥石流的组成部分和搬运介质，同时，也是启动松散物质(如浸泡软化松散物质、降低其抗剪强度、产生浮力、推动瓦解松散物质等)和产生松散物质(如诱发崩塌、滑坡等)的主要因素，所以，水是形成泥石流的基本条件之一。

形成泥石流的突发水源主要来自集中暴雨、冰雪融化和湖库溃决三种形式。我国大部分地区降雨量都集中在 7～9 月，雨期降雨量占全年降雨量的 60%～90%，并且常以集中暴雨的形式出现。例如，东川支线老干沟，1963 年一次暴雨，1 h 降雨量为 55.2 mm，暴发了50年一遇的泥石流。又如成昆铁路三滩泥石流沟，1976年6月29日，1 h降雨量为55.1 mm；7月3日，1 h降雨量为86.7 mm，也暴发了50年一遇的泥石流。再如西藏东部古乡沟，1959年9月29日，大量冰雪融水卷起冰碛物，形成泥石流，排出固体物质14×10^4 m³，泥石流先堵断谷口，然后以高9.5 m的龙头冲出，方圆几千米成为一片石海，毁坏大片森林和村庄；泥石流还冲入波斗藏布江，把上游堵成一个宽2 km、长5 km的湖泊。

（3）地形条件。泥石流常发生在地形陡峻、沟床纵坡大的山地，流域形态多呈瓢形、掌形、漏斗形或梨叶形。这种地形因山坡陡峭，植被不易发育，风化、剥蚀、崩塌、滑坡等现象严重，可为泥石流提供丰富的松散物质。同时，有利于地表水迅速汇集，形成洪峰，以卷起松散物质形成泥石流，还可使泥石流具有很大的动能。一条典型的泥石流沟，从上游到下游一般可以分为三个区段，即形成区、流通区和沉积区，如图6.29所示。

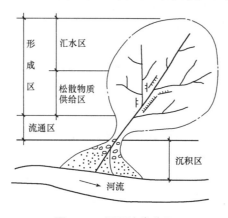

图6.29 泥石流沟分区

1）形成区。一般位于泥石流沟的中上游，由汇水区和松散物质供给区组成。汇水区山坡坡度常在30°以上，是迅速汇集水流，形成洪峰径流的地方。地形越陡，植被越少，水流汇集越快。松散物质供给区一般位于汇水区下部，常常坡面侵蚀强烈，两岸岩体破碎，崩塌、滑坡等不良地质发育，可提供大量泥石流松散物质。该段沟床纵坡一般大于14°，松散物质稳定性差，当遇特大洪水时，则可能形成泥石流。

2）流通区。一般位于泥石流沟的中下游，为泥石流通道。一般沟床纵坡大，相对狭窄顺直，两岸沟坡稳定，能约束泥石流，使之保持较大的泥深和流速，并使泥石流不易停积。该段沟床常有跌水陡坎。由于泥石流一旦发生，不需要太陡的沟床纵坡也能运动，因此该段沟床纵坡有时仅8°左右也能通过泥石流。

在坡面型泥石流沟中，有时没有明显的流通区。

3）沉积区。一般位于沟口一带的地形开阔平坦地段。泥石流到此后流速变缓，流体分散，迅速失去动能而停积下来，多形成扇形堆积，称为泥石流扇。有的泥石流扇则为多次泥石流改道堆积形成。

在山区，有时被位于泥石流沟口的主河床弯道冲刷，使泥石流沟无沉积区。但在主河床下游不远处，一般可见泥石流物质形成的大面积边滩或心滩。

6.3.2 泥石流的类型

为深入研究和有效整治泥石流，必须对泥石流进行合理分类。多年来，各相关研究单位和相关行业部门，大多建立自己的泥石流分类及分类标准。常见的主要分类形式如下：

1. 按泥石流流体性质分类

(1)黏性泥石流。一般指泥石流密度大于 1 800 kg/m³（泥流大于 1 500 kg/m³），流体黏度大于 0.3 Pa·s，体积浓度大于 50%的泥石流。该类泥石流运动时呈整体层流状态，阵流明显，固、液两相物质等速运动，沉积物无分选性，常呈垄岗状。流体黏滞性强、浮托力大，能将巨大漂石悬移。由于泥浆的铺床作用，泥石流流速快、冲击力大、破坏性强，弯道处常有较大超高和直进性爬高等现象。

(2)稀性泥石流。一般指泥石流密度小于 1 800 kg/m³（泥流小于 1 500 kg/m³），流体黏度小于 0.3 Pa·s，体积浓度小于 50%的泥石流。该类泥石流运动时呈紊流状态，无明显阵流，固、液两相物质不等速运动，漂石流速慢于浆体流速，堆积物有一定分选性。其流速和破坏性均小于黏性泥石流。

2. 按泥石流物质组成分类

(1)泥流。泥流中固体物质主要为泥沙，仅有少量碎块石，液体黏度大，有时出现大量泥球。这类泥流在我国主要分布在西北黄土高原地区。

(2)泥石流。泥石流中固体物质主要为大量泥、砂、碎石和巨大块石、漂石。在我国，其主要分布在温暖、潮湿、化学风化强烈的南方地区，如西南、华南等地。

(3)水石流。水石流中固体物质主要为砂、砾、卵石、漂石，黏土含量很少。在我国，其主要分布在干燥、寒冷，以物理风化为主的北方地区和高海拔地区。北京密云山区即为水石流区。

3. 按泥石流地貌特征分类

(1)山坡型泥石流。山坡型泥石流主要沿山坡坡面上的冲沟发育，沟谷短、浅。泥石流流程短，有时无明显的流通区。固体物质来源主要为沟岸塌滑或坡面侵蚀。

(2)沟谷型泥石流。沟谷型泥石流沟谷明显，长度较大，沟内一般有多条支沟发育。形成区、流通区、沉积区明显，固体物质来源主要为流域内的崩塌、滑坡、沟岸坍塌、支沟洪积扇等。

(3)河谷型泥石流。水泥石流沟床纵深大，长达十多千米，沟内长年流水发育，松散物质为沿途补给，沟内分段沉积现象发育时，其被称为河谷型泥石流。

另外，尚有按泥石流固体物质来源分类、按泥石流发育阶段分类、按泥石流沉积规模分类、按泥石流发生频率分类、按泥石流激发因素分类和按泥石流危险程度分类等多种分类方法。

6.3.3 泥石流的防治

1. 线路位置选择

山区的公路和铁路选线一般都是利用山坡坡脚至河岸之间的坡地或阶地，沿着河谷前进，即所谓的"河谷线"。这种线路一般都要大量地跨越山区或者山前的山间小溪、沟谷，经常受到泥石流的威胁。当公路或者铁路经过泥石流地区时，如何合理地选择路线的位置是十分重要的问题。如选线不当，轻则可能造成很多泥石流病害工点；重则整段线路无法正常使用。从根本上说，选择好线路位置是防治泥石流的最有效措施。

路线通过泥石流地区，一般有下列几种方案，如图 6.30 所示。

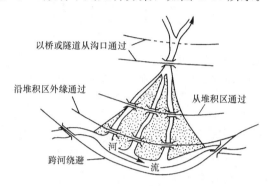

图 6.30　线路通过泥石流沟的不同部位

(1)线路在泥石流沟的沟口，即在泥石流的流通区通过，这是最好的一种方案。因为这里沟床固定，冲刷淤积都不严重，对线路威胁较小，由于流通区所在的地势较高，线路须爬坡展线，增长线路，在线路走行高度适合时，可以让隧道或者桥通过。

(2)线路在堆积区通过，这里沟床变迁不定，泥沙石块冲刷、淤积严重，线路在此通过最为不利。当铁路定线困难，必须通过堆积区时，应首先考虑提高线路标高，增大桥下排洪净空，按泥石流沟床分散架桥，不宜改沟、并沟或者压缩沟槽，尽可能使线路与主沟流向正交，并辅以各种防治措施，确保线路安全。

(3)线路在泥石流洪积扇的边缘通过时，此处冲刷、淤埋情况较泥石流堆积区轻，在流通区方案难以实现时可考虑采用。

(4)绕避，在泥石流十分严重的地区，线路或靠山做隧道通过或跨河绕避。

2. 泥石流防治原则

(1)路线跨越泥石流沟时，首先应考虑从流通区或沟床比较稳定、冲淤变化不大的堆积扇顶部用桥跨越。这种方案可能存在平面线形较差，纵坡起伏较大，沟口两侧路堑边坡容易发生崩塌、滑坡等病害，因此，应注意比较。

(2)当河谷比较开阔，泥石流沟距大河较远时，路线可以考虑走堆积扇的外线。这种方案线形一般比较舒顺，纵坡也比较平缓，但可能存在以下问题：堆积扇逐年向下延伸，淤埋路基；河床摆动，路基有遭受水毁的威胁。

(3)对泥石流分布较集中、规模较大、发生频繁和危害严重的地带，应通过经济和技术比较，在有条件的情况下，可以采取跨河绕道走对岸的方案或其他绕避方案(图 6.31)。

(4)如泥石流流量不大，在全面考虑的基础上，路线也可以在堆积扇中部以桥隧或过水路面通过。采用桥隧时，应充分考虑两端路基的安全措施。这种方案往往很难克服排导沟的逐年淤积问题。

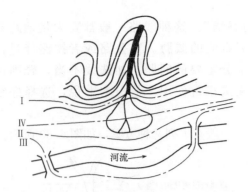

图 6.31　公路通过泥石流地段的几种方案示意图

Ⅰ—从堆积扇顶部通过；Ⅱ—从堆积扇外缘通过；Ⅲ—跨河绕避通过；
Ⅳ—从堆积扇中部通过

(5)通过散流发育并有相当固定沟槽的宽大堆积扇时，宜按天然沟床分散设桥，不宜改沟归并。如堆积扇比较窄小，散流不明显，则可集中设桥跨过。

(6)在处于活动阶段的泥石流堆积扇上，一般不宜采用路堑。路堤设计应考虑泥石流的淤积速度及公路使用年限，慎重确定路基标高。

3. 泥石流防治措施

泥石流防治是一个综合性工程，在泥石流沟的不同区段，其防治目的和主要防治手段均有所不同。

(1)形成区。形成区防治以水土保持和排洪为主。水土保持主要体现在两方面：一是在汇水区，广种植被，延迟地表水汇流时间，降低洪峰流量；二是在松散物质供给区，以灌浆、锚固、支挡等形成加固边坡，稳定松散物质。

排洪主要是在松散物质供给区修建环山排洪渠或排洪隧道，使地表径流不经过松散物质堆积场地，残留的地表径流也不足以启动松散物质。例如：四川省峨眉水泥厂左侧的干溪沟，该沟下游从厂区通过，中游因山腰采矿区弃渣堆积，沟中停积上百万立方米的松散物质，已超过拦渣坝高度数米，随时有形成泥石流的可能。但峨眉水泥厂在干溪沟松散物质堆积区上游修筑了截水坝，在右岸修建了一截面面积为 9 m² 的排洪隧道，将沟中地表径流通过排洪隧道从松散物质堆积区下游排出，从而避免了泥石流的发生。

(2)流通区。流通区防治以拦渣坝的形式为主。在流通区泥石流已经形成，一般采用一道或多道拦渣坝进行拦截，目的是将主要泥石流物质拦截在沟中，使其不能到达下游或沟口建筑物场地。当为多道坝配置时，又称为梯形坝。拦渣坝常见的有重力坝(图 6.32)和格栅坝(图 6.33)两种。重力坝抗冲击能力强，当为多道坝设置时一般间隔不远，以便坝内拦截的物质能够停积到上游坝基处，起到防冲和护基作用。坝的数量和高度以能全部拦截或大部分拦截泥石流物质为准。格栅坝既能截留泥石流物质，又能排走流水，已越来越多地被采用，但应注意使其具有足够的抗冲击能力。类似格栅坝作用的还有框窗坝、拱形坝等。

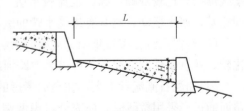

图 6.32　重力坝

图 6.33　格栅坝

（3）沉积区。沉积区防治以排导工程为主。常见的排导工程措施有排导槽、明洞渡槽和导流堤。排导槽位于桥下，用浆砌片石构筑而成。槽的底坡应大于泥石流停积坡度，使泥石流在桥下一冲而过。槽的横截面面积应大于泥石流龙头横截面面积，排导槽出口常与沟口河流锐角相交，以便河流顺利带走排出物质。明洞渡槽主要用于危害严重又不易防治的泥石流沟，在桥梁位置修建明洞，在明洞上方修建排导槽，使上游泥石流通过明洞上方排导槽超过线路位置，从而起到保护线路的目的。明洞一定要有足够的长度，以防特大型泥石流从明洞两端洞门强入明洞内。导流堤主要用于引导泥石运动和沉积方向，以保护居民点。

上述防治措施应综合运用，以求取得较好效果。

6.4　岩　溶

6.4.1　岩溶的概念及其形态特征

岩溶是指地表水和地下水对可溶性岩石的长期溶蚀作用及形成的各种岩溶现象的总称。迪纳拉山脉中的喀斯特高原是岩溶现象的典型地区，国际上最早在此开展全面研究，并用此地名代表岩溶现象，称为喀斯特现象。我国在 1966 年第二届全国岩溶会议上，决定在我国用岩溶一词取代喀斯特。

岩溶以碳酸盐岩分布最为广泛。在我国广西（有 13.9×10^4 km²）、贵州（有 15.6×10^4 km²）、云南（有 24.1×10^4 km²）、四川（有 36.0×10^4 km²）、湖南（有 11.3×10^4 km²）、湖北（有 7.8×10^4 km²）等地，都有大面积连续分布的碳酸盐岩，如贵州面积的 51%，广西面积的 33%，都是出露的碳酸盐岩。这些都是著名的岩溶地区。另外，在我国华南、华东、华北及青海（有 19.0×10^4 km²）、西藏自治区（有 86.3×10^4 km²）等地，也有大量碳酸盐岩分布。

因此，我国是一个多岩溶发育的国家。全国陆地碳酸盐岩分布面积为 344.3×10^4 km²，出露面积为 90.7×10^4 km²。

岩溶与工程建设关系密切。在修建水工建筑物时，岩溶造成的库水渗漏，轻则造成水资源或水能损失，重则使水库完全不能蓄水而失效。在岩溶地区开挖隧道，常遇到溶洞充填物坍塌，暗河和溶洞封存水突然涌入，溶洞充填物不均匀沉降导致衬砌开裂等问题。当遇到大型溶洞时，洞中高填方或桥跨施工困难，造价昂贵，不仅延误工期，有时甚至需改变线路方案。如天生桥隧道开挖到山体内部，遇到一个高 100 m（路基下高度大于 50 m）、宽 120 m、长 90 m 的大溶洞，建筑物悬空，技术上很难处理，被迫改设弯道绕避。此外，岩溶地面塌陷，风化表土不均匀沉降或岩溶漏斗覆盖土潜移，也会对工程建筑造成危害。因此，充分认识岩溶作用及岩溶现象，对岩溶地区修建工程建筑物有着重要的意义。

常见的岩溶形态有以下几种（图 6.34）。

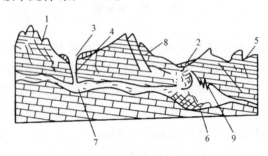

图 6.34 岩溶形态示意图

1—石芽、石林；2—塌陷洼地；3—漏斗；4—落水洞；5—溶沟、溶槽；

6—溶洞；7—暗河；8—溶蚀裂隙；9—钟乳石

1. 溶沟、石芽和石林

地表水沿地表岩石低洼处或沿节理溶蚀和冲刷，在可溶性岩石表面形成的沟槽称为溶沟。其宽、深可由数十厘米至数米不等，在纵横交错的沟槽之间，残留凸起的牙状岩石称为石芽。如果溶沟继续向下溶蚀，石芽逐渐高大，沟坡近于直立，已发育成群，远观像石芽林，称为石林。云南路南石林发育完美，堪称世界之最。

2. 漏斗及落水洞

地表水顺着可溶性岩石的竖直裂隙下渗，最先产生溶隙。待顶部岩石溶蚀破碎及竖直溶隙扩大，岩层顶部塌落形成近乎圆形坑。圆形坑多具向下逐渐缩小的凹底，形状酷似漏斗，称为溶蚀漏斗。在漏斗底部常堆积有岩石碎屑或其他残积物。

如果岩石的竖直溶隙连通大溶洞或地下暗河，溶隙可能扩大成地面水通向地下暗河或溶洞的通道称落水洞。其形态有垂直的、倾斜的或弯曲的，直径也大小不等，深度可达数百米。

3. 溶蚀洼地和坡立谷

由溶蚀作用为主形成的一种封闭、半封闭洼地称为溶蚀洼地。溶蚀洼地多由地面漏斗群不断扩大汇合而成，面积由数十平方米至数万平方米。坡立谷是一种大型封闭洼地，也称溶蚀盆地。面积由数平方千米至数百平方千米，进一步发展则成溶蚀平原。坡立谷谷底平坦，常有较厚的第四纪沉积物，谷周为陡峻斜坡，谷内有岩溶泉水形成的地表流水至落水洞又降至地下，故谷内常有沼泽、湿地或小型湖泊。

4. 峰丛、峰林和孤峰

峰丛、峰林和孤峰是岩溶作用极度发育的产物。溶蚀作用初期，山体上部被溶蚀，下部仍相连通，称为峰丛；峰丛进一步发展成分散的、仅基底岩石稍许相连的石林，称为峰林；耸立在溶蚀平原中孤立的个体山峰，称为孤峰，它是峰林进一步发展的结果。

5. 干谷

原来的河谷，山谷中河水沿谷中漏斗、落水洞等通道全部流入地下，使下游河床干涸而成干谷。

6. 溶洞

溶洞是地下水沿岩石裂隙溶蚀扩大而形成的各种洞穴。溶洞形态多变，洞身曲折、分岔，断面不规则。地面以下至潜水面之间，地表水垂直下渗，溶洞以竖向形态为主；在潜水面附近，地下水多水平运动，溶洞多为水平方向迂回曲折延伸的洞穴。地下水中多含碳酸盐，在溶洞顶部和底部饱和沉淀而成石钟乳、石笋和石柱(图 6.35)。规模较大的溶洞，长达数十千米，洞内宽处如大厅，窄处似长廊。水平溶洞有的不止一层，例如，轿顶山隧道揭穿的溶洞共有上、下 4 层，溶洞长为 80 m，宽为 50~60 m，高为 20~30 m。

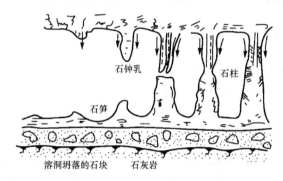

图 6.35　石钟乳、石笋和石柱生成示意图

7. 暗河

岩溶地区地下沿水平溶洞流动的河流称为暗河。溶洞和暗河对各种工程建筑物特别是地下工程建筑物造成较大危害，应予以特别重视。

6.4.2　岩溶发育的基本条件

岩溶必须具备可溶性岩石和有溶蚀能力的水。但如果只具备这两个条件，岩溶就只能在岩体表面进行，而无法向深处、内部发展；而且一定量的水，也只具有一定限度的溶蚀能力，无法进行超能力的岩溶。因此，要使岩溶在地壳内充分发育，岩体还必须具有相当的透水性，岩溶水也需不断地循环交替。因此，岩溶的发育条件总括起来有 4 点：

(1)岩石具有可溶性。这是岩溶发育的内因和基础，否则，岩溶就无从发生。如石灰岩、白云岩、大理岩等碳酸盐类岩石都是可溶性岩石，但由于它们在成分、成因、结构、构造上的差异，其可溶性相差极大。通常，碳酸岩类岩石的可溶性随岩石中所含方解石与白云石，以及不可溶杂质的比值大小而增减；含方解石越多，含白云石、杂质越少，则越易溶蚀。其顺序为石灰岩、白云质灰岩、灰质白云岩、白云岩、硅质灰岩、泥灰岩。另外，碳酸盐岩的结构也是影响其可溶性的重要因素，但无论是粒屑结构还是生物结构或晶质结构，其溶蚀程度均随颗粒的大小、骨架的紧密程度、孔隙度的大小而变化。颗粒越大，骨架越疏松，孔隙度越大，则岩溶越易发育。

(2)有溶蚀能力的水。这是岩溶发育的外因和条件，否则，岩溶作用就很难进行。纯净水的溶蚀力是很微弱的，但当水中含有侵蚀性 CO_2 或其他酸类，如硝酸、硫酸等和氯化物卤水时，其溶蚀能力就大大增强。水中的 CO_2 主要来自土壤植被和大气。

含有侵蚀性 CO_2 的水对可溶性碳酸盐岩的溶蚀作用过程(以石灰岩为例)如下所述。

一方面，大气和土壤中的 CO_2 进入水中成为溶解的 CO_2，其中一部分为物理态，另一部分为化学态，即所谓的侵蚀性 CO_2，二者之间保持相互平衡关系。化学态的 CO_2 与水化合形成碳酸，并随后离解为氢离子与重碳酸离子。

$$H_2O + CO_2 \longleftrightarrow H_2CO_3 \longleftrightarrow H^+ + HCO_3^-$$

另一方面，石灰岩溶解于水生成 Ca^{2+} 及 CO_3^{2-} 离子，两者之间也有一个平衡关系。

$$CaCO_3 \longleftrightarrow Ca^{2+} + CO_3^{2-}$$

在上述条件下，水中的 H^+ 与 CO_3^{2-} 化合成为重碳酸根。

$$H^+ + CO_3^{2-} \longleftrightarrow HCO_3^-$$

即
$$CaCO_3 + H_2O + CO_2 \longleftrightarrow Ca^{2+} + 2HCO_3^-$$

从而破坏了式中 Ca^{2+} 与 CO_3^{2-} 之间的平衡关系，必须从石灰岩中再溶解产生新的 CO_3^{2-} 来满足；同时，水中的 H^+ 的减少也破坏了物理态与化学态 CO_2 之间的平衡，就需要有一部分物理态的 CO_2 转为化学态的 CO_2。如此，才能使石灰岩继续溶解，直到水中的 CO_2 耗尽为止。但自然界中的 CO_2 与水中的 CO_2 也有一个平衡关系，一旦水中的 CO_2 减少到破坏平衡时，就必须吸收外界的 CO_2 以达到新的平衡，从而使石灰岩不断地溶解。

然而，碳酸盐岩的溶解速度是非常缓慢的，即使在我国岩溶最发育的广西中部，每千年的溶蚀率也只有 $120\sim300$ nm。目前，存在于地球上的岩溶形态和地貌景观，乃是漫长的地质时期内经历多次岩溶作用的结果。

(3)可溶岩具有进水性。这是岩溶向地壳内部发育的必要条件和途径，主要取决于可溶岩石中的裂隙和孔隙，尤以裂隙为重要。碳酸盐岩的孔隙度通常只有 $5\%\sim15\%$，比碎屑岩土小得多，而且孔隙的连通性也差，若仅依靠孔隙透水，岩溶的发育就非常有限。但作为工程研究对象的岩体来说，由于在成岩过程中和成岩以后所经历的地质构造运动、风化作用等过程中，产生了如层理、层面、节理、断层等各种结构面，这就给地表水下潜、岩溶在地壳内发育提供了良好的条件。同时，这些结构面的连通性好，发育分布有规律，哪里的裂隙密度越高，岩体就越破碎，岩溶也就越发育。例如，在风化带、薄层可溶岩、断层破碎带和接触带中，岩溶就更发育。

(4)循环交替的水流。这是岩溶不断发育的根本保证，否则溶蚀作用就会中止。因此，必须通过水的运动，使水的循环交替加快，不断地提供新的侵蚀性 CO_2，使岩溶不断地进行。同时，由于岩溶，水流运动的空间和水与碳酸盐岩的接触面积增大，不仅水流的溶蚀作用加强，而且冲蚀和侵蚀能力也加剧，岩溶的发育就更快。但水的循环交替是与气候、地形、植被、水文地质条件密切相关的，因此，岩溶发育规律的研究是一项综合性很强的工作。

6.4.3 岩溶发育的规律及影响因素

1. 岩溶发育的规律

岩溶发育主要受水的流动控制与影响，且受侵蚀基准面及其他因素影响，呈现出如下规律：

(1)岩溶发育具有地带性。岩溶发育受气候条件影响很大，不同气候带内，岩溶发育各具有自己的形态与特征，具有岩溶发育地带性。我国岩溶类型主要有热带岩溶、亚热带岩溶、温带岩溶三大类。另外，还有高寒气候带岩溶、干旱岩溶和海岸岩溶等。此与地质、地形、水文和植被条件有关，它们直接影响岩溶作用发生的强度，与岩溶地球化学背景条件不同，形成我国华南以峰林和地下河、华北以干谷和大泉为主体的岩溶不同特点。

(2)岩溶发育的空间分带性。岩溶发育强度取决于地下水的交替强度、岩体裂隙率和基准面情况，而可溶性岩体中裂隙和地下水在基准面演化历史发展过程中具有分带性，从而决定了岩溶发育的空间分带性。

1)水平分带性。岩溶发育与分布在水平方向上极不均一。在同一地区，岩溶发育随着地下水交替强度加大而越强。由于地下水的交替强度通常是由河谷向分水岭核部逐渐变弱，河谷及其两岸基岩节理和裂隙发育，且近河谷地下水水力坡度大，故河谷地区及其两岸地带较分水岭核部的岩溶相对发育，呈现岩溶发育在水平方向上，随着与排水区的距离加大而减弱的规律。

2)垂直分带性。岩溶发育受基准面控制，从而岩溶发育在垂直方向上呈现出成层发育特点。由于岩体的裂隙性与透水性随深度而减小，水交替强度与水的侵蚀强度也随之减弱，相应岩溶发育越往深部则越弱，岩溶地区地下水运动具有明显的垂直分带性，从而决定了地下岩溶的发育强度和形态分布的某些规律性，使岩溶发育从地表到深部呈现明显的分带性，按岩溶水运动状态可分为如下四带：

①垂直循环带：位于地面以下、潜水面之上，平时无水，降雨时地表水沿裂隙向下渗流，侵蚀岩层中的裂隙，形成竖向的漏斗、落水洞和竖井等岩溶形态。

②水平循环带：位于潜水面以下，为主要排水通道控制的饱和水层。水的运动主要沿水平方向进行。它是地下岩溶形态主要发育地带，并广泛发育有水平溶洞、地下河等大型水平延伸的岩溶形态。

③过渡循环带：位于上述两带之间，潜水面随季节而变化。雨期潜水面升高，此带变为水平循环带的一部分，旱期潜水面下降，此带又变为垂直循环带的一部分，是两者之间的一个过渡带。此带发育既有竖向的岩溶形态，又有水平的岩溶形态。由于岩层裂隙随深度增加而减少，此带则以水平岩溶形态为主。

④深部循环带：在水平循环带之下，由于地层的裂隙极不发育，地下水的运动也很缓慢。因此，这一带的岩溶作用是很微弱的。

岩溶现象往往多层发育，这是地壳构造运动上升—稳定—再上升交替变化，而导致岩溶下蚀—旁蚀—再下蚀和岩溶水的垂直—水平—再垂直变化的结果。新构造运动控制新生代，特别是第四纪以来的岩溶发育历史及其空间分布的成层性。当岩溶地区地壳抬升，基准面相对下降，引起地下水位相对下降，导致原来的溶洞、地下暗河等变为干洞层，与此同时，地下水沿岩体破裂向深处发育岩溶通道直至相对稳定，并在饱水带中发育侧向溶洞和地下暗河(图6.36)；当岩溶地区再度上升，相对稳定时期在饱水带形成的第二层溶洞又被抬升至包气带或季节变化带(图6.37)。随着地壳运动上升稳定、上升的更替进程，在可溶性岩体中不同高程处形成不同的成层分布溶洞层。

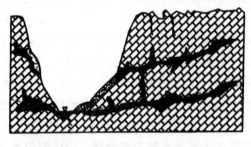

图6.36　岩溶发育的分带性示意图

图6.37　岩溶发育的成层性示意图

(3)岩溶发育的不均匀性。岩溶发育的不均匀性是指岩溶发育的速度、程度及其空间分布的不一致性。岩溶发育受到岩性、地质构造和岩溶水的循环交替条件的控制，而这些因素在空间上的分布是不均一的，这就造成岩溶在空间上发育部位、程度和深度的差异性。在褶皱轴部和断裂带、不整合面和岩性不同的接触带和质纯厚层的碳酸盐岩层分布地区，岩溶相对发育和强烈，呈现形态多样现象。

(4)岩溶发育的阶段性与多代性。岩溶发育有其发生、发展和消亡的阶段。一般要经历幼年期、青年期、中年期和老年期，完成一个岩溶旋回。在幼年期，岩溶形态以地表形态为主，石芽、溶沟发育，漏斗和落水洞少量出现，在早壮年期，岩溶主要向地下发展，漏斗、落水洞、干谷、盲谷广泛发育，大部分地表水转为地下水；晚壮年期，地下岩溶规模进一步扩大，溶洞和暗河顶部坍塌，地下水又变为地表水，形成坡立谷、峰林等；最后进入晚年期，地表水流又广泛发育，形成溶蚀平原、孤峰、残丘，岩溶现象逐渐走向消亡。而岩溶发育往往又是多旋回的，因而，产生了不同发育时期的岩溶叠置与叠加现象。

2. 岩溶发育的影响因素

在岩溶发育地区，各种岩溶形态在空间的分布和排列是有一定规律的，它们主要受岩性、地质构造、地壳运动、地形和气候等因素的控制和影响。

(1)岩性的影响。可溶岩层的成分和岩石结构是岩溶发育和分布的基础。成分和结构均一且厚度很大的石灰岩层，最适合岩溶的发育和发展。所以，许多石灰岩地区的岩溶规模很大，形态也比较齐全。广西桂林附近有很多大规模的溶洞，多发育在层厚质纯石灰岩岩体中。白云岩略次于石灰岩。含有泥质和其他杂质的石灰岩或白云岩，溶蚀速度和规模都小得多。在石灰岩或白云岩发育的地区进行道路选线，必须随时注意岩溶的影响。

(2)地质构造的影响。褶曲、节理和断层等地质构造控制着地下水的流动通道，地层构造不同形态、部位及程度都不相同。

背斜褶部张节理发育，地表水沿张节理下渗，多形成漏斗、落水洞、竖井等垂直洞穴。向斜轴部属于岩溶水的聚水区，两翼地下水集中到轴部并沿轴向流动，故水平溶洞及暗河是其主要形态。另外，向斜轴部也有各种垂直裂隙，故也会形成陷穴、漏斗、落水洞等垂直岩溶形态。褶曲翼部是水循环强烈地段，岩溶一般均较发育，尤以邻近向斜轴部时为最甚。

一般张性断裂受拉张应力作用，破碎带宽度并不太大，但断层角砾大小混杂，结构疏松、缺乏胶结，裂隙率高，有利于地下水的渗透溶解，沿断裂带岩溶强烈发育。

压性断裂带由于断裂带内常发育有较厚的断层泥或糜棱岩，一般呈致密胶结状态，裂隙率低，不利于地下水流动，岩溶作用弱，岩溶程度轻。

在逆断层组成的叠瓦式断裂带，除地表水有些小型漏斗和溶沟外，断层带内几乎没有岩溶现象。

但是，在压性断裂带的主动盘（一般为上升盘）上，也可能有强烈岩溶化现象，只是因为主动盘影响规模较大，次一级小断层与裂隙较发育，而且多张开，有利于岩溶发育。

扭性断裂的情况介于张性和压性断裂之间，这与扭性断裂有时是隔水的，有时是富水的有关，在一些张扭性断裂带岩溶也可以强烈发育。

（3）地壳运动的影响。正如河流的侵蚀作用受侵蚀基准面控制一样，地下水对可溶岩的溶蚀作用同样受侵蚀基准面的控制。而侵蚀基准面的改变则是由于地壳升降运动所决定的。因此，地壳相对上升、侵蚀基准面相对下降时，岩溶以下蚀作用为主，形成垂直的岩溶形态；而地壳相对稳定、侵蚀基准面一段时间也相对不变时，地下水以水平运动为主，形成较大水平溶洞。地壳升降和稳定呈间歇交替变化，垂直和水平溶洞形态也交替变化。水平溶洞成层发育，每层溶洞的水平高程与当地河流阶地高程相对应，是该区地壳某个稳定时期的产物。

（4）地形的影响。在岩层裸露、坡陡的地方，因地表水汇集快、流动快且渗入量少，多发育溶沟、溶槽或石芽；在地势平缓，地表径流排泄慢，向下渗流量多的地方，常发育漏斗、落水洞和溶洞；一般斜坡地段，岩溶发育较弱，分布也较少。

岩溶发育的程度，在地表和接近地表的岩层中最强烈，往下越深越减弱。在岩层倾角较大的纯石灰岩层深部，偶可见到岩溶发育，在富有 CO_2 和循环较快的承压水地区，也可能有深层的岩溶发育。

（5）气候的影响。降水多，地表水体强度就大，气候也潮湿，地下水也能得到补给，岩溶发育就较快，因此，在气候炎热、潮湿、降水量大的情况下，地下水充沛且流量大，并在分布有碳酸盐岩层的地区，岩溶发育和分布较广，岩溶形态也比较齐全。我国广西属典型的热带岩溶地区，以溶蚀峰林为主要特征；长江流域的川、鄂、湘一带，属亚热带气候，岩溶形态以漏斗和溶蚀洼地为主要特征；黄河流域以北属温带气候，岩溶一般多不发育，以岩溶泉和干沟为主要特征。

6.4.4 岩溶的分类

1. 工程地质分类

岩溶按出露情况可分为以下几种类型：

（1）裸露型岩溶。岩溶出露于地表，并大致向地下竖向延伸。例如，溶沟、漏斗、落水洞等。

(2)隐伏型岩溶。岩溶隐伏于地下，大致沿水平方向延伸。例如，地下溶洞、土洞、暗河、地下湖等。

2. 地貌分类

我国西南地区主要的岩溶地貌类型有如下几种：

(1)残丘洼地。多发育在分水岭地带。小型洼地、槽谷与高差不大的山丘相间，地表崎岖坎坷，岩溶水多沿溶蚀裂隙活动，隐伏型岩溶一般不太发育。

(2)峰丛洼地。山峰间有垭口，峰丛间有洼地、槽谷和坡立谷，洼地谷底有溶蚀漏斗、溶蚀竖井和落水洞等分布，地表水通过裸露型岩溶进入地下，排泄于深切峡谷或侵蚀沟谷内。

(3)峰林洼地。峰林与洼地、谷地相间，山峰挺拔，高差增大，洼地、槽谷、坡立谷发展扩大，地表有河流，多转变为隐伏型地下河，地表水通过洼地谷底的裸露型岩溶与地下通道保持水力联系。

(4)峰林坡立谷。地表河流及地下河发育，地下脉状通道发展成网状。洼地、槽谷被地表河流展宽，成为地下岩溶水的局部排泄基准面。坡立谷平原上有黏土覆盖物、裸露型岩溶和地表塌陷，孤峰挺立，地下常有多层水平溶洞。

(5)溶蚀平原。地表河流迂回曲折，地下隐伏型岩溶纵横交错成网状，具有强烈水力联系和统一潜水面。平原上黏性土层覆盖深厚，裸露型岩溶和地表塌陷发育，仅有零星孤峰，局部地带有石芽地分布。

6.4.5 岩溶的地基稳定性评价

根据已查明的地质条件，包括岩溶发育及分布规律；对稳定性有影响的个体岩溶形态及特征(如溶洞大小、形状、顶板厚度、岩性、洞内充填和地下水活动情况等)；地表建筑荷载的特点及在自然与人为因素影响下地质环境的变化特点等，结合以往的经验，对地基稳定性做出初步评价。

(1)在地基主要受压层范围内，当下部基岩面起伏较大，其上部又有软土分布时，应考虑其对建筑所产生的不均匀沉降。

(2)当基础砌置在基岩上，因溶隙、落水洞的存在可能形成临空面时，应考虑地基沿倾向临空面的软弱结构面产生滑动的可能性。

(3)当基础底板以下的土层厚度大于地基压缩层的计算深度，同时，又不具备形成溶洞的条件时，如地下水动力条件变化不大，水力梯度小，可以不考虑基岩内的洞穴对地基稳定性的影响。若基础底板以下土层厚度小于地基压缩层的计算深度，应根据溶洞的大小和形状、顶板厚度、岩体结构及强度、洞内充填情况、岩溶水活动特点等因素，并结合上部建筑荷载的特点进行洞体稳定性分析，直到做出定量评价。

(4)地基主要受压层范围内，当溶洞洞体的平面尺寸大于基础尺寸，溶洞顶板厚度小于洞跨，岩性破碎，且洞内未被充填物填满或洞内有水流时，应考虑为不稳定溶洞。

6.4.6 岩溶地区主要工程地质问题及防治措施

岩溶地区进行工程建设，经常遇到的主要工程地质问题是不均匀沉降、地面塌陷、基坑和洞室涌水、岩溶渗漏、地表土潜移等地质问题。

1. 地基不均匀沉降

由于地表岩溶深度不一致，基岩岩面起伏、导致上覆土层厚度不均匀，使建筑物地基产生不均匀沉降。在岩溶发育地区，水平方向上相距很近(如1~2 m)的两点，有时土层厚度相差可达4~6 m，甚至十余米。在土层较厚的溶槽(沟)底部，往往又有软弱土存在，更加剧了地基的不均匀性。另外，在一些溶洞中，存在溶洞坍塌堆积物，当在上面修筑路堤或桥墩等建筑物时，也存在上述不均匀沉降问题，特别是隧道一半在基岩中，一半在溶洞中，而隧道底部高于溶洞底部时，需进行填补支护，溶洞土层的不均匀沉降常导致轨面倾斜和衬砌开裂。

在工程上，对不均匀沉降的处理，当土层较浅时，可挖掉大部分土层，然后打掉一定厚度的石芽，再铺人褥垫材料，也可以采用换填法或灌浆法加固土层。当土层较厚时，可设桩基，使基底荷载传至基岩上。也可挖掉部分溶沟中较厚土层，将基底做成阶梯状，使相邻点可压缩层厚度相对一致或呈渐变状态。

2. 地面塌陷

当建筑物(如桥梁墩台、隧道等)位于溶洞上方，溶洞顶板厚度不足时陷落。当隧道从溶洞中通过，由于风化作用，有时也产生洞顶坍塌。

在工程上，溶洞顶板厚度是否属于安全范围应予以验算。

(1)溶洞顶板抗弯厚度验算。所需顶板安全厚度 z 为

$$z = \sqrt{\frac{qL^2}{2\sigma b}} \tag{6.11}$$

式中　q——长边每延米均布荷载(N/m)；

　　　L，b——洞的长、短径(m)；

　　　σ——岩体弯曲应力(Pa)，对于石灰岩一般取抗压强度的0.10~0.125。

(2)溶洞顶板抗剪厚度验算。所需顶板安全厚度 z' 为

$$F + G = uz'\tau_b \tag{6.12}$$

式中　F——上部荷载传至顶板的竖向力(kN)；

　　　G——顶板岩土自重(kN)；

　　　u——洞体平面周长(m)；

　　　τ_b——顶板岩体抗剪强度(kPa)，对于石灰岩一般取抗压强度的0.06~0.13。

(3)溶洞顶板坍落厚度验算。

坍落厚度 H，即

$$H = \frac{0.5b + H_0\tan(90° - \varphi)}{f} \tag{6.13}$$

式中　b——洞体跨度(m)；

　　　H_0——洞体高度(m)；

　　　φ——洞壁岩体的内摩擦角；

　　　f——洞体围岩坚实因数。

坍落拱高加上上部荷载作用所需的岩体厚度才是洞顶的安全厚度。

当溶洞顶板不安全时，常用加固方法有：灌浆、加钢垫板等方法加固顶板；扩大基础，减轻顶板单位荷载；填死溶洞等。

3. 基坑和洞室涌水

建筑物基坑或地下洞室开挖中，若挖穿了暗河、蓄水溶洞、高压岩溶管道水、富水断层破碎带等都可能产生突然涌水，给工程施工带来严重困难，甚至淹没坑道，造成事故。如大瑶山隧道通过斑谷场地区石灰岩地段，遇到断层破碎带，发生大量涌水，竖井一度被淹没，造成停工。襄渝线中梁山隧道，1972 年 6 月涌水量为 26 000 t/d，10 年后增加到 54 000 t/d。另外，当开挖的洞室与地表或地下暗河有溶蚀管道联通，在暴雨时，也可能产生突然涌水。

在工程上，当涌水量较小时，可用注浆堵水，也可利用洞室中心沟或侧沟排水。当涌水量较大时，可用平行导坑排水，有时只能绕避。另外，还可修建截水盲沟、截水墙和截水盲洞等拦截地下水。但因岩溶地区地下水分布极不均匀，排水时，还应考虑地面居民的生活环境等问题。

4. 岩溶渗漏

在岩溶发育地区修筑水坝时，库水常沿溶蚀裂隙、岩溶管道、沼洞、地下暗河等产生渗漏，严重时，水库不能蓄水。由于渗漏形式错综复杂，防渗工程处理难度大，所以，慎重选址，详细的工程地质勘察是十分必要的。

5. 地表土潜移

地表土潜移主要发生在溶蚀漏斗的上覆土层以及溶蚀斜坡的上覆土层。在地下水侵蚀和土体自身重力作用下，土层沿着底斜坡，发生长期缓慢的移动，每年仅移动几毫米至几厘米，以致短期内无法察觉，但其长期积累效应，则可对工程建筑造成危害，如路基变形，桥墩移位等。特别是不合理的工程开挖或增加上部荷载，甚至可以导致上述地区本来稳定的土层产生潜移。

在工程上，对可能产生潜移的地区应详细勘察，工程开挖后应进行细致准确的观察测量，对产生潜移的工点，可用抗滑桩、挡土墙等进行整治，必要时应绕避。

6.5　地震

6.5.1　地震的概念及分类

1. 地震的概念

在地下深处，由于某种原因导致岩层突然破裂、滑移、塌陷或由于火山喷发等产生振动，并以弹性波的形式传递到地表的现象称为地震。地震发生在海底时称为海震。地震是一种特殊形式的地壳运动，其发生迅速，振动剧烈，常引起地表开裂、错动、隆起或沉降、喷水冒砂、山崩、滑坡等地质现象，并引起工程建筑的变形、开裂、倒场，造成巨大的生命财产损失。地震又是一种常见的地质现象，据统计，全世界每年约发生地震500万次，其中，绝大多数很微弱而不为人们所感觉，人们有感觉的地震约5万次，造成破坏的约1 000次，造成很大破坏的仅约十几次（七级以上地震只有十多次，八级以上地震只有一两次）。世界上主要灾害性地震见表6.3。

表6.3 世界上主要灾害性地震

年份	震级	位置	死亡/人	年份	震级	位置	死亡/人
365	未知	希腊克利特岛	50 000	1923	8.3	日本横滨	103 000
526	未知	叙利亚地区	250 000	1927	8.3	中国甘肃古浪	200 000
893	未知	印度	180 000	1932	7.6	中国甘肃昌马	70 000
1138	未知	叙利亚	100 000	1935	7.5	印度北部	60 000
1293	未知	日本	30 000	1939	7.8	智利	40 000
1455	未知	意大利	40 000	1939	7.9	土耳其埃尔津赞	23 000
1556	未知	中国陕西关中	830 000	1960	5.8	摩洛哥阿加迪尔	12 000
1667	未知	高加索	80 000	1970	7.7	秘鲁钦博特	67 000
1693	未知	西西里	60 000	1976	7.8	中国唐山	242 000
1737	未知	印度加尔各答	300 000	1976	7.5	危地马拉	23 000
1755	8.7	葡萄牙里斯本	60 000	1978	7.7	伊朗东北部	25 000
1783	未知	意大利	50 000	1985	8.1	墨西哥城	95 000
1797	未知	厄瓜多尔	41 000	1988	6.8	亚美尼亚	25 000
1868	未知	厄瓜多尔和哥伦比亚	70 000	1990	7.7	伊朗西北部	40 000
1908	7.5	意大利南部	58 000	1995	7.2	日本阪神	5 492
1915	7.5	意大利中部	32 000	2004	9.0	印尼苏门答腊岛	320 000
1920	8.6	中国宁夏海原	200 000	2008	8.0	中国四川汶川	95 000

注：这里给出的死亡数据包括火灾、滑坡和海啸造成的死亡。数据主要出自 Gree 和 Shah(1984)。阪神的数据出自瑞士保险公司的 The Great Hanshin Earthquake：Trial，Error，Success 一书。

2. 地震的分类

地震按成因类型分为构造地震、火山地震、陷落地震、诱发地震和人工地震五类。

(1)构造地震。由地壳运动引起的地震称为构造地震。地壳运动使组成地壳的岩层发生倾斜、褶皱、断裂、错动及大规模岩浆活动等，在此过程中因应力释放、断层错动而造成地壳震动。构造地震占地震总数的90%左右。构造地震机制有两种流行学说：一种是弹性回跳说；另一种是黏滑说。弹性回跳说认为，当地壳运动使岩体变形时，在岩体内部产生应力，当岩体内应力积累到超过岩石强度极限时，岩体将发生突然破裂或错动，同时，释放大量的应变能引起地震，岩体随即弹回原状；黏滑说认为，断裂面上摩擦力不均匀，断裂错动过程中因摩擦受阻而产生黏滞现象，同时，积累应变能。当积累的应变能足以克服摩擦力时，断裂产生错动并回跳，同时释放大量的应变能引起地震。板块构造理论认为，地层主要发生在各板块衔接地带，洋脊受到张拉，以浅源地层为主，板块之间相互错动的俯冲带或仰冲带，则沿接触带向下，震源由浅变深。最深震源可达 720 km。地震与板块运动的关系如图 6.38 所示。

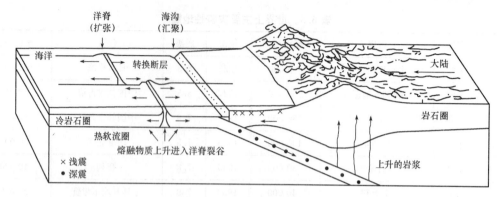

图 6.38　地震与板块运动的关系

（2）火山地震。由于火山喷发和火山下面岩浆活动而产生的地面震动称为火山地震。在世界一些大火山带都能观测到与火山活动有关的地震。火山地震约占地震总数的 7%。火山活动有时相当猛烈，但地震波及的地区多局限于火山附近数十千米的范围。火山地震在我国很少见，主要分布在日本、印度尼西亚及南美等地。

（3）陷落地震。由于地下岩洞或矿井顶部塌陷而引起的地震称为陷落地震。此外，山崩、巨型滑坡等引起的地震也归入这一类。地层塌陷主要发生在石灰岩岩溶地区，岩溶溶蚀作用使溶洞不断扩大，导致上覆地层塌落，形成地震。大规模地下开采的矿区也易发生顶部塌陷形成地震。陷落地震一般地层能量小，规模小，次数也很少。此类地层只占地层总数的 3% 左右。

（4）诱发地震。由于水库蓄水、油田注水等活动而引发的地震称为诱发地震。这类地震仅仅在某些特定的水库库区或油田地区发生。如 1967 年 12 月 10 日印度科因纳水库地震，震级 6.5 级，造成科因纳市绝大部分砖石房屋倒塌，死亡 177 人，2 300 多人受伤，水坝和附属建筑物受到严重损坏，被迫放空水库进行加固处理。

（5）人工地震。地下核爆炸、炸药爆破等人为引起的地面振动称为人工地震。随着人类工程活动日益加剧，人工地震也越来越引起人们关注。有的学者将诱发地震和人工地震归为一类，统称为人工地震。

6.5.2　地震的传播

地壳内部发生震动的地方称为震源。震源在地面上的垂直投影称为震中。震中可以看作地面上震动的中心，震中附近地面震动最大，远离震中地面震动减弱。

震中到震源的距离称为震源深度。震源深度一般从几千米到 300 km 不等，最大深度可达 720 km。按震源深度可将地震分为浅源地震（小于 70 km）、中源地震（70～300 km）、深源地震（大于 300 km）。绝大部分的地震是浅源地震，震源深度多集中于 5～20 km。中源地震比较少，而深源地震为数更少。同样大小的地震，当震源较浅时，波及范围较小，破坏性较大；当震源深度较大时，波及范围较大，但破坏性相对较小。多数破坏性地震都是浅源地震，深度超过 100 km 的地震，在地面上不会引起灾害。

地面上任何一个地方到震中的距离称为震中距。震中距在 1 000 km 以内的地震，通常称为近震，大于 1 000 km 的地震，称为远震。引起灾害的一般都是近震。

在同一次地震影响下，地面上破坏程度相同各点的连线，称为等震线(图 6.39)。等震线图用途很多，根据它可确定宏观震中的位置；根据震中区等腰线的形状，可以推断产生地震的断层(发展断层)的走向。

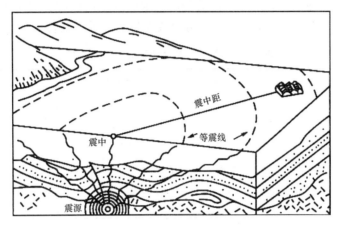

图 6.39　震源、震中和等震线

地震引起的振动以波的形式从震源向各个方向传播，称为地震波。地震波可分为体波和面波。

1. 体波

体波是在地球岩层内部传播的地震波，又分为纵波(P 波)和横波(S 波)。

(1)纵波是由震源传出的压缩波，又称 P 波。质点振动方向与波的前进方向一致，一疏一密地向前传播。纵波在固态、液态及气态中均能传播。纵波振幅小、周期短、传播速度快，是最先到达地表的波动，纵波在完整岩石中的传播速度(v_p)为 4 000～6 000 m/s，在水中的传播速度约为 1 450 m/s，在空气中的传播速度为 340 m/s。纵波的能量约占地震波能量的 7％。

(2)横波是震源向外传播的剪切波，又称 S 波。横波质点振动方向与波的前进方向垂直。传播时介质体积不变，但形状改变，周期较长，振幅较大。由于横波是剪切波，所以它只能在固体介质中传播，而不能通过对剪切变形没有抵抗力的流体。横波是第二个到达地表的波动，横波的能量约占地震波总能量的 26％。横波在完整岩石中的传播速度(v_s)为 2 000～4 000 m/s，横波在水中的传播速度为 0，即横波不能在流体中传播。

2. 面波

面波[又分瑞利波(R 波)和勒夫波(L 波)]是体波到达地面后激发的次生波。它只在地表传播，向地面下迅速消失。瑞利波(R 波)质点沿平行于波传播方向的垂直平面内做椭圆运动，长轴垂直地面。勒夫波(L 波)质点在水平面内垂直于波传播方向做水平振动。面波传播速度比体波慢，如瑞利波是横波波速的 0.9。

地震时，纵波总是最先到达，其次是横波，然后是面波。纵波引起地面上、下颠簸，横波引起地面水平摇摆，面波则引起地面波状起伏，横波和面波振幅较大，所以造成的破坏也最大。随着与震中距离的增加，能量不断消耗，振动逐渐减弱，破坏也逐渐减小，直到消失。

6.5.3　地震的震级和烈度

1. 地震的震级

地震震级是表示地震本身大小程度的等级。地震大小由震源释放出来的能量多少来决定，能量越大，震级越大。地震震级与震源释放能量的关系，见表 6.4。

表 6.4　地震震级与震源释放能量的关系

地震震级	震源释放能量/J	地震震级	震源释放能量/J
1	2.00×10^{6}	6	6.31×10^{13}
2	6.31×10^{7}	7	2.00×10^{15}
3	2.00×10^{9}	8	6.31×10^{16}
4	6.31×10^{10}	8.5	3.55×10^{17}
5	2.00×10^{12}	8.9	1.41×10^{18}

从表中可以看出，1 级地震释放的能量相当于 2.00×10^{6} J，震级相差一级，能量相差 32 倍，8 级地震释放出来的能量是 4 级地震的 100 万倍。一个 7 级地震相当于 30 颗 20 000 t 级原子弹的能量。小于 2 级的地震称为微震，2～4 级的地震称为有感地震，7.6 级以上地震称为破坏性地震，7 级以上地震称为强烈地震。一般来说，现有地震震级最大不超过 8.9 级。这是因为岩石强度不能积蓄超过 8.9 级地震的弹性应变能。

地震震级是根据地震仪记录的地震波振幅来测定的。一般采用里氏震级标准。按古登堡的最初定义，震级(M)是以距震中 100 km 处的标准地震仪(周期 0.8 s，衰减常数约等于 1，放大倍率 2 800 倍)所记录的地震波最大振幅值的对数来表示的。振幅值以 μm 计算。如最大振幅为 10 mm，即 10 000 μm，它的对数值是 4，故震级定为 4 级。实际上，距震中 100 km 处不一定恰好有地震仪，现今也不一定都采用上述标准地震仪，现一般是根据任意震中距的任意型号地震仪的记录经修正而求得震级。目前震级均以面波震级为准。

2. 地震的烈度

地震烈度是描述地震对某地建筑物的破坏程度的指标。一次地震只有一个震级，但距震中不同的距离，地面振动的强烈程度不同，故有不同地震烈度的地震烈度区。所以，地震烈度是相对于震中某点的某一范围内平均振动水平而言的。地震烈度不仅与震级有关，还和震源深度、距震中的距离，以及地震波通过介质的条件(如岩石性质、地质构造、地下水埋深、地形等)有关。一般情况下，震级越高，震源越浅，距震中越近，地震烈度就越高。地层烈度随距震中的距离加大而逐渐减小，形成多个不同的地震烈度区，烈度由大到小依次分布。但因地质条件不同，可出现偏大或偏小的烈度异常区。我国地震部门广泛采用以下经验公式来表示震中烈度(I_0)与震级(M)的关系：

$$M=0.68I_0+0.98 \tag{6.14}$$

地震烈度表是划分地震烈度的标准。它主要是根据地震时地面建筑物受破坏的程度、地震现象、人的感觉等来制订的。我国和世界上大多数国家都把烈度分为12度。表 6.5 是中国科学院地球物理研究所根据我国实际情况编制的我国地震烈度鉴定表。

表 6.5　地震烈度鉴定表(据中国科学院地球物理研究所)

等级	名称	加速度 $a/(\text{cm} \cdot \text{s}^{-1})$	地震因数 K_H	地震情况	相应地震强度的震级 M
I	无震感	<0.25	<4 000	人不能感觉，只有仪器可记录	0
II	微震	0.26~0.5	2 000~4 000	少数在休息中极宁静的人能感觉到，住在楼上者更容易	2
III	轻震	0.6~1.0	1 000~2 000	少数人感觉地动(如有轻车从旁经过)，不能立刻断定地震，振动来自的方向和继续的时间，有时约略可定	3
IV	弱震	1.1~2.5	400~1 000	少数在室外的人和大多数在室内的人都能感觉到，家具等物有些摇动，盘碗及窗户玻璃振动有声，屋梁、天花板等格格作响，缸里的水或敞口杯中的液体有些荡漾，个别情形惊醒了睡觉的人	3.5~4
V	次强震	2.6~5.0	200~400	差不多人人能感觉到，树木摇晃，如有风吹动房屋及室内物体全部振动，并格格作响，悬吊物如帘子、灯笼、电灯来回摇动，挂钟停摆或乱打，杯中水满的溅出一些，窗户玻璃出现裂纹，睡的人被惊逃至户外	4~4.5
VI	强震	5.1~10	100~200	人人能感觉到，大部惊骇跑到户外，缸里的水激烈地荡漾，墙上挂图、架上的书都会落下来，碗碟器杯打碎，家具移动位置或翻倒，墙上灰泥发生裂缝，坚固的庙堂房屋也不免有些地方掉落泥灰，不好的房屋受相当损害，但还是轻的	4.5~5
VII	损害震	10.1~25	40~100	室内陈设物品和家具损伤甚大，庙里的风铃叮当作响，池塘腾起波浪并翻出浊泥，河岸河湾处有些崩滑，井泉水位改变，房屋有裂缝，灰泥及塑料装饰大量脱落，烟囱破裂，骨架建筑物的隔墙也有损伤，不好的房屋严重损伤	5~5.75

等级	名称	加速度 $a/(\mathrm{cm \cdot s^{-1}})$	地震因数 K_H	地震情况	相应地震强度的震级 M
Ⅷ	破坏震	25.1～50	20～40	树木发生摇摆，有时断折，重的家具物件移动很远或抛翻，纪念碑、纪念像从座上扭转或倒下，建筑较坚固的房屋如庙宇也被损害，墙壁间起了裂缝或部分破坏，骨架建筑隔墙倾脱，塔或工厂烟囱倒塌。建筑特别好的烟囱顶部也遭破坏。陡坡或潮湿的地方发生小小裂缝，有些地方涌出泥水	5.75～6.5
Ⅸ	毁坏震	50.1～100	10～20	坚固的建筑如庙宇等损伤颇重，一般砖砌房屋严重破坏，有相当数量的倒塌，以致不能再住，骨架建筑根基移动，骨架歪斜，地上裂缝颇多	6.5～7
Ⅹ	大毁坏震	101～250	4～10	大的庙宇、大的砖砌及骨架建筑连基础遭受破坏，坚固砖墙出现危险的裂缝，河堤、坝、桥梁、城垣均严重损伤，个别的被破坏，马路及柏油街道起了裂缝与皱纹，松散软湿之地开裂相当宽和深，且有局部崩滑，屋顶岩石有部分崩落，水边惊涛拍岸	7～7.75
Ⅺ	灾震	251～500	2～4	砖砌建筑全部倒塌，大的庙宇及骨架建筑也只部分保存。坚固的大桥破坏，桥柱崩裂，钢架弯曲（弹性大的木桥损坏较轻），城墙开裂崩坏，路基堤坝断开，错离很远。钢轨弯曲且鼓起，地下输送完全破坏，不能使用，地面开裂甚大，沟道纵横错乱，到处土滑山崩，地下水夹泥沙从地下涌出	7.75～8.5
Ⅻ	大灾震	501～1 000	>2	一切人工建筑物无不毁坏，物体抛到空中，山川风景也变异，范围广大，河流堵塞，造成瀑布。湖底升高，山崩地裂，水道改变等	8.5～8.9

　　震级与烈度虽然都是地震的强烈程度指标，但烈度对工程抗震来说具有更为密切的关系。为了表示某一次地震的影响程度或总结灾害与抗震经验，需要根据地震烈度标准米确定某一地区的地震烈度。同样，为了对地震区的工程结构进行抗震设计，也要求研究预测某一地区在今后一定时期的地震烈度，以作为强度验算与选择抗震措施的依据。

　　基本烈度是指在今后一定时期内，某一地区在一般场地条件下可能遭遇的最大地震烈度。基本烈度所指的地区，并不是某一具体工程场地，而是指一较大范围，如一个区、一个县或更广泛的地区。因此，基本烈度又常常称为区域烈度。

鉴定和划分各地区地震烈度大小的工作，称为烈度区域划分，简称烈度区划。基本烈度的区划，不应只以历史地震资料为依据，而应采取地震地质与历史地震资料相结合的方法，进行综合分析，深入研究活动构造体系与地震的关系，才能做到较为准确的区划。各地基本烈度定得准确与否，与该地工程建设的关系甚为密切。如烈度定得过高，提高设计标准，会造成人力和物力上的浪费；定得过低，会降低设计标准，一旦发生较大地震，必然造成损失。

建筑场地烈度也称小区域烈度，是指建筑场地范围内，因地质条件、地形地貌条件、水文地质条件不同而引起基本烈度降低或提高后的烈度。通常，建筑场地烈度比基本烈度提高或降低半度至一度。通过专门的工程地质、水文地质工作，查明场地条件，确定场地烈度，对工程设计具有重要的意义：①有可能避重就轻，选择对抗震有利的地段布设路线和桥位；②使设计所采用的烈度更切合实际情况，避免偏高或偏低。

设计烈度是指抗震设计中实际采用的烈度，又称设防烈度或计算烈度。其是根据建筑物的重要性、永久性、抗震性对基本烈度的适当调整。大多数一般性建筑物不需要调整，基本烈度即为设计烈度。对特别重要的建筑物，如特大桥梁、长大隧道、高层建筑、水库大坝等，应提高一度，并按规定上报有关部门批准。对次要建筑物，如仓库、临时建筑物等，设计烈度可降低一度。但基本烈度为Ⅵ度以上时，不降低。《建筑抗震设计规范》(GB 50011—2010)将抗震设防烈度定为6~9度，并规定6度区建筑以加强结构措施为主，一般不进行抗震验算；设防烈度为10度地区的抗震设计宜按有关专门规定执行。

3. 地震的发育规律

地震成因复杂和难以预报，但其发育存在一定的规律。

(1)地震发生与活动性断裂带相联系。全球两个特大地震带，环太平洋地震带和地中海—喜马拉雅地震带，占全球地震的98%。地震的发生主要与活动断层有关，多发生在那些活动构造体系内的活动构造带上，而且主要分布在存在着活动断层的地方。强震活动经常发生在断裂带应力集中的特定地段上，如断层的端点、拐点、分叉点、倾向反转部位等。

(2)地震活动表现时强时弱的阶段性和周期性。一个地区的地震周期性表现为地震活动弱的"平静期"和活动强的"活跃期"。

(3)强震活动受活动构造严格控制，一般均分布于区域性活动断裂带上和稳定断块边缘的深大断裂带上或裂谷型断陷盆地；强震活动往往沿活动构造带依次迁移或往返跳动。受板块活动的制约，我国西部地区地理活动的强度和频度明显大于东部地区。

(4)地震区域里强震与弱震、大震与小震间往往有时空关系。小震震中由分散向条带状密集分布，则未来大震发生在带的一端或几条带的交汇处，大震前，小震围绕大震"空白区"发生。

6.5.4 地震带的分布

1. 世界地震分布

世界范围内的主要地震带是环太平洋地震带与地中海—喜马拉雅地震带，它们都是板块的会聚边界。

（1）环太平洋地震带。沿南北美洲西海岸，向北至阿拉斯加，经阿留申群岛至堪察加半岛，转向西南沿千岛群岛至日本列岛，然后分为两支，一支向南经马里亚纳群岛至伊利安岛；另一支向西南经我国台湾、菲律宾、印度尼西亚至伊利安岛，两支汇合后经所罗门至新西兰。

这一地震带的地震活动性最强，是地球上最主要的地震带。全世界80％的浅源地震、90％的中源地震和几乎全部深源地震集中于此带，其释放出来的地震能量约占全球所有地震释放能量的76％。

（2）地中海—喜马拉雅地震带。主要分布于欧亚大陆，又称欧亚地震带。西起大西洋亚速尔岛，经地中海、希腊、土耳其、印度北部、我国西部与西南地区，过缅甸至印度尼西亚与环太平洋地震带汇合。这一地震带的地震很多，也很强烈，它们释放出来的能量约占全球所有地震释放能量的22％。

2. 我国地震分布

我国地处世界上两大地震活动带的中间，地震活动性比较强烈，主要集中在以下5个地震带：

（1）东南沿海及台湾地震带。以台湾的地震最频繁，属于环太平洋地震带。

（2）郯城—庐江地震带。自安徽庐江往北至山东郯城一线，并越渤海，经营口再往北，与吉林舒兰、黑龙江依兰断裂连接，是我国东部的强地震带。

（3）华北地震带。北起燕山，南经山西到渭河平原，构成S形的地带。

（4）横贯中国的南北向地震带。北起贺兰山、六盘山，横越秦岭，通过甘肃文县，沿岷江向南，经四川盆地西缘，直达滇东地区，为一规模巨大的强烈地震带。

（5）西藏—滇西地震带。属于地中海—喜马拉雅地震带。

另外，还有河西走廊地震带、天山南北地震带以及塔里木盆地南缘地震带等。

6.5.5 地震灾害与防震减灾

1. 地震灾害的分类

地震灾害是地震作用于人类社会形成的社会事件，故地震灾害大小与地震本身特点、受灾对象的条件及社会状况密切相关。地震灾害从地震工程学角度分为直接震害和间接震害。直接震害主要表现为地表变形、地基失效和工程结构破坏，如地震液化、震陷和地震滑坡、地裂缝、生命线工程破坏和工程建筑物破坏等；间接震害主要是指地震后引起的次生灾害，如海啸、火灾和核泄漏等。

（1）地表灾害。地层所造成的地表破坏主要有地震滑坡、地震崩塌、地裂缝、震陷和液化等。

（2）工程结构灾害。工程结构在地震时所遭遇的破坏是造成人民生命、财产损失的主要原因。与结构类型和抗震措施等有关的结构破坏情况主要有以下几种：

1）承重结构承载力不足或变形过大而造成的破坏。地震时，由于承重构件的抗剪、抗弯、抗压强度不足或变形能力不够而发生破坏，导致建筑物或构筑物因承载力不足或变形过大而破坏，以致建筑物丧失其使用功能。如伊朗 Bam 地层中的古墟破坏现象，致使人类古文明遭受严重破坏，造成不可估量的损失。

2)结构丧失整体稳定性。结构构件的共同工作主要是依靠各构件之间的连接及各构件之间的支撑来保证的。然而，在地震作用下，结构构件连接不牢、节点强度不足、延性不够、锚固质量差等就会使结构丧失整体性而造成破坏或全部倒塌。

3)地基失效引起的破坏。在强烈地层作用下，一些建筑物上部结构本身无损坏，但由于地基承载能力的下降或地基液化造成建筑物倾斜、倒塌而破坏。

(3)次生灾害。地震造成的次生灾害主要有水灾、火灾、堰塞湖、滑坡、泥石流和海啸等，由此引起的破坏也相当严重。地震引发的次生灾害有时较直接震害更大，如1923年的日本东京大地震的火灾造成12万人被烧死；2004年的苏门答腊岛地震引发海啸，导致29.2万人遇难；2011年日本的9.0级东日本大地震引发海啸造成逾1.57万人死亡和7级福岛核电站事故，核电站事故造成日本国内和周边国家恐慌。可见，地震次生灾害也是严重的灾害，对于人口密集和经济发达的重大城市，地震次生灾害防治更是不容忽视，同时，也应加强地震灾害应急教育，对大中城市和特大城市的规划和建筑抗震设施不仅应强调直接灾害的防治，还应强调次生灾害的防治措施。

2. 地震液化

国内外历史地层灾害调查结果表明，地震液化是地震灾害的主要形式之一，地震地基失效事故中约有50%是由液化引起的。因为地震中，一定深度范围内饱和地基中超孔隙水压力显著增大来不及消散，导致土体有效应力下降为零，抗剪强度完全丧失，致使土体承载能力下降而处于悬浮状态，并伴随喷水冒砂、侧向扩展、震后地表塌陷、工程构筑物倾倒和上浮等宏观现象，这种现象称为地震液化。如唐山地震中，液化区喷水高度达8 m、厂房沉降近1 m。液化机理至今国内外尚未统一，当今主要有砂沸、流滑和循环流动性三种机理。地震液化受土性条件、初始应力条件、地震条件和排水条件等因素的影响。液化危害的类型有喷水冒砂(简称喷冒)、地基失效、侧向扩展与流滑及上浮等不同形式，最终导致建筑或结构的不均匀沉降、倾倒或丧失使用功能。

(1)喷砂。地震中土体液化后，其有效应力降低为零，超孔隙水压力急剧上升，必然导致水体和液化状态土体向压力低的地表或相邻土层移动，从而在地表或土体形成喷砂和流动现象。喷砂会导致建于其中的工程构筑物不均匀下沉和农田破坏等灾害。

(2)地震上浮。地震中土体液化后地形结构会出现上浮现象，这对城市生命线工程的输油管线、工业或民用的地下管线和重要地下构筑物会造成大变形和破坏。

(3)液化侧向扩展与流滑。液化侧向扩展是造成公路桥梁震害的主要原因，常见于河流的两岸和海滨及古河道地区，因倾斜可液化场地在液化后或在液化前由于土体抗剪强度极度下降，上覆非液化土在其自重作用和地层水平力的综合作用下，可引发向临空面方向滑动，当滑动带的地面坡度小于5%时，则称为侧向扩展；大于5%时，一般称为流滑。如海城地震与唐山地震中众多桥梁因此出现墩台倾斜和不均匀沉降。对于坡度较大的自然边坡或人工边坡(如土坝、堤岸)，由于液化导致的流滑，虽然比较少见，但其后果往往是毁灭性的，如1920年宁夏海原大地震时，黄土高坡的流滑造成公路被推移数百米，掩埋了沿途的一切。

随着城市建设工程规模及数量加大，高烈度区可液化场地上的抗震安全问题已日益突出。因此，准确可靠评价场地的地震液化和危害等级对可液化场地土工工程的抗震稳定性分析具有重要的意义，这也是工程勘察、抗震设计中的一项首要任务。然而，地震液化的发生、发展受诸多因素影响，地震液化评价是一项复杂的、非线性的不确定性系统课题。人们基于经验、试验研究和现场调查，提出了一系列地震液化的评价方法，其中被工程界广泛应用的方法有规范法、概率法和动剪应力法等。其中，基于现场实测资料（如 SPT）的规范［如《建筑抗震设计规范》(GB 50011—2010)等］，是一种操作简单的评价方法。

3. 地裂缝与地震断层

地裂缝是指地表岩土体在自然因素或人为因素作用下产生开裂，并在地面形成一定长度和宽度裂缝的现象。地裂缝按成因分为构造地裂缝、非构造地裂缝和混合成因的地裂缝。地表裂缝是强震常见的现象。地裂缝灾害在平面上多呈带状分布，长度为几十米至几百米，长者可达几千米，同一条地裂缝的不同部位，地裂缝活动强度及破坏程度也有差别，在转折和错列部位相对较重，表现出不均一性。地震地裂缝与地震断层有一定区别。

地震断层是由发震断层引起的断层。发震断层是指引起地层的断层，如郯庐大断裂，指近期（近 500 年来）发生过地震震级大于等于 5 级的断裂，或是今后 100 年内，可能发生地震震级大于等于 5 级的断裂。其是活动性断层，故活断层对工程建筑物和环境的影响令人关注。为便于工程应用，罗国煜先生将断裂划分为老、新、活三类断裂，工程中从诸活动性断裂中找出活动时间最新、活动性最强和距离工程最近的优势活动性断裂。同时，老断裂中的隔震断层则在地震中能起隔震作用，可用于人防工程。

4. 海啸

当海底或大陆边缘发生强烈地震、海底火山爆发或滨海地区发生大规模山崩时，均可造成大片水域突然上升或下降的破坏性大浪，称为海啸。地震海啸是地震灾害中的主要次生灾害之一。它是超大波长和周期的大洋行波，最长的可达 50～600 km。海啸波在深海大洋中传播时，波高并不大，仅为 1～2 m，一般并不会对大洋中的船只造成威胁，但在水深为 4 000 m 的海里传播速度为 200 m/s，传播过程中能量衰减很少，能传播到几千千米以外，不易察觉。但当其到达浅海或近岸时，由于深度急剧变浅，情况会发生变化，巨大的能量转化为波高，骤然可形成具有巨大的破坏力的 20～30 m 的"水墙"，从海底到海面流速几乎一样的海啸波直冲海岸或港湾，瞬时侵入滨海陆地，淹没城镇，然后海水又骤然退去，或先退后涨，反复多次，造成生命财产的巨大危害。例如，1960 年 5 月 22 日智利的一次 8.5 级地震，在智利沿岸平均波高为 10 m，最大达 25 m，并以 700 km/h 的速度向外传播，15 h 后，袭击夏威夷群岛，波高 9 m，21 h 后，海啸波到日本时以 8.1 m 高的巨浪冲击日本太平洋沿岸，造成海港和码头设施严重破坏；2011 年，日本 9.0 级大地震引发海啸，海啸最高达到 24 m，造成逾 1.57 万人死亡和巨大经济损失。全球各大洋均有海啸发生，90％发生在太平洋，日本、美国、加拿大、智利、印度尼西亚、菲律宾等国均为海啸的多发国家。

5. 震动破坏对建筑物的影响

震动破坏是指地震力和振动周期的破坏。地震力是指地震波传播时施加于建筑物的惯性力。随着惯性力性质的不同，建筑物出现水平振动破坏、竖直振动破坏、扭转破坏、剪切破坏等。建筑物所受地震惯性力的大小，取决于地震加速度和建筑物的质量大小。地震时质点运动在水平方向的最大加速度（a_{max}），可按下式求取：

$$a_{max} = \pm A\left(\frac{2\pi}{T}\right)^2 \tag{6.15}$$

式中　A——振幅；

　　　T——振动周期。

假设建筑物的重力为 G，g 为重力加速度，则建筑所受最大水平惯性力 F 为

$$F = \frac{G}{g} \cdot a_{max} = G \cdot \frac{a_{max}}{g} = G \cdot K_H \tag{6.16}$$

式中　K_H——水平地震因数。

水平最大地震加速度 a_{max} 和水平地震系数 K_H 是两个重要参数，它们与地震烈度值相对应。当 K_H 大于 1/100 时，相当于Ⅶ度地震烈度，建筑物开始破坏。

由于垂直地震加速度仅为水平地震加速度的 1/2~1/3，并且建筑物竖向安全储备较大，所以，设计时一般只考虑水平地震力。因此，水平地震系数也称地震系数。

另外，地震对建筑物的破坏还与振动周期有关，如果建筑物的自振周期与地震振动周期相等或接近，将发生共振，使建筑物振幅加大而破坏。地震振动时间越长，建筑物破坏也越严重。

6.5.6　建筑工程抗震设计要求

1. 建筑场地的抗震要求

在地震区，建筑场地的选择至关重要，所以必须在工程地质勘察的基础上进行综合分析研究，做出场地的地震效应评价及震害预测，然后选出抗震性能最好、震害最轻的地段作为建筑场地。同时应指出场地对抗震有利和不利的条件，提出建筑物抗震措施的建议。

根据《建筑抗震设计规范》（GB 50011—2010）的规定，根据场地的地形地貌、岩土性质、断裂以及地下水埋藏条件，建筑场地可划分对建筑物抗震有利、一般、不利和危险四类地段（表6.6）。

表 6.6　建筑场地划分

地段类别	地质、地形、地貌
有利地段	稳定基岩，坚硬土，开阔、平坦、密实、均匀的中硬土等
一般地段	不属于有利、不利和危险的地段
不利地段	软弱土，液化土，条状突出的山嘴，高耸孤立的山丘，陡坡，陡坎，河岸和边坡的边缘，平面分布上成因、岩性、状态明显不均匀的土层（含故河道、疏松的断层破碎带、暗埋的塘浜沟谷和半填半挖地基），高含水率的可塑黄土，地表存在结构性裂缝等
危险地段	地震时可能发生滑坡、崩塌、地陷、地裂、泥石流等及发震断裂带上可能发生地表位错的部位

2. 地基基础抗震设计要求

在一般情况下，建筑物地基应尽量避免直接采用液化的砂土作持力层，不能做到时，

可考虑采取以下措施：

(1)换土。如果基底附近有较薄的可液化砂土层，采用换土的办法处理。

(2)增密。如果砂土层很浅或露出地表且有相当厚度，可用机械方法或爆炸方法提高密度。振实后的砂土层的标准贯入锤击数应大于临界值。

(3)浅基。如果可液化砂土层有一定厚度的稳定表土层，可根据建筑物的具体情况采用浅基，用上部稳定表土层作持力层。

(4)采用筏片基础、箱形基础、桩基础。根据调查资料，整体较好的筏片基础、箱形基础，对于在液化地基及软土地基上提高基础的抗震性能有显著作用。它们可以较好地调整基底压力，有效地减轻因大量震陷而引起的基础不均匀沉降，从而减轻上部建筑的破坏。桩基也是液化地基上抗震良好的基础形式。桩长应穿过可液化的砂土层，并有足够的长度伸入稳定的土层。但是，对桩基应注意液化引起的负摩擦力，以及由于基础四周地基下沉使桩顶土体与桩身脱离，桩顶受剪和嵌固点下移的问题。

(5)适当加大基础埋深。基础埋深 d 加大，可以增大地基土对建筑物的约束作用，从而减小建筑物的振幅，减轻震害。加大 d，还可以提高地基的强度和稳定性，以减少建筑物的整体倾斜，防止滑移及倾覆。高层建筑箱形基础，在地震区埋深不宜小于建筑物高度的 $1/10$，即 $d \geqslant 1/10 H_g$。

3. 建筑物结构形式和抗震措施

在设计中加强基础与上部结构的整体性，对建筑物抗震十分有利。例如，砖混结构条形基础，在基础上面设置一道钢筋混凝土地梁，把内外墙的基础连成整体。必要时在楼房层与层之间设置钢筋混凝土圈梁，或隔层设一道圈梁。同时，在建筑物的四角与内外墙交接设置竖向钢筋混凝土构造柱，并与地梁和各层之间的圈梁牢固连接，将上部结构与基础连成整体，这对抗震极为有效。地震区的高层建筑及高耸构筑物（如烟囱、水塔），应采用钢筋混凝土框架结构、剪力墙结构和筒体结构，这些结构的侧向刚度、强度和整体性都较强，具有较好的抗震性能。

应当指出，建筑物的防震，在地震烈度小于Ⅵ度的地区，可不考虑液化的影响，但对沉降敏感的较重要的建筑物，可按Ⅶ度进行液化判别。在Ⅶ度以上的厚层软土分布区，应判别软土震陷的可能性和估算震陷量，以制定相应的抗震措施，建筑物必须根据《建筑抗震设计规范》(GB 50011—2010)进行抗震设计。

6.5.7 地震区工程建(构)筑物的防震原则

1. 山岭地区公路、铁路的路基防震原则

(1)沿河路线应尽量避开地震时可能发生大规模崩塌、滑坡的地段。在可能因发生崩塌、滑坡而堵河成湖时，应估计其可能淹没的范围和溃决的影响范围，合理确定路线的方案和标高。

(2)尽量减少对山体自然平衡条件的破坏和自然植被的破坏，严格控制挖方边坡高度，并根据地震烈度适当放缓边坡坡度。在岩体严重松散地段和易崩塌、易滑坡的地段，应采取防护加固措施。在高烈度区岩体严重风化的地段，不宜采用大爆破施工。

(3)在山坡上宜尽可能避免或减少半填半挖路基，如不可能，则应采取适当加固措施。在横坡陡于1:3的山坡上填筑路堤时，应采取措施保证填方部分与山坡的结合，同时应注意加强上侧山坡的排水和坡脚的支挡措施。在更陡的山坡上，应用挡土墙加固，或以栈桥代替路基。

(4)在不小于7度的烈度区内，挡土墙应根据设计烈度进行抗震强度和稳定性的验算。干砌挡土墙应根据地震烈度限制墙的高度。浆砌挡土墙的砂浆强度，较一般地区应适当提高。在软弱地基上修建挡土墙时，可视具体情况采取换土、加大基础面积、采用桩基等措施。同时要保证墙身砌筑、墙背填土夯实与排水设施的施工质量。

2. 平原地区公路路基防震原则

(1)尽量避免在地势低洼地带修筑路基。尽量避免沿河岸、水渠修筑路基，也应尽量远离河岸、水渠。

(2)在软弱地基上修筑路基时，要注意鉴别地基中可液化砂土、易触变黏土的埋藏范围与厚度，并采取相应的加固措施。

(3)加强路基排水，避免路侧积水。

(4)严格控制路基压实，特别是高路堤的分层压实。尽量使路肩与行车道部分具有相同的密实度。

(5)注意新老路基的结合。旧路加宽时，应在老路基边坡上开挖台阶，并注意对新填土的压实。

(6)尽量采用黏性土作填筑路堤的材料，避免使用低塑性的粉土或砂土。

(7)加强桥头路堤的防护工程。

3. 桥梁防震原则

(1)勘测时，查明对桥梁抗震有利、不利和危险的地段，按照避重就轻的原则，充分利用有利地段选定桥位。

(2)在可能发生河岸液化滑坡的软弱地基上建桥时，可适当增加桥长，合理布置桥孔，避免将墩台布设在可能滑动的岸坡上和地形突变处，并适当增加基础的刚度和埋置深度，提高基础抵抗水平推力的能力。

(3)当桥梁基础置于软弱黏性土层或严重不均匀地层上时，应注意减轻荷载、加大基底面积、减少基底偏心、采用桩基础。当桥梁基础置于可液化土层上时，基桩应穿过可液化土层，并在稳定土层中有足够的嵌入长度。

(4)尽量减轻桥梁的总重量，尽量采用比较轻型的上部构造，避免头重脚轻。对振动周期较长的高桥，应按动力理论进行设计。

(5)加强上部构造的纵、横向联结，加强上部构造的整体性。选用抗震性能较好的支座，加强上、下部的联结，采取限制上部构造纵、横向位移或上抛的措施，防止落梁。

(6)多孔长桥宜分节建造，化长桥为短桥，使各分节能互不依存地变形。

(7)用砖、石圬工和水泥混凝土等脆性材料修建的建筑物，抗拉、抗冲击能力弱，接缝处是弱点，易发生裂纹、位移、坍塌等病害，应尽量少用，并尽可能选用抗震性能好的钢材或钢筋混凝土。

6.6 不良地质条件对土木工程建设的影响

6.6.1 不良地质条件的评价

凡处于地质灾害易发区内的工程建设项目、山区旅游资源开发和新建矿山项目，在可行性研究阶段和建设用地预审前及采矿权许可前，必须进行不良地质灾害危险性评估。

编制土地利用总体规划、城市总体规划、村庄和集镇规划及相应的土地利用专项规划时，应当与地质灾害防治规划相衔接；对处于地质灾害易发区内的规划区，应对其进行地质灾害危险性评估。

鉴于重大工程建设项目对地质环境影响较大，极易诱发地质灾害，因此，为了避免不必要的损失，保障工程建设项目的安全，对处于地质灾害非易发区内的重大工程建设项目，建议也应进行地质灾害危险性评估。

1. 评估范围与级别

地质灾害危险性评估范围应根据建设和规划项目的特点、地质环境条件和地质灾害种类予以确定，而不能局限于建设用地和规划用地面积内。若危险性仅限于用地面积内，则按用地范围进行评估。

（1）崩塌、滑坡的评估范围应以第一斜坡带为限；泥石流必须以完整的沟道流域面积为评估范围；地面塌陷和地面沉降的评估范围应与初步推测的可能范围一致；地裂缝应与初步推测可能延展、影响范围一致。

（2）建设工程和规划区位于强震区、工程场地内分布有可能产生明显位错或构造性地裂的全新活动断裂或发展断裂时，评估范围应尽可能把邻近地区活动断裂的一些特殊构造部位（不同方向的活动断裂的交汇部位、活动断裂的拐弯段、强烈活动部位、端点及断面上不平滑处等）包括其中。

（3）重要的线路工程建设项目，评估范围一般以相对线路两侧扩展 500～1 000 m 为限。

在已进行地质灾害危险性评估的城市规划区范围内进行工程建设，建设工程处于已划定为危险性大至中等的区段，还应按建设工程项目的重要性与工程特点进行建设工程地质灾害危险性评估。

区域性工程项目的评估范围，应根据区域地质环境条件及工程类型确定。

地质灾害危险性评估分级进行，根据地质环境条件复杂程度与建设项目重要性划分为三级，见表 6.7。

表 6.7 地质灾害危险性评估分级表

项目重要性评估分级复杂程度	复杂	中等	简单
重要建设项目	一级	一级	一级
较重要建设项目	一级	二级	三级
一般建设项目	二级	三级	三级

其中，地质环境条件复杂程度按表6.8进行划分。

表 6.8 地质环境条件复杂程度划分

复杂	中等	简单
1. 地质灾害发育强烈	1. 地质灾害发育中等	1. 地质灾害一般不发育
2. 地形与地貌类型复杂	2. 地形较简单，地貌类型单一	2. 地形简单，地貌类型单一
3. 地质构造复杂，岩性岩相变化大，岩土工程地质性质不良	3. 地质构造较复杂，岩性岩相不稳定，岩土体工程地质较差	3. 地质、构造简单，岩性单一，岩土体工程地质性质良好
4. 工程地质、水文地质条件不良	4. 工程地质、水文地质条件较差	4. 工程地质、水文地质条件良好
5. 破坏地质环境的人类工程活动强烈	5. 破坏地质环境的人类工程活动较强烈	5. 破坏地质环境的人类活动一般
注：每类5项条件中，有一项符合复杂条件者即为复杂类型。		

根据建设项目重要性按表6.9进行划分。

表 6.9 建设项目重要性分类表

项目类型	项目类别
重要建设项目	开发区建设、城镇新区建设、放射性设施、军事设施、核电、二级(含)以上公路、铁路、机场、大型水利工程、电力工程、港口码头、矿山、集中供水水源地、工业建筑、民用建筑、垃圾处理场、水处理厂等
较重要建设项目	新建村庄、三级(含)以下公路、中型水利工程、电力工程、港口码头、矿山、集中供水水源地、工业建筑、民用建筑、垃圾处理场、水处理厂等
一般建设项目	小型水利工程、电力工程、港口码头、矿山、集中供水水源地、工业建筑、民用建筑、垃圾处理场、水处理厂等

在充分收集已有资料基础上，编制评估工作大纲，明确任务，确定评估范围与设计地质灾害调查内容及重点，工作部署与工作量，提出质量监控措施和成果等。

2. 各级评估的技术要求

(1)一级评估应有充足的基础资料，进行充分论证。

1)必须对评估区内分布的各类地质灾害体的危险性和危害程度逐一进行现状评估。

2)对建设场地和规划区范围内，工程建设可能引发或加剧的和本身可能遭受的各类地质灾害的可能性和危害程度分别进行预测评估。

3)依据现状评估和预测评估结果，综合评估建设场地和规划区地质灾害危险性程度，分区段划分出危险性等级，说明各区段主要地质灾害种类和危害程度，对建设场地适宜性做出评估，并提出有效防治地质灾害的措施与建议。

(2)二级评估应有足够的基础资料，进行综合分析。

1)必须对评估区内分布的各类地质灾害的危险性和危害程度逐一进行现状评估。

2)对建设场地范围和规划区内，工程建设可能引发或加剧的和本身可能遭受的各类地质灾害的可能性和危害程度分别进行初步预测评估。

3)在上述评估的基础上，综合评估其建设场地和规划区地质灾害危险性程度，分区段划分出危险性等级，说明各区段主要地质灾害种类和危害程度，对建设场地适宜性做出评估，并提出可行的防治地质灾害措施与建议。

(3)三级评估应有必要的基础资料进行分析，参照一级评估要求的内容，做出概略评估。

6.6.2 不良地质条件的处理

1. 灌浆法

地壳经受长时期的内、外地质作用，岩石产生裂隙、断裂，其整体性被破坏；形成不同风化程度的岩石或土类，使岩石强度降低、破碎，且易于渗漏。对易溶的岩石甚至产生地下洞穴，给工程建设带来困难。为满足工程地基的要求，必须加以处理。

通常的工程目的有两个方面：一是从加固着想，改善裂隙岩体的整体性或提高其强度，使能承受工程的荷载，减少地基的变形；对松散的土体也可应用不同方法，使土体加固。二是为堵塞岩体中的裂隙或土体中的孔隙，以达到抗渗防水的目的。对于不同的目的，使用的灌浆方法和材料会有所区别。

灌浆方法是利用压浆泵，通过在地基中事先打好的钻孔，将制备好的浆液在一定的压力下使其渗入岩石的裂隙或土的孔隙。浆液入渗的能力取决于浆液的性质(浆的稀稠、浆液中固化材料的粒径大小、浆的凝结速度)和缝隙的条件(宽窄、充填物的密实性)。灌注的浆液随着时间发生沉淀、稠化、硬凝，然后阻塞孔隙。为维持浆液的注入，需要适当的灌注压力，克服流动中的阻力，但又要控制压力，不使地层上抬而导致地基破坏。

2. 锚固法

锚固法广泛应用于土木工程领域。软黏土层土锚的锚固力可达 100～200 kN，而岩锚可达 3 000～10 000 kN。该方法是一种十分灵活而有效的方法。在隧洞掘进中用锚杆法，道路工程和水利工程中用锚索法，土建工程中常用于基坑或边坡的锚固。

3. 千斤顶法

千斤顶法在工程中应用甚广，如调节岩、土锚的预应力，地下管道工程中的顶管法(如上海浦东至市区的输水管，以及英吉利海峡隧道)都利用大型油压千斤顶。另外，静压试桩以及建房(芜湖、马鞍山市)、房屋纠偏的锚杆压桩法等都要用千斤顶加压。

4. 场地土的改善

(1)水泥搅拌桩。用灌浆泵将固化浆液通过有搅拌翼的喷射管与需加固的土搅拌均匀，用水泥浆固化后形成的水泥土粒状体，称为水泥搅拌桩，因将深层的土改良，又称深层搅拌法。

目前，在国内已能加固深 18 m 的松软土，在日本可加固至 60 m 深度。加固的直径为 0.5~0.7 m，或为腰子形(0.71 m²)，视搅拌翼的长短而定。

该方法适用于处理淤泥、淤泥质土、粉土以及含水率较高的塑性黏性土，对硬土、土中含有大块石时是不适用的，对腐殖土、泥炭土要通过试验确定。

(2)振动水冲法。本方法又称振冲法，是利用鱼雷式的振动器产生水平振动力，并且配合压力水冲击土层，使在地层中形成圆柱形孔腔，至预定深度(最深可达 18 m)后，即自下而上分层灌入(小于 50 mm 粒径)碎石，随灌随振至一定密实度，形成密实的碎石桩，与地基土一起构成复合地基，以承受上部建筑物荷载。

在松散的砂性土、粉土地基，振冲后使土层密实，称为振冲密实法；在饱水的黏性土地基，振冲法设置的碎石桩与原土构成复合地基，也使部分地基改换成密实的碎石，称为振冲置换法。

振冲法用于加固松散砂土、粉土很有效，对极软的黏性土的加固还存在争议，但也有成功的实例(福州市某 6 层框架楼等)。在软土地基振冲施工时，勿使发生塌孔或窜孔互通。

(3)强夯法。强夯法是利用机械的能量将松散的砂土、粉土、低含水率黏性土、杂填土和素填土夯实，即在地面上利用行走式的吊机将重锤(100~400 kN)吊 10~40 m 高度，使其自由下落(自动脱钩装置)夯击土层，其单击夯击可达 1 000~6 000 kN·m 以上；可以有效加固 5~10 m 范围内的松散砂土或粉土、黏性土、湿陷性黄土等。

(4)排水固结法。对淤泥、淤泥质土、冲填土等饱和软土地基，可利用地面堆载预压法将土中孔隙水排出，以改良土质。当天然软黏土中有透水的夹层(细砂、粉砂)时，可直接在地面堆载，其排水所需时间与排水距离的平方成正比，因而，对较厚的黏性土所需的时间很长。

对深厚的软黏土，可用人工办法在土中打入垂直排水砂井(或透水塑料板)，使在地面预压荷载下，土中水可由相邻的排水砂井排出，以大大缩短排水、固结时间。

思考与练习题

1. 滑坡是如何形成的？
2. 简述崩塌形成条件及其形成机理。
3. 简述泥石流和崩塌的区别。
4. 地震传播的方式有哪些？哪一种方式对建筑影响更大？
5. 哪些建筑需要考虑抗震设计？

第7章 工程地质勘察

7.1 工程地质勘察的目的、任务与阶段

7.1.1 工程地质勘察的目的

工程地质勘察是指运用工程地质理论和各种勘察、测试技术手段和方法，为解决工程建设中的地质问题而进行的调查研究工作。其成果资料是工程规划、设计、施工的重要依据。

工程地质勘察的目的是查明工程建筑地区的工程地质条件，分析评价可能出现的工程地质问题，对建筑地区做出工程地质评价，为工程建设规划、设计、施工提供可靠的地质依据，以充分利用有利的自然地质条件，避开或改造不利的地质因素，保证工程建筑物的安全稳定、经济合理和正常使用。

7.1.2 工程地质勘察的基本任务

工程地质勘察的基本任务是按照各类工程不同勘察阶段的要求，为工程的设计、施工以及岩土体治理加固等工程提供地质资料和必要的技术参数，对有关的工程地质问题做出论证和评价。其具体任务归纳如下：

(1)阐述建筑场地或线路的工程地质条件，指出场地或线路内不良地质现象的发育情况及其对工程建设的影响，对场地稳定性和适宜性做出评价。

(2)查明工程范围内岩土体的分布、性状和地下水活动条件，提供设计、施工和整治所需的地质资料和岩土技术参数。

(3)分析研究与工程建筑有关的工程地质问题，并做出评价结论。

(4)对场地内建筑总平面布置、各类岩土工程设计、岩土体加固处理、不良地质现象整治等具体方案做出论证和建议。

(5)预测工程施工和运行过程中对地质环境和周围建筑物的影响，并提出保护措施的建议。

在这些任务中，对一般大多数工程都应完成，但对其内容的增减及研究的详细程度有所不同，将视不同的行业(如工业与民用建筑或公路工程)、工程类型大小及重要性、地质条件的复杂程度，以及不同的设计阶段而有所不同。例如，对公路工程还应调查沿线路筑路材料的质量、产量及运输条件。

7.1.3 工程地质勘察的阶段

为保证工程建筑物自规划设计到施工和使用全过程达到安全、经济、合用的标准，使建筑物场地、结构、规模、类型与地质环境、场地工程地质条件相互适应。任何工程的规划设计过程必须遵照循序渐进的原则，即科学地划分为若干阶段进行。

工程设计是分阶段进行的，与设计阶段相适应，工程地质勘察也是分阶段的。一般建筑工程地质勘察可分为可行性研究勘察(选址勘察)、初步勘察、详细勘察及施工勘察。

1. 勘察设计阶段的划分

我国实行四阶段体制，与国际通用体制相同，即规划阶段、初步设计阶段、技术设计阶段、施工设计与施工阶段。

(1)规划阶段的任务：区域开发技术经济论证，比较选择工程开发地段，主要为定性概略评价。

(2)初步设计阶段的任务：场地方案比较，选场址，主要为定性、定量评价。

(3)技术设计阶段的任务：选定建筑物位置、类型、尺寸，主要为定量评价。

(4)施工设计与施工阶段的任务：编制施工详图，补充验证已有资料。

2. 勘察阶段的划分

(1)可行性研究勘察(选址勘察)。可行性研究勘察工作对于大型工程是非常重要的环节，其目的在于从总体上判定拟建场地的工程地质条件能否适宜进行工程建设。一般通过取得几个候选场址的工程地质资料进行对比分析，对拟选场址的稳定性和适宜性做出工程地质评价。选择场址阶段应进行下列工作：

1)搜集区域地质、地形地貌、地震、矿产、当地的工程地质、岩土工程和建筑经验等资料。

2)在充分搜集和分析已有资料的基础上，通过踏勘了解场地的地层、构造、岩性、不良地质作用和地下水等工程地质条件。

3)当拟建场地工程地质条件复杂，已有资料不能满足要求时，应根据具体情况进行工程地质测绘和必要的勘探工作。

4)当有两个或两个以上拟选扬地时，应进行比较分析。

在选址时，宜避开下列地段：

1)不良地质现象发育且对场地稳定性有直接危害或潜在威胁。

2)地基上性质严重不良。

3)对建筑抗震不利。

4)洪水或地下水对建筑场地有严重不良影响。

5)地下有未开采的有价值的矿藏或未稳定的地下采空区。

（2）初步勘察阶段。这一阶段的勘察应符合初步设计或扩大初步设计的要求。其主要任务是对拟建建筑地段的稳定性做出评价。依据资料为拟建工程的有关文件、工程地质和岩土工程资料以及工程场地范围的地形图等。勘察要求为：初步查明地质构造、地层结构、岩土工程特性；在季节性冻土地区，应调查场地土的标准冻结深度；查明场地不良地质现象的成因、分布、对场地稳定性的影响及其发展趋势；对抗震设防烈度大于或等于 6 度的场地，应评价场地和地基的地震效应；初步勘察，还应调查地下水类型、补给、径流和排泄条件，实测地下水位并初步确定其变化幅度，以及判别地下水对建筑材料的腐蚀作用。

（3）详细勘察阶段。详细勘察应按单体建筑物或建筑群提出详细的岩土工程资料和设计、施工所需的岩土参数；对建筑地基做出岩土工程评价，并对地基类型、基础形式、地基处理、基坑支护、工程降水和不良地质作用的防治等提出建议。详细勘察阶段主要应进行下列工作：

1)搜集附有坐标和地形的建筑总平面图，场区的地面整平标高，建筑物的性质、规模、荷载、结构特点，基础形式、埋置深度，地基允许变形等资料。

2)查明不良地质作用的类型、成因、分布范围、发展趋势和危害程度，提出整治方案的建议。

3)查明建筑范围内岩土层的类型、深度、分布、工程特性，分析和评价地基的稳定性、均匀性和承载力。

4)对需进行沉降计算的建筑物，提供地基变形计算参数，预测建筑物的变形特征。

5)查明埋藏的河道、沟浜、墓穴、防空洞、孤石等对工程不利的埋藏物。

6)查明地下水的埋藏条件，提供地下水位及其变化幅度。

7)在季节性冻土地区，提供场地上的标准冻结深度。

8)判定水和土对建筑材料的腐蚀性。

（4）施工勘察。施工勘察不作为一个固定阶段，视工程的实际需要而定，对条件复杂或有特殊施工要求的重大工程地基，需进行施工勘察。施工勘察包括：施工阶段的勘察和施工后一些必要的勘察工作，检验地基加固效果。

由于地质情况的复杂性，很多问题在设计阶段无法很好地解决。因此，在工程施工阶段利用工程开挖，继续查明地质问题不仅是岩土工程勘察的一个组成部分，而且对检验、修正前期成果，总结提高岩土工程勘察水平也是一项十分重要的工作。

一般的工业与民用建筑和中小型单项工程建筑物占地面积不大、建筑经验丰富，且一般都建筑在地形平坦、地貌和岩层结构单一、岩性均一、压缩性变化不大、无不良地质现象、地下水对地基基础无不良影响的场地，因此可以简化勘察阶段，采用一次性勘察，但应以能提供必要的数据、做出充分而有效的设计论证为原则。

各阶段应完成的任务不同，主要体现在工程地质工作的广度、深度和精度要求上也有所不同，而各阶段工程地质工作的工作程序和基本内容则是相同的。各阶段工程地质工作一般均按下述程序进行：准备工作；工程地质调查测绘；工程地质勘探；测试；文件编制。

7.2　工程地质测绘

工程地质测绘是岩土工程勘察的基础工作，一般在勘察的初期阶段进行。其本质是运用地质、工程地质理论，对地面的地质现象进行观察和描述，分析其性质和规律，并借以推断地下地质情况，为勘探、测试工作等其他勘察方法提供依据。在地形、地貌和地质条件较复杂的场地，必须进行工程地质测绘；但对地形平坦、地质条件简单且较狭小的场地，则可以采用调查代替工程地质测绘。工程地质测绘是认识场地工程地质条件最经济、最有效的方法，高质量的测绘工作能相当准确地推断出地下的地质情况，起到有效地指导其他勘察方法的作用。

7.2.1　工程地质测绘的范围、内容

工程地质测绘是运用地质、工程地质理论，对与工程建设有关的各种地质现象进行观察和描述，初步查明拟建场地或各建筑地段的工程地质条件。将工程地质条件诸要素采用不同的颜色、符号，按照精度要求标绘在一定比例尺的地形图上，并结合勘探、测试和其他勘察工作的资料，编制成工程地质图。勘察成果可对场地或各建筑地段的稳定性和适宜性做出评价。

工程地质测绘是根据拟建建筑物的需要在与该项工程活动有关的范围内进行。原则上，测绘范围应包括场地及其邻近的地段。适宜的测绘范围，既能较好地查明场地的工程地质条件，又不至于浪费勘察工作量。根据实践经验，由三方面确定测绘范围，即拟建建筑物的类型和规模、设计阶段及工程地质条件的复杂程度和研究程度。

建筑物的类型和规模不同，与自然地质环境相互作用的广度和强度也就不同，确定测绘范围时首先应考虑到这一点。例如，大型水利枢纽工程的兴建，由于水文和水文地质条件急剧改变，往往引起大范围自然地理和地质条件的变化；这一变化甚至会导致生态环境的破坏和影响水利工程本身的效益及稳定性。此类建筑物的测绘范围必然很大，应包括水库上、下游的一定范围，甚至上游的分水岭地段和下游的河口地段都需要进行调查。房屋建筑和构筑物一般仅在小范围内与自然地质环境发生作用，通常，不需要进行大面积工程地质测绘。

在工程处于初期设计阶段时，为了选择建筑场地，一般都有若干个比较方案，它们相互之间有一定的距离。为了进行技术经济论证和方案比较，应把这些方案场地包括在同一测绘范围内，测绘范围显然是比较大的。但当建筑场地选定后，尤其是在设计的后期阶段，各建筑物的具体位置和尺寸均已确定，就只需在建筑地段的较小范围内进行大比例尺的工程地质测绘。

一般情况是：工程地质条件越复杂，研究程度越差，工程地质测绘范围就越大。

铁路（公路）工程地质调查测绘一般沿铁路中线或导线进行，测绘宽度多限定在中线两侧各 200～300 m 的范围。在测绘范围内，各种观测点的位置都应与线路中线取得联系。在

实际工作中，铁路(公路)工程地质调查测绘的主要任务之一，就是把已经绘制好的线路带状地形图编制成线路带状工程地质图。对于控制线路方案的地段、特殊地质及地质条件复杂的长隧道、大桥、不良地质等工点，应进行较大面积的区域测绘。区域测绘时，可按垂直和平行岩层走向(或构造线走向)的方向布置调查测绘路线。

工程地质调查测绘应包括下列内容：

(1)地形、地貌：查明地形、地貌形态的成因和发育特征，以及地形、地貌与岩性、构造等地质因素的关系，划分地貌单元。

(2)地层、岩性：查明地层层序、成因、时代、厚度、接触关系、岩石名称、成分、胶结物及岩石风化破碎的程度和深度等。

(3)地质构造：查明有关断裂和褶曲等的位置、走向、产状等形态特征和力学性质；查明岩层产状、节理、裂隙等的发育情况；查明新构造活动的特点。

(4)水文地质：通过地层、岩性、构造、裂隙，水系和井、泉地下水露头的调查，判明区域水文地质条件。

(5)查明不良地质和特殊地质的性质、范围，以及其发生、发展和分布的规律。

(6)查明土、石成分及其密实程度、含水情况、物理力学性质，划分岩土施工工程分级等。

(7)查明天然建筑材料的分布范围、储量、工程性质。

7.2.2 工程地质测绘的比例尺、精度

1. 工程地质测绘的比例尺

工程地质测绘的比例尺大小主要取决于设计要求。建筑物设计的初期阶段属于选址性质，一般往往有若干个比较场地，测绘范围较大，而对工程地质条件研究的详细程度并不高，所以采用的比例尺较小。但是，随着设计工作的进展、建筑场地的选定，建筑物位置和尺寸越来越具体明确，范围越益缩小，而对工程地质条件研究的详细程度越益提高，所以采用的测绘比例尺就需逐渐加大。当进入设计后期阶段时，为了解决与施工、运营有关的专门地质问题，所选用的测绘比例尺可以很大。在同一设计阶段内，比例尺的选择则取决于场地工程地质条件的复杂程度及建筑物的类型、规模及其重要性。工程地质条件复杂、建筑物规模巨大而又重要者，就需采用较大的测绘比例尺。总之，各设计阶段所采用的测绘比例尺都限定于一定的范围之内。

(1)比例尺选定原则。

1)应和使用部门要求提供图件的比例尺一致或相当。

2)与勘测设计阶段有关。

3)在同一设计阶段内，比例尺的选择取决于工程地质条件的复杂程度、规模及重要性。在满足工程建设要求的前提下，应尽量节省测绘工作量。

(2)根据国际惯例和我国各勘察部门的经验，工程地质测绘比例尺的一般规定如下：

1)可行性研究勘察阶段，1：50 000～1：5 000，属小、中比例尺测绘。

2)初步勘察阶段，1：10 000～1：2 000，属中、大比例尺测绘。

3)详细勘察阶段，1：2 000～1：500 或更大，属大比例尺测绘。

2. 工程地质测绘的精度

工程地质测绘的精度包含两层意思，即对野外各种地质现象观察描述的详细程度，以及各种地质现象在工程地质图上表示的详细程度和准确程度。为了确保工程地质测绘的质量，这个精度要求必须与测绘比例尺相适应。"精度"指野外地质现象能够在图上表示出来的详细程度和准确度。

(1)详细程度。地质点和地质界线的测绘精度，统一定为在图上不应低于 3 mm，不再区分场地内和其他地段，从而保证了同一张工程地质图上精度的统一性。

规范同时要求：在地质构造线、地层接触线、岩性分界线、标准层位和每个地质单元体应有地质观测点；地质观测点的密度应根据场地的地貌、地质条件、成图比例尺和工程要求等确定，并应具有代表性；地质观测点应充分利用天然和已有的人工露头，当露头少时，应根据具体情况布置一定数量的探坑或探槽，地质观测点的定位应根据精度要求选用适当方法；地质构造线、地层接触线、岩性分界线、软弱夹层、地下水露头和不良地质作用等特殊地质观测点，宜用仪器定位。

(2)准确度。准确度是指图上各种界限的准确程度，即与实际位置的允许误差。不同比例尺反映的地质单元体允许误差见表 7.1。

表 7.1　不同比例尺反映的地质单元体允许误差

比例尺	1：100 000	1：50 000	1：10 000	1：1 000
误差/m	50	25	5	0.5

一般对地质界限要求严格，大比例尺测绘采用仪器定点。

要求将地质观测点布置在地质构造线、地层接触线、岩性分界线、不同地貌单元及微地貌单元的分界线、地下水露头及各种不良地质现象分布的地段。观测点的密度应根据测绘区的地质和地貌条件、成图比例尺及工程特点等确定。为了更好地阐明测绘区工程地质条件和解决工程地质实际问题，对工程有重要影响的地质单元体，如滑坡、软弱夹层、溶洞、泉、井等，必要时在图上可采用扩大比例尺表示。

为满足不同的测绘精度要求，必须采用相应的测绘方法。在岩土工程勘察中，预可行性研究、可行性研究和初步设计的勘测阶段，多使用地质罗盘仪定向，步测和目测确定距离和高程的目测法；或使用地质罗盘仪定向，用气压计、测斜仪、皮尺确定高程和距离的半仪器法。在重要工程、不良地质地段的施工设计阶段，则使用经纬仪、水平仪、钢尺精确定向、定点的仪器法。对于工程起控制作用的地质观测点及地质界线，也应采用仪器法进行测绘。

工程地质调查测绘是整个工程地质工作中最基本、最重要的工作，不仅靠它获取大量所需的各种基本地质资料，也是正确指导下一步勘探、测试等工作的基础。因此，调查测绘的原始记录资料，应准确可靠、条理清晰、图文相符，重要的、代表性强的观测点，应用素描图或照片以补充文字说明。

7.2.3　工程地质测绘的方法

工程地质调查测绘一般在勘察范围内进行，调查测绘的宽度应以满足线路方案选择、工程设计和病害处理为原则，并根据区域地质构造的复杂程度，不良地质发生、发展和影响的范围，以及工程地质条件分析的需要予以扩大。

沿选定的测绘路线适当布置若干观测点，通过对这些观测点的地质调查、测绘，掌握一条路线的地质情况，通过对所有测绘路线的综合，掌握整个调查测绘范围的地质情况。因此，观测点的工作是最基础的工作。

根据调查测绘的内容，观测点可分为单项的和综合的两种。以测绘某一种地质现象为主的是单项观测点，例如，地貌观测点、地层岩性观测点、地质构造观测点、水文地质观测点等；能综合反映多方面地质现象的是综合观测点。铁路(公路)工程地质调查测绘多采用综合观测点。

观测点的选择和布置，目的要明确，代表性要强。密度应结合工作阶段、成图比例、露头情况、地质复杂程度等而定。数量以能控制重要地质界线并能说明工程地质条件为原则。选择观测点的一般要求是：地层露头比较好，地质构造形态比较清楚，不良地质现象比较突出，在一定范围内有代表性。

工程地质测绘和调查一般包括以下内容：

(1)查明地形、地貌特征及其与地层、构造、不良地质作用的关系，划分地貌单元。

(2)岩土的年代、成因、性质、厚度和分布，对岩层应鉴定其风化程度，分新近沉积土、各种特殊性土。

(3)查明岩体结构类型，各类结构面(尤其是软弱结构面)的产状和性质，岩、土接触面和软弱夹层的特性等，新构造活动的形迹及其与地震活动的关系。

(4)查明地下水的类型、补给来源、排泄条件，井泉位置，含水层的岩性特征、埋藏深度、水位变化、污染情况及其与地表水体的关系。

(5)搜集气象、水文、植被、土的标准冻结深度等资料；调查最高洪水位及其发生时间、淹没范围。

(6)查明岩溶、土洞、滑坡、崩塌、泥石流、冲沟、地面沉降、断裂、地震震害、地裂缝、岸边冲刷等不良地质作用的形成、分布、形态、规模、发育程度及其对工程建设的影响。

(7)调查人类活动对场地稳定性的影响，包括人工洞穴、地下采空、大挖大填、抽水排水和水库诱发地震等。

(8)建筑物的变形和工程经验。

7.3 工程地质勘探

工程地质勘探是在工程地质测绘的基础上，为进一步查明有关的工程地质问题，取得深部更详细的地质资料而进行的。工程地质勘探按勘探方法不同分为物探、坑探和钻探。勘探工作的主要任务是：①查明建筑场地地下有关的地质情况，如地层岩性、地质构造、地下水位、岩溶发育程度、滑动面位置等；②提取岩土样及水样，供室内试验、分析、鉴定之用(勘探形成的坑孔还可提供现场原位试验地点，如岩土的力学性试验、地应力测量、水文地质试验等)；③利用勘探井孔布设地下水和各种物理地质现象的长期观测点，进行井下摄影、井下电视或灌浆试验。

下面分别论述勘探工作布置和设计，以及工程地质物探、坑探和钻探的应用条件、所能解决的问题等。

7.3.1 勘探工作的布置

布置勘探工作总的要求，应是以尽可能少的工作量取得尽可能多的地质资料。为此，做勘探设计时，必须熟悉勘探区已取得的地质资料，并明确勘探的目的和任务。将每一个勘探工程都布置在关键地点，且发挥其综合效益。在岩土工程勘察的各个阶段中，勘探坑、孔要合理布置，坑、孔布置方案的设计必须建立在对工程地质测绘资料及区域地质资料充分分析研究的基础上。

1. 勘探工作布置的一般原则

(1)勘探总体布置形式。

1)勘探线。按特定方向沿线布置勘探点(等间距或不等间距)，了解沿线工程地质条件，并提供沿线剖面及定量指标；用于初勘阶段、线形工程勘察、天然建材初查。

2)勘探网。勘探点选布在相互交叉的勘探线及其交叉点上，形成网状(方格状、三角状、弧状等)，用于了解图上的工程地质条件，并提供不同方向的剖面图或场地地质结构立体投影图及定量指标；适用于基础工程场地详勘，天然建材详查阶段。

3)结合建筑物基础轮廓，一般工程建筑物设计要求勘探工作按建筑物基础类型、形式、轮廓布置，并提供剖面及定量指标。例如：

①桩基：每个单独基础有一个钻孔。

②筏片、箱基：基础角点、中心点应有钻孔。

③拱坝：按拱形最大外荷载线布置孔。

(2)布置勘探工作应遵循的原则。

1)勘探工作应在工程地质测绘基础上进行。通过工程地质测绘，对地下地质情况有一定的判断后，才能明确通过勘探工作需要进一步解决的地质问题，以取得好的勘探效果。否则，由于不明确勘探目的，将有一定的盲目性。

2)无论是勘探的总体布置还是单个勘探点的设计，都要考虑综合利用。既要突出重点，又要照顾全面，点面结合，使各勘探点在总体布置的有机联系下发挥更大的效用。

3)勘探布置应与勘察阶段相适应。不同的勘察阶段，勘探的总体布置、勘探点的密度和深度、勘探手段的选择及要求等，均有所不同。一般来说，从初期到后期的勘察阶段，勘探总体布置由线状到网状，范围由大到小，勘探点、线距离由稀到密；勘探布置的依据，由以工程地质条件为主过渡到以建筑物的轮廓为主。

4)勘探布置应随建筑物的类型和规模而异。不同类型的建筑物，其总体轮廓、荷载作用的特点及可能产生的工程地质问题不同，勘探布置也应有所区别。道路、隧道、管线等线型工程，多采用勘探线的形式，且沿线隔一定距离布置一垂直于它的勘探剖面。房屋建筑与构筑物应按基础轮廓布置勘探工程，常呈方形、长方形、工字形或丁字形；具体布置勘探工程时又因不同的基础形式而异。桥基则采用由勘探线渐变为以单个桥墩进行布置的勘探形式。

5)勘探布置应考虑地质、地貌、水文地质等条件。一般勘探线应沿着地质条件等变化最大的方向布置。勘探点的密度应视工程地质条件的复杂程度而定，而不是平均分布。为了对场地工程地质条件起到控制作用，还应布置一定数量的基准坑、孔(即控制性坑、孔)，其深度较一般性坑、孔大些。

6)在勘探线、网中的各勘探点，应视具体条件选择不同的勘探手段，以便互相配合，取长补短，有机地联系起来。

总之，勘探工作一定要在工程地质测绘基础上布置。勘探布置主要取决于勘察阶段、建筑物类型和岩土工程勘察等级三个重要因素，还应充分发挥勘探工作的综合效益。为搞好勘探工作，地质工程师应深入现场，并与设计、施工人员密切配合。在勘探过程中，应根据所了解的条件和问题的变化，及时修改原来的布置方案，以期圆满地完成勘探任务。

2. 勘探坑、孔布置的基本原则

按工程地质条件布置坑、孔的基本原则：

(1)地貌单元及其衔接地段。勘探线应垂直地貌单元界限，每个地貌单元应有控制坑孔，两个地貌单元之间过渡地带应有钻孔。

(2)断层。在上盘布置坑、孔，在地表垂直断层走向布置坑、孔，坑、孔深度应穿过断层面。

(3)滑坡。沿滑坡纵横轴线布置坑、孔，查明滑动带数量、部位、滑体厚度。坑、孔深度应穿过滑动带到稳定基岩。

(4)河谷。垂直河流布置勘探线，钻孔应穿过覆盖层并深入基岩 5 m 以上，应防止误把漂石当作基岩。

(5)查明陡倾地质界面，一般使用斜孔或斜井，以相邻两孔深度所揭露的地层相互衔接为原则，防止漏层。

3. 勘探坑、孔间距的确定

各类建筑勘探坑、孔的间距，是根据勘察阶段和岩土工程勘察等级来确定的。不同的勘察阶段，其勘察的要求和工程地质评价的内容不同，因而勘探坑、孔的间距也各异。初期勘察阶段的主要任务是为选址和进行可行性研究，对拟选场址的稳定性和适宜性做出工程地质评价，进行技术经济论证和方案比较，满足确定场地方案的要求。由于有若干个建筑场址的比较方案，勘察范围大，勘探坑、孔间距也比较大。当进入中后期勘察阶段，要对场地内建筑地段的稳定性做出工程地质评价，确定建筑总平面布置，进而对地基基础设计、地基处理和不良地质现象的防治进行计算与评价，以满足施工设计的要求。此时勘察范围缩小而勘探坑、孔增多了，因而坑、孔间距是比较小的。

坑、孔间距的确定原则如下：

(1)勘察阶段。初期间距大，中后期逐渐加密。

(2)工程地质条件的复杂程度。简单地段少布，间距放宽；复杂地段、要害部位间距加密。

(3)参照有关规范。

4. 勘探坑、孔深度的确定

确定勘探坑、孔深度的含义包括两个方面：一是确定坑、孔深度的依据；二是施工时终止坑、孔的标志。概括起来说，勘探坑、孔深度应根据建筑物类型、勘察阶段、岩土工程勘察等级及所评价的工程地质问题等综合考虑。除上述原则外，还应考虑以下几点：

(1)建筑物有效附加应力影响范围。

(2)与工程建筑物稳定性有关的工程地质问题研究的需要，如坝基可能的滑移面深度、渗漏带底板深度等。

(3)工程设计的特殊要求，如确定坝基灌浆处理的深度、桩基深度、持力层深度等。

(4)工程地质测绘及物探对某种勘探目的层的推断，在勘探设计中应逐孔确定合理深度，明确终孔标志。

作勘探设计时，有些建筑物可依据其设计标高来确定坑、孔深度。例如，地下洞室和管道工程，勘探坑、孔应穿越洞底设计标高或管道埋设深度以下一定深度。

另外，还可依据工程地质测绘或物探资料的推断确定勘探坑、孔的深度。在勘探坑、孔施工过程中，应根据该坑、孔的目的任务而决定是否终止，决不能机械地执行原设计的深度。例如，为研究岩石风化分带目的的坑、孔，当遇到新鲜基岩时即可终止。

7.3.2　工程地质勘探方法

1. 物探

组成地壳的不同岩土介质往往在导电性、弹性、磁性、密度、放射性等方面存在着差异，从而引起相应地球物理场的局部变化。以专门的仪器探测这些地球物理场的分布及变化特征，然后结合已知地质资料，推断地下岩土层的埋藏深度、厚度、性质，判定其地质构造、水文地质条件及各种物理地质现象等的勘探方法，叫作地球物理勘探法，简称物探。由于物探可以根据地面上地球物理场的观测结果推断地下介质变化，因此，它比钻探等直接勘探手段具有更快速、经济的优点。但物探技术的应用也具有一定的条件性和局限性，解释成果有时具多解性，需用少量坑探或钻探适当配合，才能收到较好的效果。一般应用于工程地质勘察的初期阶段。

目前，主要的物探方法包括以下几种：

(1)电阻率法。不同岩(土)层或同一岩(土)层由于成分和结构等不同，因而具有不同的电阻率。将直流电通过接地电极供入地下，建立稳定的人工电场，在地表观测某点垂直方向或某剖面的水平方向的电阻率变化，从而了解岩(土)层的分布或地质构造特点的方法，称为电阻率法。

1)电阻率测深法。电阻率测深法是在地表以某一点为中心(测探点)，用不同供电极距测量不同深度岩(土)层的电阻率 ρ 值，以获得该点处的地质断面的方法。

2)电阻率剖面法。电阻率剖面法是测量电极和供电电极的装置不变，而测点沿某方向移动，探测某深度内岩(土)电阻率 ρ 的水平变化的方法。

(2)电位法。岩(土)层具有电阻，当电流通过时，两点之间就会产生电位。由于不同岩层或同一岩层的成分和结构等不同，具有不同的电阻率，固定点和不同测量点之间的电位也就不同。因此，电位法是使用一个固定电极和一个流动电极，将固定电极布于测区某一固定点上，用流动电极沿线逐渐移动，观测各移动点相对于固定点电位的变化，从而了解岩土层的分布和地质构造、地下水等的方法。

1) 充电法。充电法是将一供电极接于良导性的地质体上，另一极置于足够远处接地，以使该电极产生的电场实际上对观测电场不产生影响。根据地面观测的电场分布性质（等位线的形状），即可得到良导体的形状、大小。

2) 自然电场法。自然电场法不用人工供电，是通过仪器测定一定地质条件下的自然电场，用以解释地质问题的方法。

(3) 频率测深法。由于岩石的感应作用，交变电磁场在地下的分布情况随频率而变化。频率低、向地下穿透深，反映深部地层情况；频率高、穿透浅，反映浅部地层情况。因此，只要改变电磁场的频率就可以反映出不同深度的地质情况。频率测深法是通过改变交变电磁场的频率来控制探测深度，找出岩土层电阻率随深度的变化情况，借以判释地层分布及地质构造。

(4) 地面电磁感应法。地面电磁感应法是在地面上用人工方法产生一个交变电磁场，向下传播，称一次场；当地下有导体时，受到感应，感应电流又产生一交变电磁场，传达回地面，称二次场，它与一次场的频率相同；根据需探测的地质体和围岩之间导电性、导磁性的差异，应用上述电感应原理，观测二次场或一次场与二次场叠加后形成的总场强度、方向、空间分布规律和随时间变化的特性来解释地质问题。

(5) 无线电波透视法。由于岩(土)电性的不同，对电磁波的吸收具有差异。当地质体的电性与围岩差异较大时，通过它们的电磁能的衰减明显不同。良导体对电磁能强烈地吸收，对无线电波起屏蔽作用。因此，如果在电磁波发射与接收之间出现良导体，则接收信号大大减弱，甚至接收不到，形成所谓的阴影区。从不同角度和方向发射和接收无线电波，可以得到不同的阴影区，从而判断出该地质体存在的位置和形状。

(6) 地震勘探。由于岩(土)的弹性性质不同，弹性波在其中的传播速度也不同，利用这种差异，通过人工激发的弹性波在地下传播的特点即可判定地层岩性、地质构造等。

1) 直达波法。由震源直接传播到接收点的波称为直达波，利用直达波的时距曲线可求得直达波速，从而计算土层参数。

2) 反射波法。弹性波从震源向地层中传播，遇到性质不同的地层界面时，产生反射。根据测得的反射时间，就可推求出所需探测界面的深度。

3) 折射波法。弹性波从震源向地层中传播，遇到性质不同的地层界面时，发生折射。根据测得的折射时距曲线推求岩土层界面等地质特征。

(7) 声波探测。声波探测是弹性波探测技术中的一种，它是利用频率为数千赫至 20 kHz 的声频弹性波通过岩(土)体，测定岩(土)体中波速和振幅的变化，从而解决某些工程地质问题。

(8) 重力勘探。组成地壳的各种岩石之间具有密度差异，使地球的重力场发生局部变化，而引起重力异常。重力勘探是通过测定地球表面重力的变化来解决地质问题。

(9) 磁法勘探。地下岩(土)体或地质构造受地磁场磁化后，在其周围空间会形成并叠加在地磁场上的次生磁场。通过测定地壳中的需测定体在地磁场的磁化作用下引起的磁性差异来确定断层的存在或探测地下金属目标物。

(10)电视测井。电视测井产生电视图形的能源有多种，一般有普通光源测井和超声波电视测井。以普通光源为能源的电视测井，是利用日光灯光源为能源，投射到孔壁，再经平面镜反射到照相镜头来完成对孔壁的探测；利用超声波为能源，在孔中不断向孔壁发射超声波束，接收从井壁反射回来的超声波，来完成对孔壁探测的为超声波电视测井。

(11)放射性测井。放射性测井又称核测井，它是利用元素的核性质一般不受温度、压力、化学性质等外界因素的影响，γ射线及中子流具有较强穿透能力的特性，采用γ探测器不断地接收来自相应深度地层的γ射线，并使之转变成电脉冲输出，并经电子线路放大、整形后通过电线传到地面，得到γ测井曲线来探测地层。

(12)电测井。不同的地层具有不同的电阻率和自然电场。电测井就是在井孔中利用电法勘探方法测量井、孔壁剖面的电阻率或自然电位，从而确定井孔的地质剖面。电测井主要方法有电阻率法测井和自然电位测井。

(13)井径测量。井径测量是将测量井径的量杆张开，井径不同时，量杆张开的角度就不同，电路中的电阻值就会发生变化，从而测出井径的大小。

2. 坑探

坑探是用人工或机械掘进的方式来探明地表以下浅部的工程地质条件，它包括探坑、探槽、浅井和斜井、竖井、平洞、石门等(图 7.1)。前三种方法一般称为轻型坑探；后几种方法称为重型坑探。轻型坑探是除去地表覆盖土层以揭露出基岩的类型和构造情况，往往是房屋建筑工程和公路工程中广泛采用的方法；重型坑探则在大型工程中(如大

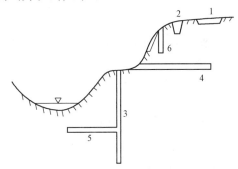

图 7.1　工程地质常用的坑探类型示意图
1—探槽；2—探坑；3—竖井；4—平洞；5—石门；6—浅井

中型水利水电工程、大型桥梁、重型建筑工程等)使用较多。坑探的特点是使用工具简单，技术要求不高，应用广泛，揭露的面积较大，可直接观察地质现象，采取原状结构试样，并可用来做现场大型原位调试。但勘探深度受到一定限制，且成本高。各种坑探工程的特点和适应条件见表7.2。

表 7.2　各种坑探工程的特点和适用条件

名称	特　　点	适用条件
探槽	深度小于 3～5 m 的长方形条子	剥除地表覆土，揭露基岩，划分地层岩性，研究断层破碎带，追索构造线
探坑	深度小于 3～5 m 的圆形或方形井	局部剥除覆土，揭露基岩，做荷载试验，渗水试验，取原状土样
浅井	从地表向下，铅直的、深度为 5～15 m 的圆形或方形井	确定覆盖层及风化层的岩性及厚度，做荷载试验，取原状土样

名称	特　点	适用条件
竖井(斜井)	形状与浅井相同，但深度大于 15 m，有时需支护	了解覆盖层的厚度、风化层分带、软弱夹层分布、断层破碎带及岩溶发育情况，滑坡体结构及滑动面等；多布置在地形较平缓、岩层又较缓倾的地段
平洞	在地面有出口的水平坑道，深度较大，有时需支护	调查斜坡地质结构，查明河谷地段的地层岩性、软弱夹层、破碎带、风化岩层等；做原位岩体力学试验及地应力量测；取样；多布置在地形较陡的山坡地段
石门	不出露地面而与竖井相连的水平坑道，石门垂直岩层走向，平巷平行	了解河底地质构造，做试验等

3. 钻探

在岩土工程勘察中，钻探是最常用的一类勘探手段。与坑探、物探相比较，钻探有其突出的优点，它可以在各种环境下进行，一般不受地形、地质条件的限制；能直接观察岩芯和取样，勘探精度较高；能提供做原位测试和监测工作，最大限度地发挥综合效益；勘探深度大，效率较高。因此，不同类型、结构和规模的建筑物，不同的勘察阶段，不同环境和工程地质条件下，凡是布置勘探工作的地段，一般均需采用此类勘探手段。

(1)钻探要求。为了完成勘探工作的任务，工程地质钻探有以下几项特殊的要求。

1)土层是工程地质钻探的主要对象，应可靠地鉴定土层名称，准确判定分层深度，正确鉴别土层天然的结构、密度和湿度状态。为此，要求钻进深度和分层深度的量测误差范围应为 ±0.05 m，非连续取芯钻进的回次进尺应控制在 1 m 以内，连续取芯钻进的回次进尺应控制在 2 m 以内；某些特殊土类，需根据土体特性选用特殊的钻进方法；在地下水位以上的土层中钻进时应进行干钻，当必须使用冲洗液时应采取双层岩芯管钻进。

2)岩芯采取率要求较高。对岩层做岩芯钻探时，一般岩石取芯率不应低于 80%，破碎岩石不应低于 65%。对工程建筑物至关重要、需重点查明的软弱夹层、断层破碎带、滑坡的滑动带等地质体和地质现象，为保证获得较高的岩芯采取率，应采用相应的钻进方法。例如，尽量减少冲洗液或用干钻，采取双层岩芯管连续取芯，降低钻速，缩短钻程。当需确定岩石质量指标(RQD)时，应采用 N 型双层岩芯管钻进，其孔径为 75 mm，采取的岩芯直径为 54 mm，且宜采用金刚石钻头。

3)钻孔水文地质观测和水文地质试验是工程地质钻探的重要内容，借以了解岩土的含水性，发现含水层并确定其水位(水头)和涌水量大小，掌握各含水层之间的水力联系，测定岩土的渗透系数等。按照水文地质要求观测，并应进行分层止水、水位观测。

4)在钻进过程中，为了研究岩土的工程性质，经常需要采取岩土样。坚硬岩石的取样可利用岩芯，但其中的软弱夹层和断层破碎带取样时，必须采取特殊措施。为了取得质量可靠的原状土样，需配备取土器，并应注意取样方法和操作工序，尽量使土样不受或少受扰动。采取饱和软黏土与砂类土的原状土样，还需使用特制的取土器。

（2）钻孔观测与编录。钻孔观测与编录是钻进过程的详细文字记载，也是工程地质钻探员基本的原始资料。因此，在钻进过程中必须认真、细致地做好观测与编录工作，以全面、准确地反映钻探工程的第一手地质资料。钻孔观测与编录的内容包括以下几个方面：

对岩芯的描述包括地层岩性名称、分层深度、岩土性质等方面。不同类型岩土的岩性描述内容如下：

1）碎石土：颗粒级配；粗颗粒形状、母岩成分、风化程度，是否起骨架作用；充填物的成分、性质、充填程度；密实度；层理特征。

2）砂类土：颜色，颗粒级配，颗粒形状，矿物成分，湿度，密实度，层理特征。

3）粉土和黏性土：颜色，稠度状态，包含物，致密程度，层理特征。

4）岩石：颜色，矿物成分，结构和构造，风化程度、风化表现形式及划分风化带，坚硬程度，节理、裂隙发育情况，裂隙面特征及充填胶结情况，裂隙倾角、间距，进行裂隙统计。必要时作岩芯素描。

通过对岩芯的各种统计，可获得岩芯采取率、岩芯获得率和岩石质量指标等定量指标。岩芯采取率是指所取岩芯的总长度与本回次进尺的百分比。总长度包括比较完整的岩芯和破碎的碎块、碎屑和碎粉物质。岩芯获得率是指比较完整的岩芯长度与本回次进尺的百分比。它不计入不成形的破碎物质。

钻探需要大量设备和经费、较多的人力，劳动强度较大，工期较长，往往成为野外工程地质工作控制工期的因素。因此，钻探工作必须在充分的地面测绘基础上，根据钻探技术的要求，选择合适的钻机类型，采用合理的钻进方法，安全操作，提高岩芯采取率，保证钻探质量，为工程设计提供可靠的依据。钻探工作还应当与其他各项工作（如与工程地质、水文地质、物探、试验、原位测试等项工作）密切配合，积极开展钻孔综合利用与综合勘探，以达到减少钻探工作量、降低成本、缩短工期、减轻劳动强度、提高勘探工作质量的目的。

在工程地质勘探工作中，常用钻机不同孔径可钻深度见表7.3。常用钻探方法有回转钻探（又分硬质合金钻进、钻粒钻进和金刚石钻进）、冲击钻探及振动钻探等。钻机类型及钻探方法的选择，主要应根据勘探的目的和要求、勘探深度及地层地质条件而定。

表7.3　常用钻机不同孔径可钻深度参考值　　　　　　　　　　　　　　　　m

钻机类型 ＼ 钻头直径/mm	172	150	130	110	91	75
XJ-100 型、XY-100 型	—	—	15	40	80	100
XY-300 型	—	30	100	200	250	300
XY-600 型	40	100	300	450	600	—

各种工程地质技术规范对不同勘察阶段各类建筑物的勘探数量及勘探深度都作了原则规定，可参考有关技术规范。

7.4 工程地质原位测试

试验是工程地质勘察中又一项必须进行的重要工作。在勘察工作的高级阶段往往需要这种手段。其目的主要是为工程设计提供岩土物理力学性质的计算参数和评价划分岩土层的资料数据。工程地质试验可分为现场原位测试与室内试验两类。现场原位测试是指在勘察现场，不扰动或基本不扰动岩土地层的情况下进行测试，以获得所测岩土层的物理力学性质指标及划分地层的一种勘察技术；室内试验是将野外采取的试样送到室内进行试验。现场试验与室内试验相比，有如下优点：

(1)可在拟建工程现场进行测试，不用取样，因而可以测定难以取得不扰动岩土样(如软弱夹层淤泥、饱和砂土、粉土等)的物理力学性质。

(2)影响岩土体的范围远比室内试样大，因而更具有代表性。

(3)很多原位测试方法可连续进行，因而可以得到完整的地层剖面及物理力学指标。

(4)原位测试一般具有速度快、经济的优点，能大大缩短勘察周期。

原位测试也存在着许多不足之处，如难于控制边界条件；有些大型试验费工、费时，成本高，不宜大量进行；许多原位测试所得多数和岩土的工程性质之间的关系建立在大量统计的经验关系之上等。因此，岩土原位测试应和室内试验相互配合进行。

原位测试试验可分为以下三大类：

(1)岩土力学性质试验，如荷载试验、静力触探试验、圆锥动力触探试验、标准贯入试验、十字板剪切试验、旁压试验、现场剪切试验、岩土原位应力测试、声波测试、点荷载试验等。

(2)水文地质试验，如钻孔抽水试验、压水试验、渗水试验等。

(3)改善岩土性能的试验，如灌浆试验、桩基承载力试验等。

7.4.1 土体力学性质现场试验

1. 荷载试验

荷载试验是在一定面积的承压板上向地基逐级施加荷载，并观测每级荷载下地基的变形特性，从而评定地基的承载力、计算地基的变形模量并预测实体基础的沉降量。其所反映的是承压板以下 1.5~2.0 倍承压板直径或宽度范围内土层应力、应变及其与时间关系的综合性状，这种方法犹如基础的一种缩尺真型试验，是模拟建筑物基础工作条件的一种测试方法，因而，利用其成果确定的地基承载力最可靠，并最有代表性。当试验影响深度范围内土质均匀时，此法确定该深度范围内土的变形模量也比较可靠。

按承压板的形状，荷载试验可以分为平板荷载试验和螺旋板荷载试验。其中，平板荷载试验适用于浅层地基，螺旋板荷载试验适用于深层地基和地下水位以下的土层。常规的荷载试验是指平板荷载试验。

(1)荷载试验的装置。荷载试验的装置由承压板、加荷装置及沉降观测装置等部分组成。其中，承压板一般为方形或圆形板。加荷装置包括压力源、荷载台架或反力架。加荷方式可采用重物加荷或油压千斤顶加荷两种方式。沉降观测装置有百分表、沉降传感器和水准仪等。图 7.2 所示为大型荷载试验装置示意图。

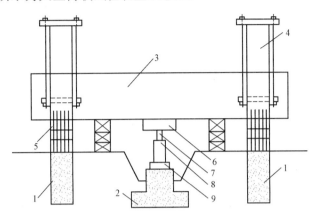

图 7.2 大型荷载试验装置示意图

1—锚桩；2—承压板；3—主梁；4—副梁；5—锚筒；6—上压板；
7—传感器；8—千斤顶；9—下压板

(2)荷载试验的基本要求。试验用的承压板，一般采用刚性的圆形板或方形板，面积可采用 0.25～0.5 m²。对于软土，由于容易发生歪斜，且考虑到承压板边缘的塑性变形，宜采用尺寸较大些的承压板。

加荷的方法，一般采用沉降相对稳定法。若有对比的经验，为了加快试验周期，也可采用沉陷非稳定法(快速法)。各级荷载下沉降相对稳定的标准一般采用连续 2 h 内每小时的沉降量不超过 0.1 mm。

试验应进行到破坏阶段。当出现下列情况之一时，即可认为地基土已达到极限状态，此时可终止试验：①承压板周围的土体有明显的侧向挤出、隆起或裂纹；②24 h 内沉降随时间近似等速或加速发展；③沉降量超过承压板直径或宽度的 1/12；④沉降急剧增大，p-s 曲线出现陡降阶段。

(3)荷载试验结果的应用。

1)确定地基的承载力(临塑荷载、极限承载力)，为评定地基土的承载力提供依据。这是荷载试验的主要目的。

根据试验得到的 p(荷载)-s(沉陷量)曲线和 s-t(时间)曲线(图 7.3)，可以按《建筑地基基础设计规范》(GB 50007—2011)的方法来确定地基的承载力。

2)确定地基土的变形模量 E_0 和地基土基床反力系数。可根据 p-s 曲线上有关数值，按有关公式计算。

荷载试验相对其他原位测试方法无疑是一种最好的方法，但是荷载试验耗时费力，对于二级建筑物一般不采用此试验方法，对于一级建筑物，也不一定都得采用荷载试验，这得根据具体情况来考虑。

在应用荷载试验的成果时，由于加荷后影响深度不会超过 2 倍承压板边长或直径，因此对于分层土，要充分估计到该影响范围的局限性。特别是当表面有一层"硬壳层"，其下

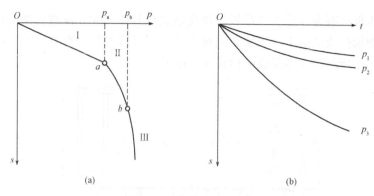

图 7.3　荷载试验曲线

(a)p-s 曲线；(b)s-t 曲线

p_1，p_2，…，p_i—各级荷载；p_a—临塑荷载；p_b—极限荷载

Ⅰ—压实阶段；Ⅱ—塑性变形阶段；Ⅲ—破坏阶段

a、b—拐点

为软弱土层时，软弱土层对建筑物沉降起主要作用，它却不受到承压板的影响，因此，试验结果和实际情况有很大差异。所以，对于地基压缩范围内土层分层时，应该用不同尺寸的承压或进行不同深度的静力荷载，也可以采用其他的原位测试和室内土工试验。

2. 静力触探试验

静力触探是指具有一定规格的圆锥形探头借助机械匀速压入土层中，测定土层对探头的贯入阻力，以此来间接判断、分析地基土的物理力学性质。其是一种原位测试技术，又是一种勘探方法。

(1)静力触探试验的仪器设备。静力触探仪一般由两部分组成：①贯入系统。包括加压装置和反力装置，它的作用是将探头匀速、垂直地压入土层中；②量测系统。用来测量和记录探头所受的阻力。静力触探头内有阻力传感器，传感器将贯入阻力通过电信号和机械系统，传至自动记录仪并绘出随深度的阻力变化曲线(图 7.4)。常用的探头分为单桥探头、双桥探头和孔压探头，单桥探头所测到的是包括锥尖阻力和侧壁摩擦力在内的总贯入阻力，双桥探头可分别测出锥尖阻力和侧壁摩擦力，孔压探头在双桥探头的基础上再安装一种可测空隙水压力的装置。

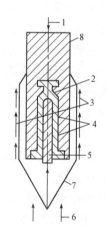

图 7.4　触探头工作原理示意图

1—贯入力；2—空心柱；3—侧壁摩擦力；4—电阻片；
5—顶柱；6—锥尖阻力；7—探头套；8—探头管

(2)静力触探成果的应用。根据静力触探试验的测量结果，可以得到下列成果：贯入阻力-深度(p_s-h)关系曲线、锥尖阻力-深度(q_c-h)关系曲线、侧壁摩擦力-深度(f_s-h)关系曲线和摩擦比-深度(R_f-h)关系曲线。对于孔压探头，还可以得到孔压-深度(U-h)关系曲线，如图 7.5 所示。

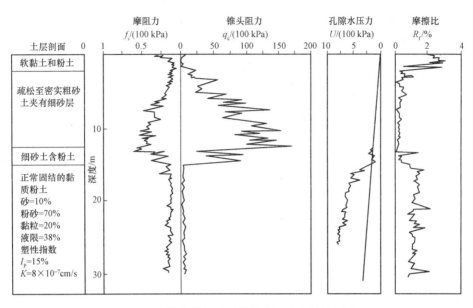

图 7.5　静力触探成果曲线及相应土层剖面图

它们的应用主要有以下几个方面：

1）划分土层。利用静力触探试验得到的各种曲线，根据相近的 q_c、R_f 来划分土层。对于孔压探头，还可以利用孔隙水压力来划分土层。

2）估算土的物理力学性质指标。根据大量试验数据分析，可以得到酸性土的不排水抗剪强度 c_u 和 q_c 之间的关系，比贯入阻力 p_s 与土的压缩模量 E_s 和变形模量 E_0 之间的关系，估算饱和黏土的固结系数，测定砂土的密实度等。国内外很多部门已提出许多实用关系式，应用时可查阅有关手册和规范。

3）确定浅基础的承载力。根据静力触探试验的比贯入阻力 p_s，可以利用经验公式来确定浅基础的承载力。

4）预估单桩承载力。利用静力触探试验结果估算桩承载力在国内已有一些比较成熟的经验公式。

5）判定饱和砂土与粉土的液化势。饱和砂土与粉土在地震作用下可能发生液化现象。可利用静力触探试验进行液化判断。

静力触探具有测试连续、快速、效率高、功能多，兼有勘探与测试双重作用的优点，且测试数据精度高，再现性好。静力触探试验适于黏性土、粉土，疏松到中密的砂土，但它的缺点是对碎石类土和密实砂土难以贯入，也不能直接观测土层。

3. 动力触探试验

动力触探主要有圆锥动力触探（DPT）和标准贯入（SPT）两大类。其共同点是利用一定的锤击动能，将一定规格的探头打入土中，根据每打入土中一定深度所需的能量来判定土的性质，并对土进行分层。所需的能量体现了土的阻力大小，一般可以用锤击数来表示。

圆锥动力触探根据锤击能量可以分为轻型（锤重 10 kg）、重型（锤重 63.5 kg）和超重型（锤重 120 kg）三种。标准贯入试验和动力触探的区别主要是它的触探头不是圆锥形，而是标准规格的圆筒形探头，由两个半圆管合成，常称贯入器。其测试方式也有所不同，采用间歇贯入方法。以下着重介绍标准贯入试验。

(1)标准贯入的试验设备和试验方法。标准贯入试验设备主要是由贯入器、贯入探杆和穿心锤三部分组成的(图7.6)，锤重63.5 kg，在76 cm的自由落距下，通过圆筒型的贯入器，贯入土层15 cm，再打入30 cm深度，以后30 cm的锤击数称为标贯击数，用$N_{63.5}$来表示，一般写作N。影响因素有钻杆长度、钻杆连接方式等，因此，有时还需对$N_{63.5}$作杆长修正。

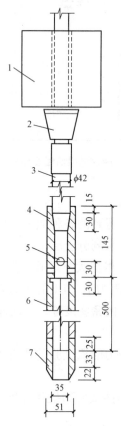

图7.6 标准贯入试验设备

1—穿心锤；2—吹垫；3—贯入探杆；4—贯入器头；

5—出水孔；6—贯入器身；7—贯入器靴

(2)标准贯入试验成果的应用。

1)划分土的类别或土层剖面；

2)判断砂土的密实度及地震液化问题；

3)判断黏性土的稠度状态及c、φ值；

4)评定土的变形模量E_0和压缩模量E_s；

5)确定地基承载力。

动力触探试验具有设备简单、操作及测试方法简便、适用性广等优点，对难以取样的砂土、粉土、碎石类土及静力触探难以贯入的土层，动力触探是一种非常有效的勘探测试手段。其缺点是不能对土进行直接鉴别描述(除标准贯入试验能取出扰动土样外),试验误差较大。

4. 十字板剪切试验(VST)

十字板剪切试验是用插入软黏土中的十字板头,以一定的速率旋转,测出土的抵抗力矩后换算成土的抗剪强度(图7.7)。其是一种快速测定饱和软黏土层快剪强度的简单而可靠的原位测试方法。

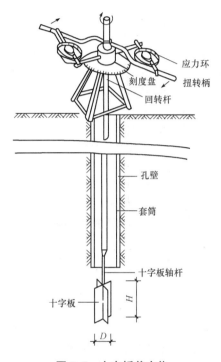

图7.7　十字板剪力仪

十字板剪切试验具有对土扰动小、设备轻便、测试速度快、效率高等优点,因此在我国沿海软土地区被广泛使用。

(1)十字板剪切试验的原理。十字板剪切试验的原理是:对压入黏土中的十字板头施加扭矩,使十字板头的土层中形成圆柱形的破坏面,测定剪切破坏时对抵抗扭剪的最大力矩,通过计算可得到土体的抗剪强度。

(2)适用的范围和目的。十字板剪切试验适用于饱和软黏土($\varphi_u = 0$)。应用的目的有:计算地基承载力;确定桩的极限端承力和摩擦力;确定软土地区路基、海堤、码头、土坝的临界高度;判定软土的固结历史。

5. 旁压试验

旁压试验是将圆柱形旁压器竖直地放入土中,通过旁压器在竖直的孔内加压,使旁压膜膨胀,并由旁压膜(或护套)将压力传给周围土体(或岩层),使土体或岩层产生变形直到破坏,通过量测施加的压力和土变形之间的关系,即可得到地基土在水平方向上的应力应变关系。图7.8所示为旁压测试示意图。与静荷载试验相比,旁压试验有精度高、设备轻便、测试时间短等特点，但其精度受到成孔质量的影响较大。

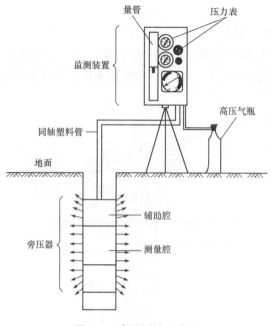

图7.8　旁压测试示意图

旁压试验适用于测定黏性土、粉土、砂土、碎石土、软质岩石和风化岩的承载力、旁压模量和应力-应变关系等。

旁压试验的成果主要是压力的扩张体积(p-v)曲线、压力和半径增量(p-r)曲线。由曲线的特征值可以评定地基承载力，并由公式计算土体旁压模量。

旁压试验源于法国，欧美各国应用较多，在我国目前应用还不普遍。

7.4.2　岩土力学性质现场试验

1. 岩体强度试验

岩体的强度主要取决于岩石的坚硬程度和各种结构面发育特征，在工程的作用下，通常发生沿软弱结构面的剪切破坏。岩体现场剪切试验所取得的指标是评价岩质边坡稳定性、地下硐室围岩稳定性等所必需的参数。

岩体剪力仪由加荷、传力、测量三个系统组成(图7.9)。现场直剪试验的原理和室内直剪试验基本相同，但由于该法的试验岩体远比室内试样大，能包括宏观结构的变化，且试验条件接近原位条件，因此，结果更接近实际工程情况。

(1)现场直剪试验的种类。现场直剪试验可分为岩体本身、岩体沿软弱结构面和岩体与混凝土接触面的剪切试验三种，进一步可以分成岩体试样在法向应力作用下沿剪切面破坏的抗剪断试验、岩体剪断后沿剪切面继续剪切的抗剪试验(摩擦试验)和法向应力为零时岩体剪切的抗切试验。

在进行现场直剪试验时，应根据现场工程地质条件、工程荷载特点、可能发生的剪切破坏模式、剪切面的位置及方向、剪切面的应力等条件，确定试验对象及相应的试验方法。

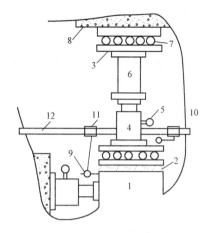

图 7.9 岩体抗剪试验装置

1—岩体试件；2—水泥砂浆；3—钢板；4—千斤顶；5—压力表；6—传力柱；7—滚轴组；

8—混凝土；9—千分表；10—围岩；11—磁性表架；12—U 形钢梁

(2)试验成果。计算出各级荷载下剪切面上的法向应力和剪切应力；绘制剪应力与剪切位移曲线、剪应力与法向应力曲线，根据曲线特征，确定岩体的比例强度、屈服强度、峰值强度、剪胀点和剪胀强度；按库仑表达式可确定出相应的 φ、c 值。

2. 点荷载强度试验

点荷载试验是将岩块试件置于点荷载仪的两个球面圆锥压头间，对试件施加集中荷载直至破坏，然后根据破坏荷载求出岩石的点荷载强度。此项调试技术的优点是：可以测试不规则岩石试件以及低强度和严重风化岩石的强度；仪器轻便，可携带至野外现场测试；操作简便快速。其缺点是：测试成果分散性较大，需借助于较多的试验次数，求其平均值的办法予以弥补。

主要仪器设备为点荷载仪，它由加压系统(包括油泵、承压、框架、千斤顶和锥形球面压头)和测压用的油压表组成(图 7.10)。试样加荷方式有径向、轴向、不规则、垂直或平行结构面五种方式。将岩样置于点荷载仪两个加荷锥头之间，缓慢均匀加压，至岩样破裂。记下破坏荷载并量测试样破裂面尺寸，计算出破坏面积。

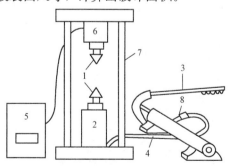

图 7.10 数显式点荷载仪

1—球状加荷器；2—千斤顶；3—油泵；4—油管；5—四位压力数显器；

6—压力传感器；7—框架；8—快速压接头

计算岩样的点荷载强度 I_s(MPa)，并校正为标准直径 $D=50$ mm 的岩块径向试验所得的 I_s 值，此值称为点荷载强度指数 $I_{s(50)}$。再根据 $I_{s(50)}$ 换算岩石的单轴抗压强度，一般换算系数为 $18\sim25$。对于大型工程，为获得较准确的关系最好作对比试验确定。$I_{s(50)}$ 也可作为岩石风化程度的定量划分指标，并可换算岩石的抗拉强度等。

7.5　现场长期监测

现场长期监测工作对掌握建筑区不良地质作用的发育规律和监测地基变形，以及进行某些预测是非常必需的。现场长期监测是缩小实际情况与理论计算分析之间的差值、检验理论和发展理论的一个重要途径。建立长期观测站，研究滑坡、泥石流、海岸及水库边岸坍塌等，效果十分显著。

7.5.1　工程监测技术

工程监测技术大致可分为岩土体的位移监测、加固体的支挡物监测、爆破震动量测和岩体破裂监测、水的监测和巡检 5 个主要类型，见表 7.4。

表 7.4　工程监测的主要类型及相应监测技术

主要类型	亚　类	主要监测技术
工程岩土体的位移监测	伸长计监测	并联式钻孔伸长计、串联式钻孔伸长计、沟埋式伸长计、滑动测微计等
	倾斜仪监测	垂直钻孔倾斜仪、水平钻孔倾斜仪、三向位移测量仪、水平杆式倾斜仪、倾斜盘、溢流式水管倾斜仪、垂线坐标仪、引张线仪等
	测缝计监测	单向测缝计、三向测缝计、测距计等
	收敛计监测	带式收敛计、丝式收敛计和杆式收敛计等
	光学仪器监测	经纬仪、水准仪、全站仪摄像监测等
	脆性材料的位移监测	砂浆条带、玻璃、石膏等
	卫星定位系统监测	GPS
加固体的支挡物监测	应力监测	钢筋计、锚杆(索)测力计等
	应变监测	混凝土应变计等
	位移监测	抗滑桩的倾斜监测技术等
爆破震动量测和岩体破裂监测	爆破震动量测	测振仪等
	声发射监测	声发射仪
	微震监测	滚筒式微震仪、磁带记录式微震仪等
水的监测	降雨监测	雨强、雨量监测仪等
	地表水监测	量水堰等
	地下水监测	钻孔水位量测仪、渗压计、量水堰等
巡检	不同种类的监测	携带式小型仪器(包括携带式测缝计、倾斜仪等)

1. 伸长计监测技术

多点伸长计是用于量测测线方向上两点相对位移的一类重要监测仪器。它既可以用于地下工程监测，也可以用于边坡等工程的监测。一般而言，多点伸长计分为钻孔多点伸长计和沟埋式多点伸长计两类。伸长计应用广泛，所以伸长计种类很多。

按测读原理分类，多点伸长计有电测和机测两类。前者又可分为电感式、钢弦式、电阻式等多种；后者则往往采用百分表、测深尺、游标卡尺等测读方式。伸长计按测点埋设方式分类，有由金属加工而成的涨壳式、簧片式、整体注浆式等；按测读方式分类，有接触测读、近距离有线量测和远距离无线遥测，也可用望远镜观测固定于钻孔口的百分表盘面进行读数；按连接测点的接杆(或连接钢丝)的排列方式分类，有并联式和串联式等；按测点的连接方法分类，有杆式、丝式和带式三种；按测点个数分类，则有单点式、两点式和多点式等。

这里仅对几种有代表性的钻孔多点伸长计作简要介绍。

(1)并联式多点伸长计。在目前常用的多点伸长计中无论是机测的，还是电测的，并联式多点伸长计占多数。其测点排列方式的特点是：测读元件通常集中布置在钻孔口附近，借助于位移传递杆(或丝)将测读元件与分布在孔内的各测点连接起来。并联式仪器的优点是对仪器无须特殊设计，其安装和测读比较方便，其不便之处则是对钻孔孔径大小要求较高，因为钻孔必须容得下与测点数目一样多的位移传递杆(或丝)。

(2)串联式多点伸长计。串联式钻孔多点伸长计，基本上都采用电测方法测读，且测点的现场安装也不很方便。所以，在边坡工程中应用较少，有些仪器也较贵。

DPW—Ⅱ型电感式多点位移计是中国科学院地质与地球物理研究所研制的仪器。其由若干个电感频率式位移传感器串联所组成。经室内标定，可得到该种传感器的位移-频率关系曲线。据此，可通过实测得到的频率值，再查取相应的位移值。在标定中，还可根据对这种仪器进行多次标定的结果对位移与频率之间关系进行标准差分析。据此得出：在试验室标定的情况下，这种电感频率式位移传感器的分辨率通常可高达 0.02 mm，比同类型法国产品的精度略高。

2. 倾斜仪监测技术

倾斜仪在工程监测中用途很广，各种类型的倾斜仪被研制出来。倾斜仪可大致分为钻孔倾斜仪、水平表面式倾斜仪和水管倾斜仪等类型。另外，也将测扭仪划归为倾斜仪一类。

(1)垂直钻孔倾斜仪。垂直钻孔倾斜仪可以用于分布有倾角不是很大的滑动面而造成的顺层滑坡的监测，也可用于地下工程高边墙、竖井工程井壁等的外鼓监测上。

(2)水平钻孔倾斜仪。当边坡较陡，或当作为被监测对象的主要滑动面的倾角较陡时，采用水平钻孔倾斜仪进行监测通常比采用上述的垂直钻孔倾斜仪进行监测更为有利。

(3)水平表面式倾斜仪。水平表面式倾斜仪是指用来量测边坡岩体或构筑物的水平表面倾斜量的仪器。如坡顶、运输道路和平台等部位。水平表面式倾斜仪通常有杆式和盘式等类型。由于各种水平表面式倾斜仪往往都是可携带式的高精度仪器，因此用一台仪器就可对边坡等多处进行快速而高精度的水平面监测。尽管这类可携带式高精度监测仪器的价格通常较贵，但其单位测点的一次监测成本却较低，且测点安装特别方便。

(4)水管倾斜仪。水管倾斜仪是一种水利水电工程用得比较广泛的仪器。例如可利用开挖于边坡中的水平地质探洞安装水管倾斜仪，以量测各测点之间的相对沉降量。如果能解决好有大地面的仪器保护难题，则也可用于坝顶的相对沉降监测或沿等高线布置于边坡面上各点的相对垂直位移监测。另外，也可用于地下工程的常规监测或大塌方工程处理的监测。

7.5.2 长期观测内容

（1）不良地质现象的长期观测。

（2）与工程建设有关的地下水动态和渗流稳定的长期观测。

（3）施工基坑（包括洞室）岩土体卸荷松动变形的观测。

（4）工程或经济活动与工程地质环境相互作用，在时间和空间上的变化观测。

其中，（1）、（2）项在初步设计阶段就应有目的、有计划地进行，直至运行尚须观测若干时间；（3）、（4）项在施工期间逐渐开展。

不良地质、工程地质作用的发生和发展，受岩性、构造、地貌、水文地质条件和一些其他自然因素所控制。因此，必须在查清工程地质条件的前提下，确定出渗流、滑移、变形边界，在此基础上进行长期观测，观测该作用的范围、方向、速率及趋势和评价其危害性。

7.5.3 观测时距与资料整理

根据影响工程地质作用的自然和人为因素的变化情况和强度来确定观测时距。影响因素变动越频繁、作用越强烈，观测时距应越短。如降雨、涨水、消水、解冻及地震等期间要加密观测次数。

长期观测资料应定期进行整理分析，一般先列成表格，再根据观测的内容，绘制成各种观测资料统计图表。常常绘制时间-位移（变幅、压缩）曲线等，如图 7.11 所示。

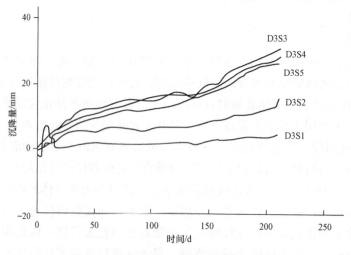

图 7.11 五强溪水电站左岸边坡地质探洞的 5 个测点
相对于洞底的位移沉降曲线

7.6 勘察成果整理

工程勘察工作的内业整理是勘察工作的组成部分，它贯穿于各个勘察设计阶段，把现场调查搜集的各种原始资料，通过内业整理的去伪存真分析过程，能及时发现（岩土工程）工程地质问题或者对存在的工程地质条件做出切合实际的评价。勘察工作前，收集区域已有资料和档案文献及汇编整理，重点是编写工程勘察大纲。在外业工作期间及时整理工程地质测绘、各项勘探、原位测试及长期监测工作的原始资料和编写单项工作报告。外业结束后，通过系统整理、综合分析、归纳提供工程设计所需的工程勘察资料，其内容有：①整理原始资料；②编绘各种图件；③统计分析地质数据及岩土物理力学指标；④编写工程勘察报告。

工程勘察中，通过工程地质测绘、勘探编录、水文地质试验、物探试验、岩土体试验取得大量地质数据、物探数据、岩土物理力学性质数据。对这些分散数据及试验成果都进行分析和归纳整理工作，使它们能更好地反映岩体的变化规律及物理力学性质。而数理统计就是通过这些现象、数据和指标的统计，揭露内在规律，提出试验结果的最佳值。根据现场调查结果，结合试验分析，对工程地质问题给出恰当的评价，如实地反映它们的本质。

在各种数据、指标中，地质数据，例如，岩体特性的统计，结构面的产状、方向、展布与延伸，特别是裂隙组的产状、间距、延续性、开度、充填物特性等是基础资料。目前，计算软件和岩体力学计算模型研究进展较快，研究成果很多，但具有实用价值的技术不多。这在一个侧面也反映了当前的地质问题评价中，计算脱离地质体的定量依据，模型不能很好地反映实际地质情况。因此，应加强工程地质测绘、钻孔、平硐的大量地质数据的统计分析工作。也就是说，工程地质的定量化，首先是对现场观察记录进行系统描述，数据定量化，以满足工程地质问题评价的定量化和模型化的需要。

7.6.1 勘察数据的整理与分析

在工程勘察的过程中，各项勘察内容有大量的地质数据和试验数据，而这些数据一般都是离散的。因而对这些离散数据需要进行分析和归纳整理，使这些数据能更好地反映岩土体性质和地质特征的变化规律。近代科技的发展，已普遍利用数理统计来揭露地质现象，总结岩土体性质的内在规律，确定具有代表性的数据；寻找数据的最佳值；确定（岩土工程）工程地质条件的复杂程度、试验方法的准确性、合乎准确要求的试样数目，以及各个影响因素的相关关系等，以达到真正如实反映（岩土工程）工程地质条件和工程地质环境变化规律的本质。

另外，在整理有关数据之前，必须进行有关工程地质单元的划分，所谓工程地质单元，是指在工程地质数据的统计工作中具有相似的地质条件或在某方面有相似的地质特征（如成因、岩土性质、动力地质作用等）而将其作为一个统计单位的单元体。因而，在这个工程地质单元体中，物理力学性质指标或其他地质数据大体上是相同的，但又不是完全一致的。

有时候，基于第一统计条件而将大体相近的数据统计，也可以作为一个统计单元。所以，工程地质单元的划分，不是绝对的，而是基于某一统计条件。只要有某些性质的大体一致性，就可以作为一个工程地质单元来对待。

在一般情况下，工程地质单元可按下列条件划分：

(1)具有同一地质时代、成因类型，并处于同一构造部位和同一地貌单元的岩土层。

(2)具有基本相同的岩土性特征：矿物成分、结构构造、风化程度、物理力学性能和工程性能的岩土体。

(3)影响岩土体工程地质的因素是基本相似的。

(4)对不均匀变形反应敏感的某些建(构)筑物的关键部位，视需要可划分更小的单元。

7.6.2 工程地质图的编制

工程地质图和工程勘察报告是勘察资料全面的、综合的总结，也是勘察成果的最终体现，它是供设计部门作为建筑物设计的最基本、最重要的基础资料。

在勘察过程中应逐目逐项分析每天所取得的外业资料，定期进行专门性地质问题小结，对各种草图与看法深入讨论，如发现问题，及时调整或补救勘察布置。一个勘察阶段结束后，按照任务书要求，对地质测绘、勘探、试验、长期监测资料进行全面的核对、分析，经系统整理，找出它们之间的内在联系和规律性，绘制各种工程地质图件，并编写工程勘察报告，作为进行设计所依据的正式基础资料的一部分。

1. 编制工程地质图的基本原则

工程地质图既能全面反映地质结构特征的空间分布、变化规律和工程地质问题，又要清晰易读，便于分析应用。每个建设行业的制图基本原则和要求应该是统一的，以便于推广交流、总结经验。为此，在编制工程地质图件时，首先要遵循本部门相关规程规定的统一技术标准，另外，还要兼顾其他行业的技术标准。除测图的规定、精度要求，制图的形式、图例、符号外，还要注意以下事项：

(1)准确是指图上表示的地质结构、自然地质、工程地质现象和其他有关地质资料都必须经过调查论证，成为有依据的资料，且出露位置都要准确。为此，工程地质图主要是现场测制，室内整理也要根据钻孔、平硐及测试资料有依据地绘制。凡是推测的都要用图例或文字说明。

(2)合理地反映客观存在的工程地质条件，它们是产生各种工程地质作用的物质基础。其中起主导作用的是地层岩性和构造，这是最根本的条件。在图上分类和表示这些地质体时，必须建立在地质历史成因的基础上，反映它们之间的联系。

(3)各类图件的精度与内容的详细程度，应与测绘比例尺相适应。某些有重要影响的地质现象，因比例尺限制无法在制图上表示出来时，常需扩大比例尺表示，同时注明其实际规模和数据，也可实测地质体微细构造特征小图，附在大图上。

2. 工程地质图的分类

由于各部门的要求不同，工程地质图的内容、表现形式、编图原则及其工程地质图分类等，到目前为止还没有一个完全统一的看法，因此编制出来的图件形式各异。

根据测制的方法、表示的内容、固件的技术特性、服务的目的和作用，工程地质图基本可分为以下几类：

(1)综合性工程地质图。这种图是大比例尺工程地质测绘，并根据一定数量勘探、试验资料测制而成。在表示工程地质条件及其相互联系的基础上，重点突出关键性工程地质问题。它主要由平面图、剖面图共同组成。这种图是进行建筑物总体布置、设计方案与治理措施的基本依据。

(2)专门工程地质图。为勘察某一专门工程地质问题而测制的图件，其内容重点突出表示与该工程地质问题有关的地质特征、空间分布及其相互组合关系，以及与评价地质问题有关的力学数据。如分析边坡稳定的平、剖面图，就要突出边坡岩体与结构面、地下水渗流特征的关系，以确定滑移边界，并测试分析其力学数据。为坝基防渗、排水而编制的渗透剖面，也属此类。

(3)工程地质分析图。为解决某一专门工程地质问题，突出分析其中某一两个或几个工程地质因素，借以反映地质特征与建筑物关系的图件，如为了进行坝肩稳定计算，测制的坝肩不同高程切面图、坝基利用岩向等值线图、地下厂房拱顶、底板切面图等。这些多在初步设计阶段，有较多的勘探点控制时才能编制。这类图常是论证专门工程地质问题的附图。

(4)工程地质编录图。如钻孔柱状图、平硐展视图、基坑编录图等。

3. 工程地质图的内容

工程地质图的内容主要反映该地区的工程地质条件；按工程的特点和要求对该地区工程地质条件的综合表现进行分区和工程地质评价。但是内容反映的详细程度因设计阶段、比例尺大小、工程特点和要求等不同而有差别。工程地质图表示的内容和深度，取决于四个因素：工程地质条件复杂程度；测绘比例尺；勘测设计阶段的深度；建筑物的类型、规模。一般工程地质图中反映的内容有如下几个方面。

(1)地形地貌：包括地形起伏变化、高程和相对高差；地面切割情况，例如冲沟的发育程度、形态、方向、密度、深度及宽度；场地范围山坡形状、高度、陡度及河流冲刷和阶地情况等。地形地貌条件对建筑场地或线路的选择、对建筑物的布局和结构形式以及施工条件都有直接影响。地形地貌条件也对地下水条件，不良地质现象的发育情况等起着控制性的作用。

(2)岩土类型及其工程性质：是工程地质条件中根本且重要的方面。其中，应特别注重第四纪沉积物的年代、成因类型及岩相变化与分布。

(3)地质构造：在工程地质图上尤其对基岩地区或有地震影响的松软土层地区应反映地质构造。其内容一般包括各种岩土层的分布范围、产状、褶曲轴线。断层破碎带的位置、类型及其活动性等，在图上应准确地加以表示，在大比例尺图上需按比例尺表示其实际宽度。对某些工程(如边坡、洞室工程)具有重要意义的岩石裂隙性和岩石的构造特征如岩石劈理、变质岩片理、岩浆岩流理等的发育程度与分布方向，需要在专门工程地质图上表现出来。

(4)地下水条件：一般有地下水位，包括潜水水位及对工程有影响的承压水测压水位及其变化幅度；地下水的化学成分及腐蚀性。

(5)不良地质现象：包括各类不良地质现象的形态、发育强度的等级及其活动性。各种不良地质现象的形态类型一般用符号在其主要发育地带笼统表示，如岩溶、滑坡、岩堆等，冲沟的发育深度、岩石风化壳的厚度等可在符号旁用数字表示。在较大比例尺的图上对规模较大的主要不良地质现象的形态，可按实际情况绘在图上，并对其活动性专门说明。

7.6.3 工程勘察报告书和附件

1. 工程勘察报告书

工程勘察报告书必须有明确的目的性，结合场地（岩土工程）工程地质条件、建筑类型和勘察阶段等规定，其内容和格式不能强求统一。总的来说，报告书应该简明扼要，切合主题，并附有必要的插图、照片及表格。有些报告书采用表格形式列举实际资料，虽能起到节省文字、加强对比的作用，但对论证问题来说，文字说明仍应作为主要形式。因此，报告书"表格化"的做法，也须根据实际情况而定，不可强求一致。

报告书的任务在于阐明工作地区的（岩土工程）工程地质条件，分析存在的（岩土工程）工程地质问题，并做出（岩土工程）工程地质评价，提出结论。对较复杂场地的大规模或重型工程的工程勘察报告书，在内容结构上一般分为绪言、一般部分、专门部分和结论。

2. 工程地质图和其他附件

工程地质图是由一套图组成的，最基本的如平面图、剖面图和地层柱状图，其他还有分析图、专门图、综合图等。工程勘察报告书借助这些图件进行说明和评价。

但是没有必要的附件，工程地质图将不易了解，也不能充分反映工程地质条件。其他附件包括勘探点平面位置图、土工试验图表、现场原位测试图件等。

（1）工程地质剖面图。以地质剖面图为基础，反映地质构造、岩性、分层、地下水埋藏条件、各分层岩土的物理力学性质指标等。

工程地质剖面图的绘制依据是各勘探点的成果和土工试验成果。工程地质剖面图用来反映若干条勘探线上工程地质条件的变化情况。由于勘探线的布置是与主要地貌单元的走向垂直，与主要地质构造轴线垂直或与建筑主要轴线相一致，故工程地质剖面图能最有效地揭示场地工程地质条件。

（2）地层综合柱状图。反映场地（或分区）的地层变化情况，并对各地层的工程地质特征等作简要的描述，有时还需附各土层的物理力学性质指标。

（3）勘探点平面位置图。当地形起伏时，该图应绘在地形图上。在图上除标明各勘探点（包括探井、探槽、探坑、钻孔等）、各现场原位测试点和勘探剖面线的平面位置外，还应绘出工程建筑物的轮廓位置，并附场地位置示意图、各类勘探点、原位测试点的坐标及高程数据表。

（4）土工试验图表。主要是土的抗剪强度曲线、土的压缩曲线、土工试验成果汇总表。

（5）现场原位测试图件。如荷载试验、标准贯入试验、十字板剪力试验、静力触探试验等的成果图件。

（6）其他专门图件。对于特殊性岩土、特殊地质条件及专门性工程，根据各自的特殊需要，绘制相应的专门图件。

思考与练习题

1. 工程地质勘探的种类有哪些?
2. 室内外岩石物理、力学性质试验项目有哪些?
3. 工程地质勘察报告中应包括哪些主要内容?

第8章 工程地质勘察报告实例

8.1 武进某医院地质勘察报告

1. 概述

受某公司委托，某勘察设计院对拟建的门急诊大楼项目进行岩土工程详细勘察。

(1)工程概况。本次勘察建筑物面积约为 4.0 万 m^2。表 8.1 是根据设计勘察任务书提供的各拟建物概况。

表 8.1 各拟建物概况

楼号	地上层数	地下层数	沿高 /m	结构形式	拟基础形式	基础埋深 /m	基底压力 /kPa 或最大柱荷载 /kN	建筑物长、宽或柱网 /(m×m)
住院部	12	1	52	框架	桩基础	0.50	300 kPa/ 14 000 kN	78.8×21.8 7.5×7.8 （柱网）
门急诊楼	4		18	框架	桩基础	3.50	6 500 kN	7.5×7.8 （柱网）

注：本表中荷载均为标准组合值，基底平均压力包括基础底板自重，基础埋深为黄海高程。

根据《岩土工程勘察规范(2009 年版)》(GB 50021—2001)的规定，工程重要性等级为二级，拟建场地复杂程度等级为二级，地基复杂程度等级为三级，本工程岩土工程勘察等级为乙级。

本工程建筑抗震设防类别为乙类。

(2)勘察目的和任务。本次勘察主要目的是查明拟建场地不良地质作用并进行评价；查明土层分布、成因年代及岩性特点，提供各层土的物理力学指标；查明地下水类型、埋藏条件、提供地下水位及其变化幅度，判定水和土对建筑材料的腐蚀性；对 20 m 深度内的饱和粉土和饱和砂土进行液化判别，对场地土类型和场地类别进行划分；提出安全、经济、可行的地基基础方案建议；预估拟建物沉降量；对基坑边坡稳定性进行评价并对支护提出建议方案。

(3)执行的规范和标准。本次勘察根据建筑物规模、性质和设计要求，按《岩土工程勘察规范(2009年版)》(GB 50021—2001)、《高层建筑岩土工程勘察规程》(JGJ 72—2004)、《建筑抗震设计规范》(GB 50011—2010)、《建筑地基基础设计规范》(GB 50007—2011)、《建筑工程抗震设防分类标准》(GB 50223—2008)、《建筑桩基技术规范》(JGJ 94—2008)、《建筑基坑支护技术规程》(JGJ 120—2012)、《土工试验方法标准》(GB/T 50123—1999)和《常州市建设工程地质勘察专业分工统一技术规定》(试行)的规定开展工作。

(4)勘察手段和完成的勘察工作量。勘察手段采用钻探、原位测试和室内土工试验。野外钻探工作自××××年××月××日进场开始，至××××年××月××日结束，共计完成工作量见表8.2。

表8.2　完成勘察工作量

勘察手段	工作量			
机械钻取土标贯孔	孔数/个	7	进尺/m	270
标准贯入	试验次数/次	32		
取土样	原状样/件	166	扰动样/件	32
静力触探孔	孔数/个	20	进尺/m	562.9
波速试验孔	孔数/个	2	测点/次	71
室内土工试验	常规试验/件	166	三轴剪切/件	88
	常规压缩/件	166	直剪试验/件	42
	比重计法颗分	32	水、土质分析	各2组

(5)勘探点测量。拟建筑物放线依据甲方提供的总平面图及测绘院放置的基准点(K_1，K_2)，我公司用全站仪对房子角点进行放线，详见测量放线图。

$BM=4.705$ m是黄海高程(2002年成果)，由甲方提供，各孔孔口标高均由此引测。测量精度满足规范要求。

2. 拟建场地工程地质条件

(1)地形地貌。拟建场地原为农田，地势平坦。场地地貌上属长江下游三角洲冲积平原，地貌类型单一。

(2)土层分布及岩性特点。根据野外全断面钻进取样、静探原位测试、室内土工试验等手段综合分析，按照地质剖面，拟建场地各土层自上而下为：

1)素填土：主要由黏性土组成，多为黄褐色，松散，易碎，夹有植物根、有机物等杂物。该土层厚度为0.80~2.30 m，平均厚度为1.01 m，层底标高为2.09~3.68 m，平均层底标高为3.38 m。

2)黏土为以下任意一种：

①黏土：褐黄色，可塑，含少量浅灰色高岭土条带。光泽反应光滑、无摇振反应、干强度高、韧性高。一般层厚为0.90~2.50 m，平均层厚为2.02 m，层底标高为0.930~

1.660 m，平均层底标高为 1.360 m。

②黏土：灰黄色，可塑～硬塑，含少量浅灰色高岭土条带和铁锰结核物。光泽反应光滑、无摇振反应、干强度高、韧性高。一般层厚为 1.60～2.20 m，平均层厚为 1.94 m，层底标高为－1.070～－0.160 m，平均层底标高为 0.570 m。

3）粉质黏土：褐黄色，粉质黏土光泽反应稍有光滑，无摇振反应，干强度中等，韧性中等，全场地分布。一般层厚为 0.50～1.40 m，平均层厚为 0.88 m；层底标高为－2.070～－0.660 m，平均层底标高为－1.460 m。

4）粉土：灰色，很湿，中密，含有少量云母碎屑，全场地分布。摇震反应中等、无光泽反应、干强度低、韧性低，一般层厚为 0.90～3.00 m，平均层厚为 1.76 m；层底标高为－4.240～－2.060 m，平均层底标高为－3.21 m。

5）粉砂：灰黄～灰色，中密，饱和，含有少量云母碎屑，局部缺失。一般层厚为 1.00～3.20 m，平均层厚为 2.19 m；层底标高为－6.520～－4.230 m，平均层底标高为－3.210 m。

6）粉质黏土：灰色，软塑～流塑，光泽反应稍有光滑，无摇振反应，干强度中等，韧性中等，全场地分布。一般层厚为 4.50～11.0 m，平均层厚为 4.78 m；层底标高为－16.640～－9.240 m，平均层底标高为－12.020 m。

7）粉质黏土：灰色，可塑～硬塑，光泽反应稍有光滑，无摇振反应，干强度中等，韧性中等，全场地分布。一般层厚为 0.80～5.00 m，平均层厚为 2.78 m；层底标高为－19.640～－12.070 m，平均层底标高为－14.800 m。

8）黏土：褐黄色，硬塑，局部缺失。光泽反应光滑、无摇振反应、干强度高、韧性高，一般层厚为 1.40～5.70 m，平均层厚为 3.42 m，层底标高为－18.580～－16.610 m，平均层底标高为－17.570 m。

9）粉质黏土：褐黄色，可塑～硬塑，粉质黏土光泽反应稍有光滑，无摇振反应，干强度中等，韧性中等，全场地分布。一般层厚为 0.80～5.00 m，平均层厚为 2.13 m；层底标高为－22.700～－18.050 m，平均层底标高为－19.580 m。

10）粉质黏土：灰黄色，可塑，光泽反应稍有光滑，无摇振反应，干强度中等，韧性中等，局部缺失。一般层厚为 2.30～6.00 m，平均层厚为 4.72 m；层底标高为－25.470～－23.740 m，平均层底标高为－14.940 m。

11）粉土：灰色，很湿，中密，含有少量云母碎屑，全场地分布。摇震反应中等、无光泽反应、干强度低、韧性低，一般层厚为 5.00～7.50 m，平均层厚为 4.72 m；层底标高为－25.260～－22.530 m，平均层底标高为－24.110 m。

12）粉砂：青灰色，中密，饱和，含有少量云母碎屑，全场分布。一般层厚为 3.00～6.00 m，平均层厚为 4.33 m；层底标高为－29.730～－26.520 m，平均层底标高为－28.400 m。

13）黏土：褐黄色，软塑～可塑，全场地分布。光泽反应光滑、无摇振反应、干强度高、韧性高，一般层厚为 6.00～12.50 m，平均层厚为 9.54 m，层底标高为－44.080～－37.770 m，平均层底标高为－40.980 m。

14）黏土：褐黄色，硬塑，全场地分布，局部夹有可塑状粉质黏土和中密状粉土。光泽反应光滑、无摇振反应、干强度高、韧性高，该层未揭穿，最大揭露厚度为 17.50 m。

以上地层隶属第四纪上更新统（Q_3）地层。

3. 地基土的物理力学指标

地基土物理力学性质指标由静力触探试验、标准贯入试验、波速试验和室内土工试验获得。

(1)静力触探试验。采用双桥静力触探测定各土层的锥尖阻力 q_c 和侧壁摩擦力 f_s，采用 LMC-D310 型内存式静探微机自动记录试验成果。静力触探资料的统计单孔采用厚度加权平均值，多孔为平均值。

(2)标准贯入试验。为判别地表下 20 m 深度范围内的浅层饱和粉土、砂土的液化可能性及下部粉土、砂土层的力学指标，共进行标准贯入试验 32 次，使用导向杆变径自动脱钩自动落锤法进行。

(3)波速试验。根据《建筑抗震设计规范》(GB 50011—2010)的规定，于 1 号及 15 号孔中对拟建场地进行了波速试验，测试深度>20 m。

(4)室内土工试验。对取得的原状土样除进行一般的常规物理力学性质指标测试外，压缩土层进行了静三轴不固结不排水剪切试验及直剪试验。一般物理力学性质指标的统计按国家规范进行，数据取舍采用 Chauvenent 法。

4. 地下水与防洪

(1)地下水。

1)地下水水位。勘探期间未发现上层滞水，但根据经验，在雨期、丰水期有上层滞水存在，含水层为 1)素填土层，水量不大，由大气降水补给，以蒸发和越流方式排泄。场地有承压水存在，承压水埋藏于 4)粉土和 5)粉砂层中。勘探期间测得承压水稳定水位平均为 1.00 m(黄海高程)。承压水的补给源为长江水和运河水的侧向补给，以越流方式排泄，水量较丰富，水位较稳定。

本地区历史上最高地下水位为黄海高程 3.70 m，最近 3~5 年最高水位为 3.50 m，历史最低水位为-3.30 m。

2)水、土腐蚀性评价。拟建场地位于湿润区，因拟建物有一层地下室，基础受干湿交替影响，按《岩土工程勘察规范(2009 年版)》(GB 50021—2001)附录 G，该场地环境类型属 Ⅱ类环境类别。

拟建场地及附近无污染源。

(2)防洪。根据水文站资料，本地区历史最高洪水位为 1931 年的 3.70 m，按常州市防洪水位分区图，拟建场地为防洪二类区，防洪水位为黄海高程 3.90 m。

5. 场地和地基的地震效应

该地区属于抗震设防烈度 7 度区，设计基本地震加速度值为 0.10g，设计地震第一组。

根据《建筑工程抗震设防分类标准》(GB 50223—2008)的规定，本工程建筑抗震设防类别为乙类。

场地 20 m 深度范围内分布有 4)粉土、5)粉砂层。根据《建筑抗震设计规范》(GB 50011—2010)的规定，该深度范围内分布的 4)粉土、5)粉砂层地质年代均为 Q_3，符合规范第 4.3.3 条初判条件，抗震设防烈度 7 度时可判为不液化。

在拟建地块，选择了 2 只钻孔进行波速测试，1 号孔 $v_{se}=202.9$(m/s)，15 号孔 $v_{se}=197.3$(m/s)，按《建筑抗震设计规范》(GB 50011—2010)进行划分，拟建场地地表下 20 m

深度内的土层等效剪切波速平均值 $v_{se}=200.1$ m/s，可确定场地土类型为中软场地土。

根据场地 15 钻孔资料，本场地覆盖层厚度＞50 m，根据规范关于建筑场地类别的划分，当 $140<v_{se}\leqslant250$ m/s、覆盖层厚度＞50 m 时，可确定场地为Ⅲ类场地，设计特征周期为 0.45 s。

拟建场地为可进行建设的一般场地。

6. 场地岩土工程评价

(1)对场地土层分布特点的评价。据钻探揭露，拟建场地除 1)素填土为人工填土外，其余土层均为长江冲积形成的土层，各土层层位基本稳定，分布情况详见工程地质剖面图。

(2)地基土物理力学性质指标评价。各土层承载力是根据静力触探按常州地区经验公式计算，标准贯入试验依据《工程地质手册·第四版》公式计算，抗剪强度指标按地基规范公式计算，综合确定地基土承载力特征值。桩基设计参数根据土的物理力学指标按《建筑桩基技术规范》(JGJ 94—2008)和多年来在常州地区积累的经验综合确定。物理力学指标及基坑支护设计参数重度 γ、C、φ 值，地基承载力特征值。

(3)地基基础方案评价。根据场地土层分布情况及岩性特点，结合建筑物规模，根据设计提供的基础埋深等资料及要求，对拟建筑物地基基础方案分述如下：

住院部基础埋深为黄海高程 0.50 m，地上 12 层，地下 1 层，若采用筏板基础，基底压力为 300 kPa，基础持力层为 2)②黏土，因下卧层 6)粉质黏土承载力较低，修正后的承载力特征值为 200 kPa，不能满足基底压力的要求，因此不能采用天然地基，建议采用桩基。

门急诊地上 4 层，拟采用独立基础，基础埋深按 1.5 m 考虑，则拟建物的基础置于 2)①黏土层上，经与设计沟通，住院部与门急诊楼之间结构是相连的，考虑到门急诊楼与住院部之间有较大差异沉降，设计决定门急诊楼也采用桩基。

(4)桩基础评价。本工程可采用的桩型有 PHC 预应力混凝土管桩、预制混凝土方桩、钻孔灌注桩等，根据建筑物规模和场地土层分布特点，通过从桩基质量控制、造价、沉桩可能性、施工周期等各方面因素的比较，适合的桩型建议采用静压式 PHC 管桩，桩径 500 mm。

1)门急诊楼桩基评价。

①桩长及承载力评价。门急诊楼正常沉积的 8)黏土层局部缺失，导致 6)和 7)粉质黏土层的分布厚薄不均，因此根据单桩竖向承载力相同，桩长不同的原则，把场地分为Ⅰ、Ⅱ和Ⅲ三个工程地质区，具体桩长、桩型、单桩竖向承载力特征值及桩端持力层详见表 8.3。

表 8.3　桩长及承载力

房号	单桩承载力特征值 R_a/kN	桩型	桩顶黄海标高 /m	桩端黄海标高 /m	桩长 /m	桩端持力层
住院部	1 300	PHC-500(120 mm)	0.50	−16.5	17	8)黏土
门急诊(Ⅰ区)	1 400	PHC-500(120 mm)	3.50	−16.5	20	8)黏土
门急诊(Ⅱ区)	1 400	PHC-500(120 mm)	3.50	−17.5	21	8)黏土或 9)粉质黏土
门急诊(Ⅲ区)	1 400	PHC-500(120 mm)	3.50	−20.5	24	11)粉土

②沉降估算。桩基础最终沉降量估算：采用实体深基础方法进行，实体深基础的面积为 2.6 m×2.6 m，根据《建筑地基基础设计规范》（GB 50007—2011）的规定，采用实体深基础计算桩基础最终沉降量，计算桩端处的附加压力。采用 $S = \psi_p S' = \psi_p \sum\limits_{i=1}^{n} \dfrac{\rho_0}{E_{si}}(Z_i \bar{\alpha}_i - Z_{i-1} \bar{\alpha}_{i-1})$ 对独立承台的中心沉降计算，经对 1 号钻孔的沉降计算，沉降量为 5.6 mm。

2）住院部桩基评价。

①桩长及承载力评价。根据设计要求，桩顶标高为 0.5 m（黄海高程），建议以 8)黏土层作为桩端持力层，当桩端置于黄海高程为 −16.5 m，桩长为 17.0 m 时，单桩竖向承载力特征值见表 8.3。

②沉降估算。桩基础最终沉降量估算：采用实体深基础方法进行，实体深基础的面积为 5.0 m×3.5 m，根据《建筑地基基础设计规范》（GB 50007—2011）的规定，采用实体深基础计算桩基础最终沉降量，计算桩端处的附加压力。

采用 $S = \psi_p S' = \psi_p \sum\limits_{i=1}^{n} \dfrac{\rho_0}{E_{si}}(Z_i \bar{\alpha}_i - Z_{i-1} \bar{\alpha}_{i-1})$ 对独立承台的中心沉降计算见表 8.4。由表 8.4 可知，倾斜值、平均沉降量均满足规范要求。

表 8.4　住院部沉降估算表

计算点孔号 计算项目	11 号孔	15 号孔	14 号孔	18 号孔
附加压力 ρ_0/kPa	120			
沉降量 S'/mm	40.95	38.58	29.74	37.80
当量模量 E_s/MPa	12.78	13.57	17.23	13.56
沉降计算经验系数 ψ_p	0.48	0.45	0.31	0.45
计算深度/m	8.4	8.4	7.80	7.80
沉降量 S/mm	19.79	17.50	9.24	17.17
差异沉降/mm	2.29		7.93	
倾斜值	0.000 1		0.000 3	
平均沉降量/mm	15.93			

3）沉桩可行性分析。本工程场地较为开阔，场地周围有明塘，建议先填平明塘压实后再进行桩基施工，建议以压桩力控制为主，桩顶标高控制为辅的原则进行施工，建议采用 800 t 静压桩基，十六点抱桩器，总配重不小于 500 t。

4）沉桩对周边环境的影响。拟建场地原为农田，四周 15 m 范围内无建筑物、道路和地下管线，桩基施工对周围环境无影响。

（5）基坑工程评价。

1）基坑工程安全等级评价。本工程基坑开挖深度在 4 m 左右；周边环境条件简单；建议基坑安全等级按三级考虑。

2）基坑周边地质情况及评价。根据基坑周边地质调查，经查明土层与拟建场地基本一致。

3)基坑周边环境情况及评价。拟建场地比较开阔,基坑边缘 15 m 范围内无建筑物、道路和地下管线,基坑开挖对周围环境基本没有影响。

4)基坑边坡稳定性评价。本工程基坑开挖深度在自然地面下 4.0 m,坑壁土体有 1)素填土、2)①黏土、2)②黏土。1)素填土结构松散,易坍塌,2)①黏土、2)②黏土理论上能够自立,但在基坑开挖期间,由于受地下水、地表水等不利因素影响易坍塌,因此在开挖时需对基坑壁采取有效措施,建议采用放坡处理,1)素填土按 1:0.75 放坡,2)①黏土、2)②黏土按 1:0.6 放坡。

5)基坑突涌评价。当基坑开挖深度在黄海高程为 0.50 时,隔水层厚度平均为 2.00~2.50 m,承压水稳定水位平均为黄海高程 1.000 m,水头高度为 2.50 m,$H\gamma \geqslant \gamma_w \cdot h$,不会产生基坑突涌。

7. 场地稳定性评价

拟建场地不存在不良地质作用,是稳定的,适宜建筑。

8. 结论及建议

(1)本工程建议采用桩基础,桩型、单桩承载力及桩长等见表 8.3。

(2)拟建场地及附近无污染源影响,地下水和地基土对混凝土结构和钢筋混凝土结构中的钢筋不具腐蚀性。

(3)基坑开挖时,如遇上层滞水或积水,可采用集水坑进行排水。承压水对基础施工无影响。

(4)住院部与门急诊楼之间的差异沉降为 10.03 mm,建议设计时在结构上加强措施,以控制差异沉降。

(5)基坑开挖时,建议采用放坡处理,1)素填土按 1:0.7 放坡,2)①和 2)②黏土可按 1:0.6 放坡。同时要防止水体浸润坑壁土体。

(6)基坑开挖时,必须做好地表排水工作,对基坑回填土应进行分层夯实处理,防止暴雨或连续大雨流(渗)入基坑,以避免基坑壁土体坍塌和底板上浮事故的发生。

(7)在桩基施工时,以桩端标高控制。场地土承载力必须满足压桩机的机底压力,以防桩机施工过程中发生陷机,否则地基应进行处理或加大压桩机底面积以减少机底压力。

(8)沉桩可能性分析。本工程场地较为开阔,场地周围有明塘,建议先填平明塘压实后再进行桩基施工,建议以压桩力控制为主,桩顶标高控制为辅的原则进行施工,建议采用 800 t 静压桩基,十六点抱桩器,总配重不小于 500 t。

(9)沉桩对周边环境影响。拟建场地比较开阔,需打桩地段周围 15 m 范围内无建筑物、道路和地下管线,桩基施工对周围环境基本无影响。

(10)按规范要求,应进行单桩竖向承载力特征值的静荷载试验,并根据试桩结果对报告提供的单桩承载力特征值进行修正。具体试桩位置的确定建议由勘察、设计、试桩单位和建设单位共同商定。

(11)拟建场地的场地类别为Ⅲ类场地,特征周期值为 0.45 s。拟建场地无不良地质作用,属于稳定场地,可以建筑。

(12)基坑开挖时,应及时通知相关公司进行验槽。

8.2 常州某金融中心地质勘察报告

1. 前言

(1)工程概况。该项目位于常州市新北区,用地面积为 2.26 万 m^2,总建筑面积约为 12.8 万 m^2,拟建建(构)筑物主要包括主楼、裙楼、纯地下室。该工程由××公司建设,××公司设计,受建设单位委托,我公司承担该项目的岩土工程勘察工作,勘察阶段为详细勘察。拟建建筑结构特点见表 8.5。

表 8.5　拟建建筑结构特点

类别	建筑物名称		层数	高度/m	最大柱距/(m×m)	结构类型	预估基底标高/m	单柱最大荷载标准值/kN
房屋建筑工程	主楼	核心筒	33F	144	基础尺寸 20.2×20.2	框筒	−6.200	总荷载 630 000
		扩展区	33F	144	17×17	框架	−6.200	单柱 25 500 (共 12 柱)
	裙楼		5F	26.1	8.4×8.4	框架	−4.200	9 000
	纯地下室		地下 2F	—	8.4×8.4	框架	−4.200	3 500

注:1. 室内地坪标高暂按黄海高程 5.750 m。

2. 标高为黄海高程。

本次岩土工程勘察阶段为详细勘察阶段,根据《岩土工程勘察规范(2009 年版)》(GB 50021—2001)的规定,本工程重要性等级为一级;场地复杂程度等级为二级,地基复杂程度等级为二级,综合确定该工程岩土工程勘察等级为甲级;依据《建筑地基基础设计规范》(GB 50007—2011)的规定,本工程地基基础设计等级为甲级。

(2)本工程本次勘察的目的和要求。根据设计单位提供的岩土工程勘察任务书及技术要求结合相关规范及初步勘察资料,本次详细勘察目的如下:

1)查明拟建物范围内各层岩土的类别、结构、厚度、工程特性。

2)查明场地地形地貌,是否有暗浜、沟塘、池、井等,查明不良地质作用的成因、类型、分布范围、发展趋势及危害程度。

3)查明地下水(上层滞水和承压水)类型、埋藏条件、土层的渗透性,判别地下水、地基土对建筑材料的腐蚀性。

4)提供土层剪切波速、场地覆盖层厚度,判定场地类别,对场地的地震效应进行分析评价。

5)评价场地的稳定性和工程适宜性。

6)根据场地工程地质条件及拟建建筑物性质建议经济合理的基础形式建议。提供基础设计所需的岩土技术参数。

7)提供桩基设计参数，估算单桩竖向承载力，为试桩提供设计初步参数。分析本工程成(沉)桩可行性，进行必要的周边环境调查工作。

8)提供基坑工程支护及降水设计、施工所需的岩土参数，并对其方案选型提出建议。

9)对拟建工程地基基础设计、施工注意事项等提出建议。

(3)勘察依据。

1)勘察合同。

2)建设方提供的规划总平面图及设计单位提供的岩土工程勘察任务书及技术要求。

3)《岩土工程勘察规范(2009 年版)》(GB 50021—2001)。

4)《高层建筑岩土工程勘察规程》(JGJ 72—2004)。

5)《建筑地基基础设计规范》(GB 50007—2011)。

6)《建筑抗震设计规范》(GB 50011—2010)。

7)《建筑桩基技术规范》(JGJ 94—2008)。

8)《建筑基坑支护技术规程》(JGJ 120—2012)。

9)《土工试验方法标准》(GB/T 50123—1999)。

10)《建筑工程地质勘探与取样技术规程》(JGJ 87—2012)。

11)《静力触探技术标准》(CECS 04：88)。

(4)勘察工作量及工作方法。针对勘察任务和要求，本次勘察控制性钻孔采用取土标贯孔，一般性钻孔采用静力触探孔，同时，采用土工试验、标准贯入试验、波速试验等多种手段。我公司于 2014 年 3 月对该项目进行了初步勘察，针对场地⑧$_1$ 层～⑧$_4$ 层均混姜结石，且局部呈密集透镜状出现，静探穿越该层难度、风险极大的情况，本次勘察在 25 号孔位置采用静探 2 次成孔辅以机钻引孔(钻穿姜石、下设 52 m 长套管)的方法，静力触探孔孔深达 77.9 m。

2. 场地工程地质条件

(1)地形、地貌。常州地区位于长江三角洲太湖平原西北缘，主要为广阔的冲湖积平原，周边及沿太湖地区分布有残丘。

(2)地质构造、地震。常武地区地质构造属扬子古陆东端的下扬子古陆江南块印支期和燕山期的构造运动，形成了一系列北东向的褶皱，隆起和断凹，伴随着北西向发育的断裂，构成了区域的主要地质构造；而喜山期的构造活动则加剧了垂直向上的差异，形成了凹陷。据不完全统计，区域自公元 499 年初至 2010 年底，共记载到 M4.7 地震 62 次，常州市区历史上在公元 999 年发生过 5.5 级地震，1979 年 7 月 9 日在距本场地西南约 80 km 的溧阳市上沛乡东张附近发生过 6.0 级地震。

(3)场地稳定性。该区域的基岩上覆盖着厚 160～200 m 的第四系冲、淤积层，构成了长江三角洲冲积平原地貌。自第三纪以来的新构造运动表现为缓慢地上下振荡运动，由于断裂活动微弱，未影响到上部土层，因而本地区属相对稳定地带，适宜建筑。

(4)地层。本次勘察查明，在钻探所达深度范围内，场地地层属第四系全新统(Q$_4$)、上更新统(Q$_3$)、中更新统(Q$_2$)、下更新统(Q$_1$)长江下游三角洲冲积层，自上而下可分为 10 个工程地质单元层，17个亚层，分述如下：

①层素填土：灰褐～灰黄色，不均匀，松散，主要由软塑状黏性土及砂性土组成，顶部局部混少量碎砖石；场区南侧堆土段顶部2 m左右为杂填土，主要由建筑垃圾混黏性土组成。层底标高为−0.680～4.450 m，层厚为0.4～6.10 m，①层土层地质年代属 Q_4。

③层黏土：黄褐色，可塑～硬塑，有光泽，韧性高，干强度高，无摇振反应，含少量铁锰质氧化物及其结核。层底标高为−1.840～−0.480 m，层厚为0.90～6.10 m。

④层粉质黏土：褐黄色，可塑，稍有光泽，韧性中等，干强度中等，无摇振反应，含少量铁锰质氧化物，底部夹粉土薄层。层底标高为−3.260～−1.580 m，层厚为0.80～1.70 m。

⑤$_1$层粉土夹粉砂：灰黄色，很湿，稍密～中密，无光泽反应，韧性低，干强度低，摇振反应中等，顶部夹粉质黏土薄层，层厚为3～8 mm，下部夹粉砂。层底标高为−6.040～−4.780 m，层厚为2.40～4.20 m。

⑤$_2$层粉砂：黄灰色，饱和，中密，主要矿物成分由石英、长石组成，颗粒呈浑圆状，级配不良，含云母碎片。层底标高为−11.590～−7.388 m，层厚为2.20～6.20 m。

⑤$_3$层粉砂：黄灰～青灰色，饱和，中密～密实，主要矿物成分由石英、长石组成，颗粒呈浑圆状，级配不良，含云母碎片。局部混姜结石，呈砂盘状出现，直径大于110 mm，厚度达40 mm左右。层底标高为−23.370～−17.060 m，层厚为7.0～15.30 m，该层土底标高在场地上呈由西向东逐渐加深。

⑥层粉质黏土：青灰～黄褐色，可塑，稍有光泽，韧性中等，干强度中等，无摇振反应，局部夹粉土。层底标高为−25.000～−21.500 m，层厚为1.0～5.10 m，该层土在场地呈由西向东变薄或缺失。

⑦$_1$层粉质黏土：灰色，软塑，稍有光泽，韧性中等，干强度中等，无摇振反应，局部夹粉土，层厚为10～25 mm。层底标高为−32.240～−22.640 m，层厚为1.0～9.60 m，该层土主要分布在场地东侧。

⑦$_2$层粉质黏土，黄褐色，可塑，稍有光泽，韧性中等，干强度中等，无摇振反应。夹薄层粉土，层厚为5～30 mm。层底标高为−26.660～−24.260 m，层厚为1.0～4.10 m，该层土在场地东侧受⑦$_1$层切割，呈由西向东变薄或缺失。

⑧$_1$层粉质黏土夹粉土：黄褐色，可塑，稍有光泽，韧性中等，干强度中等，无摇振反应。夹粉土，层厚为5～25 mm，局部为粉土夹粉质黏土，局部混姜结石。层底标高为−29.830～−26.610 m，层厚为1.80～4.50 m，该层土在场地东侧受⑦$_1$层切割，局部缺失。

⑧$_2$层粉土夹粉质黏土：黄褐色，很湿，中密，无光泽反应，韧性低，干强度低，摇振反应中等，夹粉质黏土，层厚为5～20 mm，具水平层理，局部夹粉砂，局部混姜结石。层底标高为−34.960～−34.080 m，层厚为5.90～6.90 m。

⑧$_3$层粉砂夹粉质黏土：黄灰色，饱和，密实，主要矿物成分由石英、长石组成，颗粒呈浑圆状，级配不良，含云母碎片。夹粉质黏土，局部夹粉土，层厚为10～20 mm，混少量姜结石，大小30～40 mm，局部呈砂盘状出现，直径大于110 mm，厚度达60 mm左右。层底标高为−42.450～−39.660 m，层厚为4.70～7.50 m。

⑧$_4$层粉砂、粉土夹粉质黏土：黄灰色，饱和，主要矿物成分由石英、长石组成，颗粒

呈浑圆状，级配不良，含云母碎片。夹粉质黏土，局部为粉土夹粉质黏土，粉质黏土层厚为 10～50 cm，混少量姜结石，局部呈砂盘状出现，直径大于 110 mm，厚度达 200 mm 左右。层底标高为 −53.390～−48.940 m，层厚为 7.20～11.70 m。

⑨₁ 层粉质黏土：灰色，软塑～可塑，稍有光泽，韧性中等，干强度中等，无摇振反应，局部夹薄层粉土。层底标高为 −52.750～−50.740 m，层厚为 0.60～3.0 m，局部缺失。

⑨₂ 层粉质黏土夹粉砂：灰黄色，可塑，稍有光泽，韧性中等，干强度中等，无摇振反应，夹粉砂，局部夹粉土，粉砂层厚为 10～60 cm，混少量姜结石，局部呈砂盘状出现，直径大于 110 mm，厚度达 100 mm 左右。层底标高为 −57.890～−56.510 m，层厚为 4.30～6.0 m，局部缺失。

⑩₁ 层细砂：青灰～黄灰色，饱和，密实，主要矿物成分由石英、长石组成，颗粒呈浑圆状，级配不良，含云母碎片。顶部夹薄层粉土，局部混少量姜结石。层底标高为 −71.390～−70.110 m，层厚为 13.0～14.10 m。

⑩₂ 层中细砂：青灰色，饱和，密实，主要矿物成分由石英、长石组成，颗粒呈浑圆状，级配中等，含云母碎片，局部混砾石，砾石呈不规则状，次棱角状，大小可达 5～15 mm。层底标高为 −98.240～−97.250 m，层厚为 26.0～27.80 m。

(5)土的物理力学性质。

1)室内土工试验。对取得的原状土样除进行了一般的常规物理力学性质指标测试外，还进行了固结快剪试验、室内渗透试验。

2)静力触探试验、标准贯入试验。各静力触探曲线详见工程剖面图。

3. 地下水

(1)地下水类型及水位。本次测得上层滞水水位埋深为 0.6～1.5 m，平均水位为黄海高程 4.900 m。上层滞水水位年变化幅度约为 ±0.800 m。本场地揭示的承压水主要为第 I$_a$ 层间无压水、第 I$_b$ 承压水。I$_a$ 层间无压水埋藏于 ⑤₁ 层粉土夹粉砂、⑤₂ 层粉砂、⑤₃ 层粉砂中，在区域上曾经为承压含水层。2011 年 8 月辽河路地下通道勘察期间测得稳定水位为黄海高程 −4.500 m，由于修建高铁站及辽河路地下隧道降水及区域性取水的原因，在空间上形成了水位下降漏斗，本场地水头标高已降至含水层顶面以下，现在不再具有承压性，但通过一定时间的恢复，可能会再次变为承压含水。

常州地区历史最高洪水位为 1931 年黄海标高 3.700 m，1991 年为 3.630 m，本场地位于常州市防洪 II 类区，抗洪水位一般取 3.900 m。

按照江苏省有关规定，抗浮设计水位一般取施工完成后的室外地面以下 0.5 m。

(2)水及地下水以上的土的腐蚀性评价。拟建场地及附近无明显污染源。场地内地下水及土对钢筋混凝土结构及钢筋混凝土中的钢筋、土对钢结构的腐蚀性等级均为微腐蚀。

4. 场地和地基的地震效应

常州市属于抗震设防烈度 7 度区，设计基本地震加速度值为 0.10g，设计地震分组为第一组。

根据《建筑抗震设防分类标准》(GB 50223—2008)的规定，本工程扩展区建筑抗震设防类别为重点设防类(乙类)、裙楼及纯地下室建筑抗震设防类别为标准设防类(丙类)。

(1)土的类型及场地类别。根据我公司在裙楼部位实测波速资料，土层等效剪切波速

(v_{se})分别为 181.9 m/s、191.9 m/s，又根据江苏省地震工程研究院《常州科技金融中心工程场地地震安全性评价波速测试报告》（报告中编号 J13、J35 孔即我公司勘察报告中编号 13、35 号孔），主楼部位土层等效剪切波速(v_{se})分别为 188.6 m/s、195.3 m/s，场地覆盖层厚度为 88～89 m。根据《建筑抗震设计规范》(GB 50011—2010)第 4.1.3 条、第 4.1.6 条及表 4.1.3、表 4.1.6 确定该场地土的类型为中软土，场地类别为Ⅲ类场地。根据《建筑抗震设计规范》(GB 50011—2010)表 5.1.4-2 确定场地特征周期为 0.45 s。抗震设计参数可根据地震安全性评价报告确定。

（2）液化判别。地面下 20 m 深度范围内饱和粉土、粉砂为⑤₁ 层粉土夹粉砂、⑤₂ 层粉砂及⑤₃ 层粉砂，其地质年代为 Q₃，根据《建筑抗震设计规范》(GB 50011—2010)第 4.3.3 条，可判别为不液化土层。

（3）抗震地段划分。根据本次勘察资料，对照《建筑抗震设计规范》(GB 50011—2010) 4.1.1 条，拟建场地划分为对建筑抗震一般地段。

5. 场地稳定性和适宜性

勘察场地属长江中下游冲积平原地貌，地势较平坦，场地主要地层分布稳定、较均匀，不具备能导致场地滑移、大的变形和破坏等地质灾害的地质条件，场地整体比较稳定，适宜建筑。

6. 地基土的工程特性指标

根据土工试验、静力触探试验、标贯试验。《建筑地基基础设计规范》(GB 50007—2011)、《高层建筑岩土工程勘察规程》(JGJ 72—2004)和《建筑桩基技术规范》(JGJ 94—2008)，结合常州地区经验提供各地基土的地基土设计参数推荐值，见表 8.6。桩基设计参数见表 8.7。

表 8.6　地基土设计参数推荐值表

层号	土名	重度 γ /(kN·m⁻³)	天然含水率 w /%	天然孔隙比 e	塑性指数 I_P	液性指数 I_L	固结快剪（标准值） C_c /kPa	固结快剪（标准值） φ_c /(°)	压缩模量 E_{s1-2} /MPa	承载力特征值 f_{ak} /kPa
①	素填土	19.0	27.3	0.787	13.8	0.53	29.5	12.5	5.2	60～80
③	黏土	19.6	24.9	0.703	17.7	0.22	55.3	16.1	8.6	220
④	粉质黏土	19.1	26.6	0.760	13.6	0.38	38.8	17.2	7.7	200
⑤₁	粉土夹粉砂	18.2	30.7	0.895	8.8	0.91	9.5	27.2	9.9	200
⑤₂	粉砂	18.4	30.4	0.861			6.2	34.4	13.2	230
⑤₃	粉砂	18.4	30.9	0.870			5.7	34.5	14.4	280
⑥	粉质黏土	19.7	24.3	0.680	14.5	0.29	42.6	16.5	8.7	240
⑦₁	粉质黏土	18.2	34.8	0.973	14.2	0.87	26.6	10.9	4.8	140
⑦₂	粉质黏土	18.7	30.2	0.857	13.6	0.62	31.9	14.6	6.5	220
⑧₁	粉质黏土夹粉土	18.1	33.0	0.939	10.2	1.07	17.7	20.9	6.8	200

层号	土名	重度 γ /(kN·m^{-3})	天然含水率 w /%	天然孔隙比 e	塑性指数 I_P	液性指数 I_L	固结快剪（标准值）		压缩模量 E_{s1-2} /MPa	承载力特征值 f_{ak} /kPa
							C_c /kPa	φ_c /(°)		
⑧₂	粉土夹粉质黏土	18.3	31.8	0.899	8.6	1.11	11.0	26.0	8.3	220
⑧₃	粉砂夹粉质黏土	18.6	29.8	0.836			8.5	28.9	11.5	250
⑧₄	粉砂、粉土夹粉质黏土	18.7	29.2	0.819			10.0	27.8	10.4	240
⑨₁	粉质黏土	18.3	32.4	0.926	14.6	0.69	27.9	14.0	7.2	170
⑨₂	粉质黏土夹粉砂	18.8	28.2	0.807	12.1	0.49	22.6	18.8	8.6	230
⑩₁	细砂	18.4	30.0	0.852			2.9	35.9	15.5	280

注：1. 各压力下的孔隙比及各压力段的压缩模量见《综合固结试验成果图》。
2. 承载力特征值系根据室内试验、静力触探试验、标贯试验，结合常州地区经验综合确定。

表8.7 桩基设计参数表

层号	土名	双桥静探平均值		预制桩		钻孔灌注桩		抗拔系数 λ
		锥尖阻力 q_c /MPa	侧壁摩擦力 f_s /kPa	桩周土的摩擦力特征值 q_{sia} /kPa	桩端土的承载力特征值 q_{pa} /kPa	桩周土的摩擦力特征值 q_{sia} /kPa	桩端土的承载力特征值 q_{pa} /kPa	
①	素填土	1.08	40					
③	黏土	1.70	79	32		26		0.80
④	粉质黏土	2.78	94	35		28		0.75
⑤₁	粉土夹粉砂	7.00	138	40		27		0.70
⑤₂	粉砂	9.34	94	42		28		0.65
⑤₃	粉砂	12.54	142	45	3 600	33	500	0.65
⑥	粉质黏土	3.38	97	40	2 500	32	600	0.75
⑦₁	粉质黏土	1.67	25	21		23		0.75
⑦₂	粉质黏土	2.74	68	35	2 000	28	550	0.75
⑧₁	粉质黏土夹粉土	4.54	160	40	1 500	30	400	0.70
⑧₂	粉土夹粉质黏土	8.37	240	42	2 400	34	500	0.70
⑧₃	粉砂夹粉质黏土	127.76	301	50	3 800	38	700	
⑧₄	粉砂、粉土夹粉质黏土	12.63	256	46	3 200	36	600	
⑨₁	粉质黏土	2.61	67			20		
⑨₂	粉质黏土夹粉砂	7.50	232			28	650	
⑩₁	细砂	17.29	220			42	1 000	

7. 地基基础方案

（1）主楼地基基础方案。主楼 33 层，高度约 144 m，基础埋深约 12 m，基底位于⑤$_2$层粉砂中，主楼、裙楼、纯地下室结构相连，基础为大底盘上的高低层相连建筑，拟设后浇带。主楼筏板厚 2.50 m，预估筏板底标高为 -6.200 m，荷载很大，核心筒底板基础尺寸为 20.2 m×20.2 m，总荷载为 630 000 kN；扩展区部分为框架结构，框架距 17 m×17 m，最大柱荷载为 25 500 kN，需要较高的单桩承载力。

场地埋深 64 m 以下⑩$_1$层细砂 q_c 平均 17.29 MPa，实测标贯 $N=73$ 击，呈密实状态，层厚为 13.0～14.1 m，层位很稳定，是高层建筑良好的桩端持力层。建议以⑩$_1$层密实细砂为核心筒部分的桩端持力层。扩展区部分可选择⑨$_2$层粉质黏土夹粉砂或⑩$_1$层细砂为桩端持力层。

鉴于预制桩桩身需穿越累计约为 40 m 砂层及 30 m 黏性土，并进入⑩$_1$层密实细砂，阻力甚大，且⑤$_3$层粉砂、⑧$_1$～⑧$_4$层、⑨$_2$层粉质黏土夹粉砂中均混姜结石，局部厚度达 20 cm 左右，如果采用预制桩（约需 5 节焊接），沉桩难度极大，现有桩身强度及沉桩设备也难以满足，故建议采用大直径钻孔灌注桩，钻孔灌注桩设计参数见表 8.7。

1）桩基持力层评价。场地 -58.0 m 标高以下⑩$_1$层细砂、⑩$_2$层中细砂分布稳定，呈密实状态。场地埋深 64 m 以下⑩$_1$层细砂 q_c 平均 17.29 MPa，实测标贯 $N=73$ 击，呈密实状态，层厚为 13.0～14.10 m，层位很稳定，可以作核心筒部分的钻孔灌注桩桩端持力层，可获得较高的单桩承载力，沉降也能相对控制。

鉴于扩展区部分荷载相对较小，场地埋深 58 m 以下的⑨$_2$层粉质黏土夹粉砂，可以作为扩展区部分的钻孔灌注桩桩端持力层，沉降也能相对控制。

2）单桩竖向承载力估算。以⑨$_2$层粉质黏土夹粉砂、⑩$_1$层作桩端持力层时，单桩承载力估算，见表 8.8。

表 8.8　主楼单桩承载力估算表

建筑物名称		核心筒部位	扩展区部位	
估算孔号		24	13	35
桩顶标高/m		-6.10	-6.10	-6.10
桩端标高/m		-64.1	-55.1	-55.1
计算桩长/m		58	49	49
桩端持力层		⑩$_1$	⑨$_2$	⑨$_2$
估算单桩承载力特征值 R_a/kN $\phi800$ mm	普通灌注桩	5 380	4 326	4 311
	后注浆灌注桩	6 737	5 375	5 318

注：1. 应通过静载试验确定单桩竖向承载力特征值。

　　2. 后注浆（桩端、桩侧复式注浆）竖向增强段为桩端以上 12 m。

通过以上估算可知，采用后注浆工艺的灌注桩可比普通灌注桩提高单桩承载力 20% 以上，已有工程经验表明，采用后注浆技术，单桩承载力提高幅值变化很大，与施工工艺密切相关，应注意施工管理及基桩检测；另外，设计取值时，应留有足够的安全度。

3）桩基础沉降估算。本工程采用原位测试经验方法，结合土工试验确定高层区域 p_c～

$(p_c + \Delta p)$ 段压缩模量见表 8.9。

表 8.9 沉降计算 E_s 值建议表

层号	土名	$p_c \sim (p_c + \Delta p)$ /kPa	由土样 e-p 曲线确定的 E_s /MPa	由标准贯入试验确定的 E_s /MPa	由静力触探试验确定的 E_s /MPa	E_s 建议值 /MPa
⑨₂	粉质黏土夹粉砂	658~1 583	24.8			24.8
⑩₁	细砂	724~1 011	35.4	73	69	59
⑩₂	中细砂	911~1 502	43.0	136		89

注：依据《高层建筑岩土工程勘察规程》(JGJ 72—2004)附录 F。
   1. 由静力触探试验确定的 $E_s = (3.4 \sim 4.4)q_c$，本工程按 $E_s = 4.0q_c$ 计算；
   2. 由标准贯入试验确定的，本工程细砂及中细砂按 $E_s = 1.0 N$ 计算。

依据《高层建筑岩土工程勘察规程》(JGJ 72—2004)附录 F.0.3 条计算桩基最终沉降量，估算变形沉降量，见表 8.10。

表 8.10 主楼估算桩基沉降量表

建筑物 / 项目	核心筒	扩展区			
计算点(勘探孔号)	A(24)	B(13)	G(23)	C(14)	D(15)
p_0/kPa	807.9	546.5	546.5	546.5	546.5
压缩层厚度/m	22.1	12.0	14.6	17.9	10.7
压缩模量的当量值/MPa	74.0	42.0	38.2	46.8	36.8
总沉降量/mm	167	69.3	93.9	84.0	76.2
桩端入土深度修正系数 η	0.538	0.386	0.389	0.389	0.386
桩侧土性修正系数 ψ_{s1}	0.70	0.8	0.8	0.8	0.8
桩端土性修正系数 ψ_{s2}	0.80	0.8	0.8	0.8	0.8
最终沉降量 S/mm	50.3	17.1	23.4	20.9	18.8
估算点间距/mm	22.4~31.7				
变形特征	横向倾斜纵向倾斜均<0.002，满足规范要求，沉降量也满足规范要求				

注：设计宜根据实际荷载情况计算沉降。

(2)裙楼地基基础方案。

1)地基基础方案。裙楼地下 2 层，地面以上 5 层，基底标高为−4.200 m，框架结构，柱网距 8.4 m×8.4 m；单柱最大荷载为 9 000 kN，与主楼、纯地下室结构相连，拟设后浇带。抗浮水位预估为黄海高程 4.90 m，估算设防浮托力为 91 kPa，上部荷重明显小于地下水的浮托力，应设置采用抗拔桩(抗拔桩兼具抗压作用)。抗拔桩一般采用预制实心方桩或钻孔灌注桩。采用预制实心方桩时，由于⑤₃层粉砂 q_c 平均 12.54 MPa，局部峰值可达 20 MPa 以上，实测标贯 $N = 29.8$ 击，呈中密-密实状态，局部混姜结石，且局部呈砂盘状出现，厚度可达 20 cm 左右，沉桩施工时可能会出现部分沉桩无法完全到位而导致截桩现象，故建议采用钻孔灌注桩。

2)裙楼沉降估算。裙楼按独立承台基础考虑，准永久荷载核心筒部分取 9 000 kN，地下水位标高取 -5.580 m，基底标高 -4.200 m，承台尺寸 5 m×5 m。按《建筑地基基础设计规范》(GB 50007—2011)天然地基基础沉降计算[以 D 点(15 号孔)为例]：基底附加应力 $p_0 = 181.5$ kPa，压缩层厚度 $Z_n = 9.0$ m，压缩层厚度范围内压缩模量当量值 $E_s = 18.2$ MPa，故修正系数 ψ_s 取 0.27，总沉降量 $S = 11.7$ mm。

(3)纯地下室地基基础方案。二层纯地下室基底标高 -4.20 m。上部荷重明显小于地下水的浮托力，应设置采用抗拔桩(抗拔桩兼具抗压作用)，建议采用钻孔灌注桩。

经估算结合地区经验，纯地下车库沉降量一般约为 5 mm。

8. 基坑工程

(1)基坑周边环境。本工程设两层地下室，基底标高 $-4.200 \sim -6.200$ m(自然挖深 9～11 m)，拟建场地位于常州市新北区，东为在建仁和路、南为辽河西路、西为规划乐山路，北为规划道路。基坑设计参数见表 8.11。

表 8.11　基坑设计参数

层号	土名	重度 γ /(kN·m^{-3})	直剪固快(标准值)		地层渗透性
			C_c/kPa	φ_c/(°)	
①	素填土	19.0	29.5	12.5	上层滞水含水层
③	黏土	19.6	55.3	16.1	隔水层
④	粉质黏土	19.1	38.8	17.2	
⑤₁	粉土夹粉砂	18.2	9.5	27.2	层间无压含水层(Ⅰₐ)，综合渗透系数 3.0 m/d
⑤₂	粉砂	18.4	6.2	34.2	
⑤₃	粉砂	18.4	5.7	34.5	
⑥	粉质黏土	19.7	42.6	16.5	隔水层
⑦₁	粉质黏土	18.2	26.6	10.9	
⑦₂	粉质黏土	18.7	31.9	14.6	

注：基坑支护设计时，其 C、φ 值应适当折减。

(2)基坑开挖建议。主楼及地下室基坑底标高为 $-4.200 \sim -6.200$ m，开挖深度为 9.0～11.0 m，根据《建筑基坑支护技术规程》(JGJ 120—2012)条文说明 3.0.1 条及基坑周围环境、建筑，根据本工程土层情况结合常州地区类似基坑支护经验，建议：

1)施工图设计可由具有相应资质的设计单位进行基坑支护工程和降水设计。

2)基坑施工前应查明相邻建筑物的基础埋深及道路的地下管线分布、实际坡顶标高，及与周边建筑物的实际净距。

3)基坑北面具备放坡空间，一般采用放坡＋土钉的支护方式。

基坑西面由于距离地铁 1 号线盾构边界仅为 18.6 m，为避免影响地铁盾构施工，建议采用双排悬臂桩支护。如采用放坡＋土钉的支护方式，土钉长度应控制在盾构边界外；采用排桩＋锚杆支护时，锚杆长度应控制在盾构边界外。

基坑东面、南面不具备足够的放坡空间，建议采用双排悬臂桩支护。如采用排桩＋锚杆支护，靠辽河路一侧锚杆长度应控制在辽河路地道墙外一定距离。

4)主楼位置基坑与裙楼、纯地下室基坑存在约 2.0 m 的高差，建议采用放坡＋土钉支护。

5)施工期间应进行严格的监测工作，采用信息化施工，如支护结构的变形、地下管线和周围道路等监测项目，支护设计方案及施工组织设计中均应有预警、应急抢险等措施。

(3)地下水防治。

1)上层滞水。上层滞水可采用集水明排措施，在支护结构外设截水沟、坑内设集水井抽排，以减少雨水、管道漏水、生活用水等形成的水压力，降低对支护结构的不利作用。

2)层间无压水。

①主楼基底位于稳定水位以下，建议采用管井降水。

②裙楼、纯地下室基底标高约为黄海高程－4.200 m，距层间无压水稳定水位(黄海高程－5.58 m)约 1.3 m，层间无压水对裙楼、纯地下室基坑基本无影响，可适当布置少量管井疏干。

9. 结论及建议

(1)场地内无不良地质作用，适宜本工程建设。

(2)本工程重要性等级为一级，工程场地复杂程度等级为二级，地基复杂程度等级为二级，综合确定该工程岩土工程勘察等级为甲级。

(3)本场地抗震设防烈度为 7 度，设计基本加速度为 0.10g，设计地震分组为第一组，场地内无液化土层。拟建场地地面下 20 m 深度范围内①层为软弱土，其余为中软-中硬土，建筑场地类别为Ⅲ类，特征周期为 0.45 s。场地属对建筑抗震一般地段，抗震设计参数可根据地震安全性评价报告确定。

(4)场地内地下水及土对混凝土及钢筋混凝土结构中的钢筋腐蚀性等级为微腐蚀。

(5)地基基础方案建议。

1)主楼。主楼地下 2 层，地面以上 33 层，基底标高为－6.200 m，建议采用桩基础，桩型宜选用钻孔灌注桩(采用后注浆工艺)，核心筒部位桩端持力层为⑩$_1$层细砂，扩展区部位桩端持力层为⑨$_2$层粉质黏土夹粉砂，桩基设计参数见表 8.11。

2)裙楼及纯地下室。裙楼地下 2 层，地面以上 5 层，基底标高为－4.200 m；二层纯地下室基底标高为－4.200 m。上部荷重明显小于地下水的浮托力，应设置采用抗拔桩(抗拔桩兼具抗压作用)，抗拔桩桩基设计参数见表 8.6。

(6)按照有关规定，抗浮设计水位一般取施工完成后的室外地坪面以下 0.50 m。

(7)基坑开挖建议。

1)施工图设计可由具有相应资质的设计单位进行基坑支护工程和降水设计。

2)基坑施工前应查明相邻建筑物的基础埋深及道路的地下管线分布、实际坡顶标高，及与周边建筑物的实际净距。

3)基坑北面具备放坡空间，一般采用放坡＋土钉的支护方式。

基坑西面由于距离地铁 1 号线盾构边界仅 18.6 m，为避免影响地铁盾构施工，建议采用双排悬臂桩支护。如采用放坡＋土钉的支护方式，土钉长度应控制在盾构边界外；采用排桩＋锚杆支护时，锚杆长度应控制在盾构边界外。

基坑东面、南面不具备足够的放坡空间，建议采用双排悬臂桩支护。如采用排桩＋锚杆支护，靠辽河路一侧锚杆长度应控制在辽河路地道墙外一定距离。

4)主楼位置基坑与裙楼、纯地下室基坑存在约 2.0 m 的高差，建议采用放坡＋土钉支护。

5)施工期间应进行严格的监测工作，采用信息化施工，如支护结构的变形、地下管线和周围道路等监测项目，支护设计方案及施工组织设计中均应有预警、应急抢险等措施。

(8)地下水防治。

1)上层滞水。上层滞水可采用集水明排措施，在支护结构外设截水沟、坑内设集水井抽排，以减少雨水、管道漏水、生活用水等形成的水压力，降低对支护结构的不利作用。

2)层间无压水。

①主楼基底位于稳定水位以下，建议采用管井降水。

②裙楼、纯地下室基底标高约为黄海高程－4.200 m，距离层间无压水稳定水位(黄海高程为－5.580 m)约为 1.3 m，层间无压水对裙楼、纯地下室基坑基本无影响，可适当布置少量管井疏干。

(9)应通过静载试验确定单桩竖向承载力。桩基施工前，应平整场地，且地面承载力满足桩基施工要求，清除地下障碍物等。

(10)委托第三方有资质的检测单位做好拟建建筑物及道路、地下管线、周边建(构)筑物的变形观测，采用信息化施工。

参 考 文 献

[1]《工程地质手册》编委会. 工程地质手册[M]. 4 版. 北京：中国建筑工业出版社，2007.

[2] 张忠苗. 工程地质学[M]. 北京：中国建筑工业出版社，2007.

[3] 常庆瑞，蒋平安，周勇，等. 遥感技术导论[M]. 北京：科学出版社，2004.

[4] 李定龙，李洪东. 土木工程地质[M]. 北京：科学出版社，2009.

[5] 朱济祥. 土木工程地质[M]. 天津：天津大学出版社，2007.

[6] 孙家齐，陈新民. 工程地质[M]. 3 版. 武汉：武汉理工大学出版社，2008.

[7] 戴文亭. 土木工程地质[M]. 武汉：华中科技大学出版社，2008.

[8] 陈文昭，陈振富，胡萍. 土木工程地质[M]. 北京：北京大学出版社，2013.

[9] 谢强，郭永春. 土木工程地质[M]. 成都：西南交通大学出版社，2015.

[10] 陈娟浓，陈稳. 土木工程地质[M]. 北京：清华大学出版社，2014.

[11] 于林平. 土木工程地质[M]. 北京：机械工业出版社，2013.

[12] 何培玲，张婷. 工程地质[M]. 2 版. 北京：北京大学出版社，2012.

[13] 吴继敏. 工程地质学[M]. 北京：高等教育出版社，2006.

[14] 中华人民共和国国家标准. GB 50497—2009 建筑基坑工程监测技术规范[S]. 北京：中国建筑工业出版社，2009.

[15] 中华人民共和国国家标准. GB 50021—2001 岩土工程勘察规范（2009 年版）[S]. 北京：中国建筑工业出版社，2009.

[16] 中华人民共和国国家标准. GB 50007—2011 建筑地基基础设计规范[S]. 北京：中国建筑工业出版社，2012.